U0571897

机械工程概论

主编 张春林 焦永和
主审 蔡 颖

北京理工大学出版社
BEIJING INSTITUTE OF TECHNOLOGY PRESS

内 容 简 介

本书是为普及机械和机械工程的基本概念、基本知识、基本内容的目的而编写的教材。主要介绍机械工程的发展与人类社会进步的关系及机械发展的趋势；介绍工程力学、工程材料、机械工程制图的基本知识，简述机械的组成原理、常用机械零件强度、刚度、精度的概念以及机械产品的制造技术、液压传动和气动技术、现代设计方法等相关内容。附录中还选编了一些典型的机械工程事故案例分析供学习时参考。

该教材可作为文科类、管理类、法律类、计算机类等非机械类专业学生普及机械工程基本知识用书；该教材还可以作为机械类专业学生了解机械工程基本内容入门的教科书。

版权专有　侵权必究

图书在版编目（CIP）数据

机械工程概论/张春林，焦永和主编. —北京：北京理工大学出版社，2021.8 重印

普通高等教育"十一五"国家级规划教材. 面向 21 世纪高等学校机械基础课程系列规划教材

ISBN 978 - 7 - 5640 - 0092 - 9

Ⅰ. 机…　Ⅱ. ①张…②焦…　Ⅲ. 机械工程 – 高等学校 – 教材
Ⅳ. TH

中国版本图书馆 CIP 数据核字（2007）第 002784 号

出版发行 / 北京理工大学出版社
社　　址 / 北京市海淀区中关村南大街 5 号
邮　　编 / 100081
电　　话 / （010）68914775（办公室）　68944990（批销中心）　68911084（读者服务部）
网　　址 / http://www.bitpress.com.cn
经　　销 / 全国各地新华书店
印　　刷 / 唐山富达印务有限公司
开　　本 / 787 毫米×1092 毫米　1/16
印　　张 / 20.25
字　　数 / 480 千字
版　　次 / 2021 年 8 月第 1 版　第16次印刷　　　责任校对 / 郑兴玉
定　　价 / 49.00 元　　　　　　　　　　　　　　责任印制 / 吴皓云

图书出现印装质量问题，本社负责调换

前　言

　　机械工程概论是普及机械和机械工程的基本知识、基本概念和基本内容的课程。对综合性大学的文科类、管理类、法律类、计算机类、艺术设计类等专业,具有开拓学生的视野、增加知识面、拓宽专业、提高学生的工程能力的作用;其任务是培养学生认识机械和机械工程的能力,使工科类非机械类专业具有工程特色,适应高新科学技术社会发展的需要。

　　随着我国科学技术的普及、国民经济建设的快速发展以及人民法制意识的增强,工程问题、特别是工程质量纠纷日益增多。有关产品、产品质量,工程、工程质量的隐患及其危害事故不断上升,其发生原因大都涉及到产品质量和工程质量。设置法律等文科专业的学校更有条件首先进行普及工程教育,充分发挥这类学校文科专业的工程优势,办出具有工程特色的文科专业,适应现代社会的人才培养需求。

　　本课程在机械类和机电类专业的教学过程中也具有一定的独特作用。具有培养学生对机械工程全局的了解,培养学生的专业意识,从而提高后续课程学习的目的性和针对性。

　　本教材的内容选择是根据机械工程的基本内容确定的。主要讲授机械发展与人类社会进步的关系及机械工程发展的趋势,介绍工程力学、工程材料、工程制图的基本知识,简述机械的组成原理与工作原理、常用机械零件强度、刚度概念及精度设计等概念、机械产品的制造技术、液压传动和气动技术的概念、现代设计方法等内容。力图从机械的概念、机械设计(机械的组成、机械制图、机械力学、机械传动、机械设计方法等)、到机械制造,建立机械工程的完整概念。该教材可作为文科类、管理类、计算机类等非机类专业学生普及机械工程基本知识用书,也可用于机械类专业学生的入门教育用书。

　　全书由张春林教授统稿。参加本书编写的人员有:张春林(第一章、第二章、第六章),路敦勇(第三章、第九章),余志勇(第四章),焦永和(第五章、附录),王晓力(第七章),殷耀华(第八章),杨志兵(第十章、第十一章、第十二章)。全书由蔡颖教授担任主审。

　　本教材的基本内容适合 50 个教学学时讲授,其中含实验学时 6 个。实验内容建议采纳机械制造工厂参观实习和典型机械事故的案例分析与讨论。

　　在本教材的编写过程中,在加强本书的知识性、科学性、科普性、实用性和趣味性的同时,力求简单易懂、易教、易学,但该书涉及的内容极其广泛,加之作者水平有限,在内容的选择和编排方面,难免会出现这样或那样问题以及许多欠妥或不当之处,敬请读者批评指正。

　　本教材是针对学校中不同的专业设置,为加强基础、拓宽专业的宽口径教育模式,办出以理工为主的文科专业的工程意识特色编写的,从课程设置到编写大纲的审定,都得到了教务处、教改专家组的大力支持,提出了许多宝贵意见并提供了很多帮助。本书是北京理工大学机械基础课群系列教材之一,在编写与出版过程中,得到北京理工大学出版社的大力支持和帮助,黄祖德老师也作了大量工作,一并表示感谢。

编　者

CAI 课件出版说明

机械工程概论 CAI 课件是配合《机械工程概论》的课堂教学而编写的计算机辅助教学软件。可作为电子教案供教师上课使用,也可以供学生与文字教材配合学习使用。

在本课程的教学过程中,涉及到大量的机器实物图片和动画,文字教材很难体现出来,所以根据课程特点编写了本教学课件。本课件是用 PowerPoint 制作的开放式软件,教师可以根据自己的教学特点进行编辑使用,学生也可以在此基础上编辑加工作为自己的电子学习笔记。

光盘使用说明:

1. 在屏幕页面左下角有 PowerPoint 软件自带功能图标,点击该图标或直接在页面上点击右键即可根据提示选择上一页、下一页、退出放映等选项。在页面点击左键则自动按幻灯片顺序进入下一页。

2. 点击页面左上角图标 进入上一级目录。

3. 点击页面右上角图标 进入当前章首页。

4. 点击页面右下角图标 退出。

5. 点击下划线文字可进入相关链接内容。

6. 点击图标 进入相关动态图片链接,在进入系统时若有善意提示,请忽略,可放心使用。

7. 点击图标 或 进入相关静态图片链接。

8. 退出放映时,若因使用该软件跨章、节较多而没有一次完全退出放映,只需连续几次点击键盘 Esc 键就可完全退出。

CAI 课件主编　汪虹(兼版面设计)　路敦勇

CAI 课件制作　汪虹　路敦勇　张春林　焦永和　杨志兵　王晓力　苏伟　张颖　黄祖德

CAI 课件监制　张春林

该课件编辑制作时间非常仓促,不足之处在所难免,欢迎使用该软件的各位老师及同学提出宝贵意见和建议,我们将在再版中加以改进和完善。

目　　录

第一篇　绪论篇

第二篇　机械基础知识篇

第一篇 绪论篇

第一章 绪 论

本章介绍机器、机械、机械工程的基本概念,开设"机械工程概论"课程的目的以及机械工程概论课程的学习内容、学习方法,其目的是使学生对机械工程涉及的领域有基本的认识和了解,同时培养法律等文科专业学生的工程意识和工程认识能力。

§1-1 机械与机械工程

1. 机械与机器

机械是伴随人类社会的不断进步逐渐发展与完善的。从原始社会早期人类使用的诸如石斧、石刀等最简单的工具,到杠杆、辘轳、人力脚踏水车、兽力汲水车等简单工具,发展到较复杂的水力驱动、风力驱动的水碾和风车等较为复杂的机械。18世纪英国的工业革命以后,以蒸汽机、内燃机、电动机作为动力源的机械促进了制造业、运输业的快速发展,人类开始进入现代化的文明社会。20世纪电子计算机的发明、自动控制技术、信息技术、传感技术的有机结合,使机械进入完全现代化阶段。机器人、数控机床、高速运载工具、重型机械及其大量先进机械设备加速了人类社会的繁荣和进步,人类可以遨游太空、登陆月球,可以探索辽阔的大海深处,可以在地面以下居住和通行,所有这一切都离不开机械,机械的发展已进入智能化阶段。机械已经成为现代社会生产和服务的五大要素(人、资金、能量、材料、机械)之一。

不同的历史时期,人们对机械的定义也有所不同。从广义角度讲,凡是能完成一定机械运动的装置都是机械。如螺丝刀、锤子、钳子、剪子等简单工具是机械,汽车、坦克、飞机、各类加工机床、宇宙飞船、机械手、机器人、复印机、打印机等高级复杂的装备也是机械。无论其结构和材料如何,只要是能实现一定的机械运动的装置就称之为机械。现代社会中,人们常把最简单的、没有动力源的机械称为工具或器械,如钳子、剪子、手推车、自行车等最简单的机械常称为工具。

工程中,常把每一个具体的机械称为机器。机器的真正含义是执行机械运动的装置,用来变换或传递能量、物料与信息。汽车、飞机、轮船、车床、起重机、织布机、印刷机、包装机等大量具有不同外形,具有不同性能和用途的设备都是具体的机器。日常生活中的"桌子"是一个集合名词,是各种各样桌子的统称。办公桌、饭桌、课桌、写字台、计算机桌等各种各样的桌子才是具体的桌子,也就是说,谈到具体的机械时,常使用机器这个名词,泛指时则用机械来统称。

2. 机械分类

机械分类方法很多,本书按机械的功用分类,主要有动力机械、交通运输机械、作业机械、机器人、兵器、民用生活机械和信息机械,以下分别作简要说明。

1) 动力机械

把其他形式的能量转换为机械能输出的机械,统称动力机械。常用的动力机械如图 1-1 所示三大类。

(1) 电动机:把电能转换为机械能输出的机械。三相交流异步电动机、单相交流异步电动机、直流电动机、伺服电动机等是工程中最常用的电动机。三相交流异步电动机在工业生产设备中用的较多;单相交流异步电动机在家用电器和仪器仪表中用的较多,伺服电动机的可控性好,在自动化系统中用的较多。图 1-1(a) 为电动机示意图。

(2) 内燃机:把热能转换为机械能的机械。汽油机和柴油机是最常用的内燃机。内燃机主要用于交通运输领域。各种地面车辆、飞机和舰船都采用内燃机作为动力源。图 1-1(b) 为内燃机示意图。

(3) 一次能源动力机:把自然能源直接转换为机械能输出的机械。主要有风力机、水力机、潮汐发动机、地热发动机、太阳能发动机等。图 1-1(c) 为风力机示意图。

(a)

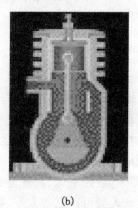
(b)

(c)

图 1-1 动力机械
(a) 电动机;(b) 内燃机;(c) 风力机

电动机和内燃机都是利用二次能源的动力机。随着工业建设的发展,环境污染日益严重,环境保护的呼声渐高。研制和使用无公害的动力机已是当务之急。风力机已作为风力发电的原动机,水轮机已作为水力发电的原动机,太阳能汽车已经问世,这些利用自然能源的动力机在发展国民经济和净化环境起了很好的作用。

2) 交通运输机械

具有较大活动范围的、以搬运为主要目的的机械,称为交通运输机械。

地面运载机械主要有各种汽车、拖拉机、火车、电车(有轨或无轨电车)、装甲运兵车等;水上运载机械主要有各种舰船等;空中运载机械主要有各种飞机、飞船、火箭等。图 1-2 所示机械都是交通运输机械。

图 1 - 2　交通运输机械
(a)汽车；(b) 飞机；(c) 轮船

3）作业机械

作业机械是指能进行材料加工、管理产品的机械,类型极其繁多,常按行业性质分类。

(1)各类加工机床:以材料加工为主,主要有车床、铣床、刨床、钻床、磨床、加工中心等。图 1 - 3 所示为车床和电火花数控线切割机床。

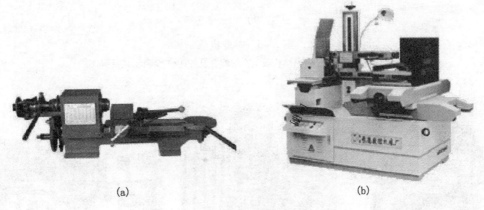

图 1 - 3　加工机床
(a) 仪表车床；(b) 电火花数控线切割机床

(2)农业机械:以农业生产及其产品加工为主的机械。主要有耕耘机、开沟机、犁地机、播种机、联合收割机、脱粒机、农田灌溉机、采棉机等。发达国家已经实现从耕种、管理(含施肥、灌溉、锄草、除虫等)、收割、农产品加工全过程的农业机械化,我国正在努力实现农业机械化。图 1 - 4 所示机械为收割机和播种机。

(3)林业机械:以木材开采和加工为主的机械。主要有挖坑机、植树机、烟雾机、锯木机、木材加工机等。图 1 - 5 所示为木材加工机械。

(4)矿山机械:以开矿和选矿为主的机械。主要有钻机、掘进机、开采机、粉碎机、选矿机、皮带运输机等。图 1 - 6 为矿山机械的示意图。

(5)冶金机械:以从矿物中提炼金属或合金并成型为主的机械。主要有高炉、轧钢机、切断机、浇注机等。图 1 - 7 为冶金机械示意图。

(a)　　　　　　　　　　　　　　　　　　(b)

图1-4　农业机械

(a) 4YD-2(4YWD-2)多功能玉米联合收获机；(b) 3BXC-12A2谷物播种机

(a)　　　　　　　　　　　(b)　　　　　　　　　　　(c)

图1-5　林业机械

(a) 贴面机；(b) 定向结构板生产线配合设备；(c) 全自动裁板锯

(a)　　　　　　　　　　　(b)　　　　　　　　　　　(c)

图1-6　矿山机械

(a) 双转子破碎机；(b) 雷蒙磨；(c) 轮式装载机

　　(6) 化工机械：化学工业的特点是物料的化学变化产生新物质的过程，化工生产具有高压、高温和真空的特点。化工机械由化工反应设备、物料输送设备和液-液(气、固)分离设备组成。化工设备的环境污染已引起高度重视。图1-8为化工机械设备示意图。

　　(7) 工程机械：以建筑工程施工为主的机械也称施工机械。主要指起重机、挖掘机、搅拌机、铲运机、吊车、压路机等。图1-9为典型工程机械示意图。

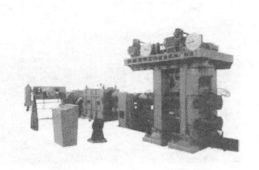
(a)

(b)

图 1-7 冶金机械

（a）冷轧机组及酰洗、卷取、分条机组设备；（b）步进式高速冷床

(a)   (b)   (c)   (d)

图 1-8 化工机械

（a）发酵罐；（b）振动筛；（c）内搅拌真空干燥机；（d）电加热反应锅

(a)   (b)   (c)   (d)

图 1-9 工程机械

（a）推土机；（b）装载机；（c）挖掘机；（d）平地机

（8）纺织机械：以纺纱、织布、印染和制衣为主的机械。主要有织布机、纺纱机、印染机、缝纫机等。图 1-10 为纺织机械示意图。

（9）印刷机械：用于造纸和印刷的机械。主要有造纸机、切纸机、印刷机等。印刷工业的污水处理，特别中小企业的污水处理是亟待解决的问题。图 1-11 为印刷机械示意图。

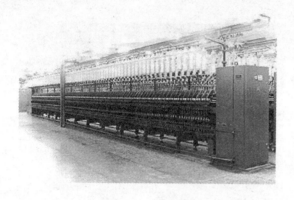

图1-10　纺织机械　　　　　　　　　　　图1-11　印刷机械（四开机）

（10）包装机械：用于产品外包装的机械。主要有袋装、瓶装、罐装、盒装等机械。现代包装机械已经实现过程的自动化，可以实现粉料、颗粒料、片状料、流体和其他形状物体的自动包装。图1-12为包装机械示意图。

（11）食品机械：从事饮食品加工的机械。面粉加工机、面条加工机、豆浆机、薯条加工机等。该类机械要求没有污染。图1-13为食品机械示意图。

图1-12　包装机械（半自动贴面机）　　　　图1-13　食品机械
　　　　　　　　　　　　　　　　　　　　　　（电动刨冰机）

（12）钻探及开采机械：用于陆地和海洋石油、天然气以及地下水的开采或进行地质勘探的机械。主要有各类钻机、泵、采油机等。图1-14为钻探、开采机械示意图。

（13）医疗器械：用于医疗和理疗用的机械，如自动升降床、椅、医用手术机械手、按摩器及许多康复器械等。图1-15为医疗器械示意图。

（14）办公机械：办公机械是随着计算机技术的发展诞生的新型机械，主要以计算机（但计算机不是机械）、打印机、复印机、绘图机、传真机、碎纸机等为代表，网络技术加办公机械是办公自动化的象征。图1-16为一些办公机械示意图。

各种各样的作业机械很多，这里只对工程中常用的作业机械作简要介绍。

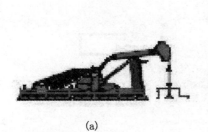

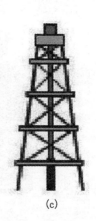

(a)   (b)   (c)

图 1-14　钻探及开采机械
(a) 抽油机；(b) 凿孔机；(c) 钻机

(a)   (b)

图 1-15　医疗器械
(a) 呼吸机；(b) 自动硬胶囊填允机

4）机器人

机器人是一种新兴的自动化程度很高的机电一体化相结合的智能机械系统，用途广泛。可以用于制造、装配、喷漆、焊接，还可以代替人进行排除爆炸物、代替人作战或从事其他危险工作。图 1-17 所示为军用机器人示意图。

5）兵器

兵器是用于战争的机械，主要有各种枪械、火炮、坦克、弹箭、雷达、飞机和舰船等。该类产品的可靠性、精度和性能要求极高，所以兵器工业代表一个国家机械工业和科学技术的最高水平。图 1-18 所示为典型作战兵器。

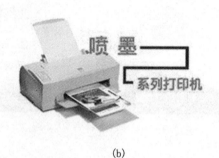

（a）　　　　　　　　　　　　　（b）

图 1-16　办公机械
（a）传真机；（b）打印机

（a）　　　　　　　　　　　　　（b）

图 1-17　机器人
（a）排雷机器人；（b）防爆机器人

6）民用生活机械

民用生活机械主要指提高人类生活质量的机械。主要有空调机、洗衣机、照相机、吸尘器、钟表、电冰箱、电动玩具等。该类产品的用电安全性要求极高,很大程度上代表了一个国家的发达水平。图 1-19 为部分民用生活机械示意图。

7）信息机械

信息机械是现代机械,一般指依靠信息的传递和变换来完成特定功能的机器,如打印机、

(a)   (b)   (c)

图 1-18 兵器

(a) 冲锋机；(b) 战机；(c) 坦克

(a)   (b)   (c)

图 1-19 民用生活机械

(a) 洗衣机；(b) 电冰箱；(c) 吸尘器

复印机、传真机、绘图机、照相机等现代机械都是信息机械。图 1-20 为信息机械示意图。

3. 机械产品的基本要求

不同的机械产品有不同的功能和不同的作用,但他们的质量要求却有许多共同点。机械产品必须满足的基本要求如下:

(1) 满足机械产品的功能要求和工作性能要求。

(2) 满足安全性要求。

(3) 符合人机工程,操作方便。

(4) 工作可靠性好。

(5) 优良的性能价格比。

(6) 满足使用寿命要求。

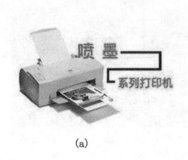  

(a)　　　　　　　　　　　(b)　　　　　　　　　　　(c)

图 1-20　信息机械

（a）打印机；（b）复印机；（c）传真机

（7）节约能源。

（8）无公害,满足环保要求。

以复印机为例说明,正在使用的复印机必须能清晰地复印出不同规格纸张上的文字或图形,满足复印速度,不夹纸。在工作中,电源或机械传动系统不能对人造成伤害,电磁辐射和静电污染在规定范围之内。操作按钮、送纸与取纸位置符合正常人操作习惯。使用中不能经常发生各类事故。机械伤害事故中,人为事故一般很少进行产品质量鉴定。如违反操作规程或规章制度导致的人身伤害事故都属于人为事故。如醉酒驾车造成了交通事故,车主很难向汽车厂商提出汽车质量的索赔要求。

4. 机械工程

通过上述分析可知,机械种类繁多,所涉及的学科领域已从单纯的机械学科扩展到电子、控制、信息、材料等多种学科。现代机械已成为一个包括机械运动执行系统、动力驱动系统、微机控制系统、传感系统相结合的非常复杂的机电一体化系统。使用范围涉及到工业生产、农业生产、交通运输、矿山冶金、建筑施工、纺织与印刷、食品卫生、医疗保健、国防军事及日常生活等许多领域,可以说机械无处不在。因此机械工业是一个国家发展经济的基础工业,世界上发达国家有 60%~70% 的财富来自机械制造业。机械制造业的水平基本上代表了该国家的科学技术水平和综合国力。

机械工程就是研究、设计、制造、使用、管理各类机器和各类机械设备与装置的工程科学。

随着科学技术的迅速发展,特别是计算机技术、微电子技术、控制技术和信息科学与材料科学的发展,使古老的机械工程与高科技融为一体,使机械工程的内容发生了深刻的变化。机械工程覆盖了人类社会发展的各个领域。复兴中国的机械工程,再现历史的机械辉煌,才能提高中国的综合国力。

1）机械工程的主要内容

（1）建立和发展机械工程设计的新理轮和新方法。

制造任何机器都要首先进行设计与计算,机械设计理论与机械设计方法是重要的,就像理论源于实践,同时又用于指导实践一样重要。机械工程中新理轮和新方法是发展机械工程的坚实基础。随着机械产品能上天、能入地,能生产、能代替人工作的要求日益增长,迫切需要新理论和新方法的指导。开展机械动力学、流体动力学、热力学与传热学、空气动力学、摩擦学、纳米技术、微制造理论与技术、研究机械创新设计方法、并行设计方法、虚拟设计方法、反求设计方法、模糊设计方法、稳健设计方法、可靠性设计方法是非常必要的。同时加强与机械科学相互交叉与渗透的边缘学科的建设也是机械工程中亟待解决的理论问题。

（2）研究、设计新产品。

不断改进现有产品和研制新产品，才能使机械工程永远向前发展。如要想登陆月球，就必须有发射装置、太空飞行装置、着陆装置、月球行走装置及信号采集和处理装置等。远距离作战则要求有强大的武器发射、瞄准或跟踪装置，同时具有反侦查能力和杀伤力。社会的需求，如农业、工业、日常生活及国防领域等，要求不断涌现大量的新产品，特别是智能化程度高的机电一体化新产品。

（3）研究新材料。

组成机器的各种零件都是由各种工程材料制造的，机械科学与材料科学密切相关。材料科学的发展促进了机械工程的发展。轻质高强度的耐高温材料加速了航空航天机械的发展，复合材料代替了很多金属材料，不但节省了地球的有限矿物资源，而且提高了机械可靠性和使用寿命。开展金属材料、非金属材料、复合材料、纳米材料以及其他新材料的研制对发展国民经济和加强国防有特殊意义。材料科学和机械科学的密切结合是促进机械工程发展的重要支柱。

（4）改进机械制造技术，提高制造水平。

设计后的机械产品必须经过制造、组装后才能进入使用阶段。提高制造精度、适应不同形状、不同材料的零件加工，难加工材料的加工，无切削加工，微型制造技术以及制造自动化等都是机械制造中的重要内容。

（5）研究机械产品的制造过程，提高制造精度和生产率。

任何产品都是机械制造的。机械制造装备、工艺过程，组织加工、装配、实验到销售，需要科学的运作过程，而这一过程是在工厂进行的。工厂中有技术科、生产科、工艺科、质量检查科、会计科、教育科、人事科等许多科室，负责工厂的运行与管理，是机械科学与管理科学的结合。现代企业的管理是产品质量和经济效益的保证，已在机械工程领域发挥了重要作用。

（6）加强机械产品的使用、维护与管理。

机械产品的合理使用、及时维护与严格的管理，不仅可以提高产品的使用寿命，而且可以减少诸多机械运行事故。汽车交通事故中，除去人为原因外，大都与使用、维修、管理不当有关。因此，不同的机械产品都对使用方法、维修时间，产品寿命有明确要求。

（7）研究机械产品的人机工程学。

机械产品的使用和维修离不开人，机械产品符合人机工程是社会进步的标志。提高人类使用机械的舒适度不仅可提高生产效率，而且可减少事故的发生频率。

（8）研究机械产品与能源及环境保护的关系。

机械产品在工作过程中要消耗能源，对环境产生污染，已成为制约工业化社会发展的桎梏。以内燃机为动力的各种运载装置燃烧掉大量油资源、尾气污染大气，矿山、冶金、纺织、造纸印刷、食品加工等机械工厂的废水污染水资源，各类加工机械的废油污染大气和地下水，很多报废产品也造成了环境污染。因此研究节能型、无公害型的绿色机械将是摆在我们面前的重要课题。太阳能汽车的问世为人类的进步开创了美好的前景。

2）机械工程的学科分类

为保证完成机械工程的各项内容,我国采取了一系列的有力措施。在几百所大学中设置了机械工程专业,各省市都有机械工程的研究与开发部门,各类机械制造工厂遍及国家的四面八方、星罗棋布。

教育部颁布的"普通高等学校本科专业目录"中,机械类本科专业有:机械设计制造及其自动化专业、材料成型及控制工程专业、工业设计专业、过程装备与控制工程专业和工业工程专业。

机械设计制造及其自动化专业含机械制造工艺与设备、机械设计及制造、汽车与拖拉机、机车车辆工程、流体传动与控制、机械电子工程、林业与木工机械、真空设备与技术、设备工程与管理等内容。

材料成型及控制工程专业含金属材料与热处理、热加工工艺与设备、塑性成型工艺及设备、铸造与焊接等内容。

过程装备与控制工程专业主要指化工机械与设备。

工业设计与工业工程专业为新增专业。主要应用于产品的造型艺术设计和培养现代工业工程、系统管理方面的知识和能力。

教育部颁布的"授予博士、硕士学位和培养研究生的学科、专业目录"中,机械工程为1级学科。下设2级学科有:机械制造及其自动化、机械电子工程、机械设计及理论、车辆工程。

我国的许多重点大学都建立了机械工程的博士点,具有博士学位授予权。北京理工大学的车辆工程、机械制造及其自动化、机械电子工程、机械设计及理论学科均有博士学位和硕士学位授予权。为培养机械工程领域的高级研究人才和技术人才作出了贡献。

可见我国对机械工程技术人员、特别是高级技术人员的培养非常重视,为我国机械工程的可持续发展奠定了人力资源基础。

§1-2 机械工程概论的基本内容

由于本课程是普及法律等文科专业学生的机械工程常识和对机械类专业学生进行启蒙教育的课程,同时还可以用于普及其他专业(计算机、管理等专业)的机械工程教育。因此,本课程的基本内容将围绕前面所论述的机械工程内容,从机械的组成、机械设计方法、机械产品的形体描述、机械产品的常用材料、到机械产品的制造与管理,建立机械产品设计、制造与管理的完整概念。同时提出了机械产品质量事故的法律问题,为法律专业人员准确执法和机械工程技术人员普法提供一定的技术基础。

本课程的主要内容如下。

绪论部分主要介绍机械和机械工程的内涵、机械工程的内容,介绍机械工程与发展国民经济的关系、机械发展史及机械工程的现状与发展趋势,其目的是使学生了解机械和机械工程、初步认识机械工程的基本常识与基本概念。

工程力学的基本知识:主要介绍工程静力学、工程运动学、工程动力学和材料力学的基本知识,其目的不是要求学生掌握力学的基本理论,也不是要求学生运用力学原理解决工程计算或设计问题。而仅仅要求学生掌握工程力学的基本概念和力学在机械工程中的应用,能运用力学基本知识判断机械产品的质量和失效的力学原因。

工程材料的基本知识:介绍常用金属材料、非金属材料、金属材料的热处理、材料成型技术等内容,其目的是使学生了解常用工程材料的种类、应用及基本力学性能,建立机械产品的质量、失效与材料的选择和处理有密切关系的概念。

工程制图:介绍投影原理、工程制图的标准、机械零件图、机械装配图等机械制图的基本知识,其目的是培养学生阅读、绘制简单机械零件图和装配图的能力。

机器的组成:介绍机器的组成、机构运动简图、机构的类型、机构应用等基本知识。其目的是使学生了解机器的组成和如何运用简单的图形描绘机器的组成情况,有助于从图纸上了解机械的工作原理,有助于判断机械产品设计的合理性。

机械设计综述:介绍连接零件、机械传动、摩擦与润滑、机械精度、机械失效等基本概念。其目的是使学生了解什么是机械零件的强度、刚度以及机械零件的失效和失效产生的原因,了解机械零件的失效种类与设计、制造、使用之间的关系。有助于机械产品发生的事故分析。

液压传动与气压传动:主要介绍液压传动原理、液压传动技术与应用、气动技术与应用等知识。了解液压与气压传动的优缺点、应用场合、基本工作原理,更好地了解传动的概念,对涉及到含有液压与气动装置的机械就有了进一步认识和了解。

机械设计方法简介:介绍常规设计方法、现代设计方法、创新设计方法,其目的是使学生了解机械设计的基本过程,从而提高对现代机械产品设计方法的认识。

机械制造技术:介绍无切削加工、切削加工、特种加工、数控技术与应用、机械 CAD 技术、CAD/CAPP/CAM 技术。任何产品都是用机械制造的,机械制造的设备、方法和制造精度直接影响产品的质量。绿色制造、智能制造、敏捷制造是制造领域的新概念,了解先进机械制造技术、特别是现代制造技术的基本知识对每个人都是必要的。

机械工程概论课程的内容要达到对机械工程作一个总体性的、概括性、全面性描述的目的。本教材分为绪论篇、机械基础知识篇和制造基础篇三大部分。其中机械基础知识篇中涉及的内容最多,同时也是机械产品设计的核心内容。该篇内容极为广泛,学习难度大,应引起高度重视。

§1-3 机械工程与国民经济

机械工程是以数学、力学等为代表的自然科学和以设计学、材料学、制造学为代表的技术科学为理论基础,结合生产实践经验,解决产品的设计、制造、使用、维修和管理的应用学科,是发展国民经济的基础。机械工业是每个国家工业体系的核心,在发展国民经济中位于主导地位。没有先进的机械工业,就没有发达的农业和工业、更不可能实现国防和军事系统的现代化。我国在进行国民经济的调整中,特别是由计划经济向市场经济的转轨过程中,机械工业的发展则成为一个关键问题。

1. 机械化是发展国民经济的主要途径

这里提到的机械化是指农业生产、渔业生产、工业生产等一切生产领域的机械化,办公机械化,国防机械化的总称。

实现耕种、灌溉、管理、收获等过程的农业机械化,不但减轻农民的劳动强度、节省大量的人力资源参加其他工作,还可以大幅度提高产量。我国是一个人口众多的农业大国,吃饭穿衣等温饱问题是一个最基本问题。解放前的中国,几亿农民仅以有限的牲畜和简易的农具进行大强度的体力劳动,只能靠天吃饭,农业产量极低,远远不能解决人民的温饱问题,遇上灾荒就会出现饥民千里的悲惨现象。解放后,中国政府开始重视农业的机械化和现代化,不仅农业总产量大幅度提高,而且把许多农民从土地中解放出来,有力地支援了工业、建筑业、服务业等其他领域的建设,成为发展我国国民经济的一支重要力量。农民的生活水平和生活环境也得到了极大的改善,中国农民正在由温饱型向小康型家庭转变。由于我国面积辽阔,各地区的经济发展存在不平衡现象,特别是山区或西部地区实现机械化的程度较差,但发达地区的农民生活已超过城镇居民生活。

任何机械都是由机器制造出来的,先进的机械制造设备可以制造出满足各种不同要求的机器。如各种动力机械、农业机械、冶金矿山机械、化工机械、各种交通运输机械、纺织机械、食品机械、印刷机械、水力机械、林业机械、机器人以及各种兵器等众多机械都是由机器制造的,机械化才能带来机械工业的繁荣,机械工程的发展才能带动其他领域工业的发展。因此,没有机械就不可能发展国民经济,更不可能实现国家的现代化,所以机械化是发展国民经济的主要途径。

2. 机械工业是出口创汇的重要来源

发达国家的机械工业总产值占工业总产值的三分之一,我国约为四分之一。发达国家的产品出口结构中,技术含量高、性能优良的机械产品占有很大比重。我国机械产品的出口结构中,技术含量低的产品较多,创汇较少。但这种差距正在逐步缩小。出口创汇又带动了其他行业的发展,形成国民经济发展的良性循环。

3. 机械工业正在改善人民的生活质量

20世纪50年代,我国人民把楼上楼下和电灯、电话看做是共产主义的象征。现在许多人住上水、电、气齐全的高楼大厦、用上微波炉、电磁炉、冰箱、彩电、音响、电话、手机、电脑等现代化设备,许多家庭由自行车代步发展到家用轿车,这一切都离不开机械。随着机械工业的发展,人民生活质量还将大幅度提高。机械造福于社会,也造福于人类本身。人民生活环境、学习环境、工作条件的改善又能激发工作热情和创造力,为发展国民经济提供了强有力的人力资源。

4. 与机械工程相交叉的边缘学科促进了机械工业的新发展

众所周知,新兴学科的成长过程是在生产实践中,依托某一个基础学科,再有机结合其他学科的知识,经过反复探索过程中逐渐形成的。如为提高产品加工质量、提高生产率、节省操作人员和降低劳动强度的需要,必须提高机器的自动化程度。电子学、控制理论和计算机技术应用到传统的机械学科,形成了崭新的机械电子学科。新兴学科又促进了新兴工业的发展。我国的核工业、航空航天工业、电子工业、兵器工业的发展都是以机械工业为基础发展起来的。

5. 机械工程的发展促进高科技领域的发展

发展高科技是富国强兵的基础。太空飞行、登陆宇宙中的其他星球的飞行器是多种学科交叉知识的综合运用结果,是高科技的机械。空中各种飞行器、海洋航行的舰船、深海钻探与打捞设备、机器人、远程打击武器等大量高科技装备都是机械。没有先进的机械工程，就没有现在的高科技装备。机械工程也是发展高科技的重要基础。

我国的机械工业从无到有，发展很快。但与世界发达国家相比还存在一些差距，特别是在高精度、高性能的高科技领域内的机械设备差距更大。因此，很多用户喜欢使用进口机械设备，如进口的各种车辆、加工机械等许多机械设备占据了我国市场的很大一部分。因此提高国产机械设备的科技含量和质量、降低生产成本、提高售后服务质量是机械工业面临的一个亟待解决的问题。

在机械工程的发展领域中，特别要提到制造业。如果一个国家的制造业发达，其经济必然强大。在经济发展的浪潮中，制造业功不可没。根据统计年鉴，我国制造业的构成如表 1-1 所示。

表 1-1 中国制造业的分类及其比例

分类 \ 构成	制造业的构成/%		
	1987 年	1992 年	1997 年
金属制造	3.372	2.989	3.395
一般机械	13.423	11.388	8.625
运输机械	4.185	6.085	6.424
电器设备	4.479	4.591	5.125
电子设备	3.078	3.278	4.588
仪器仪表	1.077	0.939	0.998
食品工业	12.445	13.058	15.335
纺 织	10.898	8.736	7.193
服 装	3.032	3.344	5.018
家 具	1.386	1.015	1.542
文教用品	3.977	3.592	4.292
油加工	4.482	3.678	3.870
化 工	15.003	16.292	15.586
建 材	7.480	7.835	7.299
黑色金属	7.916	9.308	6.908
有色金属	2.159	2.272	2.120
其他制造	1.587	1.061	1.681

表 1-1 中，一般机械中包括 29 个行业的普通机械和专用机械设备；金属制造包括金属结构、容器、铸件、锻件、冲压件、紧固件等；食品工业包括食品加工、饮料及烟草加工；服装包括服装加工和皮革加工；家具包括木材加工和家具制造；文教用品包括造纸、印刷、和文体用品；化工包括化学制品、医药制造、化纤、橡胶及涂料。

实践证明，国民经济的发展要求有一个发达的、现代化的机械工业。一个国家国民经济的发展速度、规模和技术水平在很大程度上取决于机械工业的能力和技术水平的高低。因此世界各国都把机械工业看做发展经济的基础工业。

§1-4　机械工程概论课程的学习目的与方法

1. 开设本课程的目的

机械及机械产品在工农业生产领域、在国防军事领域、在人类的日常生活与工作领域中非常普及，机械已成为国家发展的强大动力，人类离不开机械。

人们出行要乘坐汽车、火车、飞机或轮船等运输机械，人类的吃饭、穿衣也依赖机械，楼房、桥梁、修路、筑坝、开矿需要施工机械，战争期间使用的大部分兵器也是机械，而且是科技含量最高的机械。工厂的工人要操作各种机床制造各种机械产品，人们的家庭生活和办公也使用了大量机械。机械无时不在，有关机械和机械产品质量问题和事故引起的法律纠纷日益增多。

世界上的发达国家早已明令禁止生产和使用没有安全保护的冲床，而据我国 2000 年的统计，仅广东省每年都有大量工人因操纵冲床导致手臂致残事故的发生。是工人操作不当还是冲床设计不当？从保护工人安全的角度出发，冲床的设计指标如何确定？法律在处理此类纠纷时，就要求执法人员了解机械常识。

四川綦江桥的倒塌，造成大量人员伤亡，其中钢筋材质不合格是綦江桥倒塌的重要原因。了解机械工程常识后，就能正确认识钢筋材质为何引起建筑物的事故问题。2002 年，北京四环路五棵松路段，一个装载蔬菜的三轮车后轴突然断裂，左后轮掉出来导致三轮车向左翻车，骑三轮车的菜农随之向左摔到在马路上，被同向行驶的大客车压死。经交通事故调查处理，发现该三轮车后轴的金属材料含碳量过低，既不满足强度要求又不满足韧性要求，这种材料根本不能用做三轮车的后轴。因为机械工程材料不合格造成的各类机械零件破坏的事故很多，材料质量引起的诉讼问题也日益增多。

食品机械中使用液压传动机构可能导致食品的污染，汽油库中的机械和炸药车间使用电子装置可能导致爆炸或火灾，由此引起的灾害都涉及到法律问题。因此法律等文科专业的学生有必要普及工程基本知识。现代社会正在逐步走向高科技的时代，只有提高学生知识面的广度，才能提高学生的综合业务素质。

本课程的目的是普及法律等文科专业学生的机械工程常识和机械类专业学生的启蒙教育，同时还可以用于普及其他专业（计算机、管理等专业）的机械工程教育。所以本课程在介绍机械工程的基本内容时，同时提出了机械产品质量和事故的法律问题，学习有关机械工程领域的基本知识可为法律专业人员准确执法和机械工程技术人员普法提供一定的技术基础。

2. 本课程的学习方法与要求

机械工程内容所涉及的领域非常广泛，简要对机械工程的全部内容作概括性的介绍难度很大。涉及知识面过深，不但学习困难，而且失去了概论课的意义；涉及知识面过广，难以突出重点；所以本教材内容以机械工程的研究内容为纲领编排。在使用本教材和学习本课程时，要作到理论联系实际，举一反三并注意以下几个问题。

（1）本书各章内容是机械工程领域中的基本问题，从中可以了解机械工程的全貌，建立机械工程的基本概念。

（2）本教材内容不是要求读者学会制图、设计计算、制造、管理机械及其产品，而是要求了解机械及其产品是通过工程师的设计、工人的加工、制造、组装、销售、使用等一系列过程实现的，每个环节都需要专门知识和专门理论，任何环节出现问题，都会导致产品质量问题，因此，对各章内容的学习不要死记硬背，通过对各章内容的学习，了解机械及其产品从设计、制造到使用过程中需要哪些知识及其在机械产品中的地位与作用是主要的学习任务。

（3）本书内容涉及到机械制图、理论力学、材料力学、几何精度设计、机械原理、机械设计、工程材料、机械制造工艺、先进制造方法、流体传动与控制、现代设计方法、工业管理等许多门类课程，在学习过程中可参阅相关内容的参考书。

（4）在教学过程中，教师结合授课内容可随时补充与之相关的机械事故、产品质量与法律之间的关系等内容，学生要按课堂笔记完善所学的知识。

机械工程概论课程所涉及的内容极其广泛。希望通过本课程的学习，学生可以了解机械、机械工程的基本内容，并有助于以后的学习或工作。

（5）本教材配有电子教材，在电子教材中有大量机械实物，可加强对机械的认识。

第二章 机械工程简史及其发展

§2-1 概 述

1. 推动人类历史进程的五次大变革

在人类历史的长河中,发生了几次决定人类命运的大革命。第一次革命发生在大约200万年前,人类学会使用了最简单的机械——石斧、石刀之类的天然工具,劳动造就了人;第二次革命发生在大约50万年前,人类发现并使用了火,食用熟食使人类更加聪明,而且延长了人类的寿命;第三次革命发生在大约15000年前,人类开始了农耕和畜牧,并大量使用简单的机械,提高了生产率,促进了人类社会的快速发展;第四次革命发生在1750年到1850年之间,蒸汽机的发明导致了一场工业革命,在此期间,奠定了现代工业的基础;计算机的发明导致了一场现代工业革命,也就是第五次大革命。智能机械开始应用,计算机正在改变人类传统的生活方式和工作方式。

2. 机械工程与人类社会的发展

我们人类的生存、生活、工作与机械密切相关。

穿在身上的衣服是通过纺织机纺线、织布机织成布,再用缝纫机制成的;吃的粮食是用机械播种、收割、加工的;住的楼房是用机械盖的;使用的电是用机械发出的;乘坐的汽车、火车、飞机是机械,同时也是由机械制造的。机械给人类带来幸福,促进了人类社会的发展与进步,现代人离不开机械。如果没有现代机械,现代人将回到一种什么样的生活方式,真是难以想像。

为了更好地了解现代机械文明,了解机械发展史是有必要的。

由于自然条件的突然变化,生活在树上的类人猿被迫到陆地上觅食,为了和各种野兽抗争,它们学会了用天然的木棍和石块保卫自己,并用之猎取食物。通过使用天然工具,锻炼了它们的大脑和手指,并逐步通过敲击石块和磨制,学会了制造、使用简单的木制和石制的工具,从事各种劳动。可以认为,这种发明与使用这些最简单工具的创举,是类人猿进化为人类的一个决定性因素。在以后漫长的岁月里,人类发现了火,并学会了钻木取火,使人类的生活质量有了很大的提高,加速了人类的进化过程。学会了把磨尖的石块安装在木棍上等更进一步的工具制造,推动了人类智慧的进一步提高。公元前四千年左右,人类又发现了金属,学会了冶炼技术,各类工具的使用有了迅速的发展。

在我们中华民族五千年的文明史中,我国古代劳动人民在机械工程领域中的发明创造尤为突出。绝大部分的发明创造是由于生存、生活的需要和生产中的需要,一些发明创造是战争的需要。还有一些发明创造是为了探索科学技术的需要。根据我国古代发明创造的演变过程可以知道,任何一种机械的发明都经历了由粗到精、逐步完善与发展的过程。例如,加工谷粒的机械,最初是把榖粒放在一块大石上,用手拿一块较小的石块往复搓动,再吹去糠皮以得米;第二步发明了杵臼;第三步发明了脚踏碓,使用了人体的一部分重力工作;第四步发明了人力、畜力的磨和碾;第五步发明了使用风力、水力的磨和碾。不但实现了连续的工作,节省了人力,提高了效率,而且学会了使用自然力,完成了由工具到机械的演变过程。

在兵器领域中,由弹弓发展为弓箭,又发展为弩箭;发明火药后,由人力的弓箭发展为火箭,直到发展为雏形的飞弹和雏形的两级火箭。在我国的古代战争中,有大量的实战记载。

从机械的定义角度看,我国是世界上最早给机械下定义的国家。公元前五世纪,春秋时代的子贡就给机械下了定义:机械是能使人用力寡而成功多的器械(庄子外篇天地第十二)。后来的韩非子也有类似的定义:舟车机械之利,用力少,做功大,则入多(韩非子卷第十五)。而最早给机械下定义的欧洲人是公元前一世纪的一个叫 Vitruvius 的古罗马建筑师,他的定义是:机械是由木材制造且具有相互联系的几部分所组成的一个系统,它具有强大的推动物体的力量。直到公元 1724 年,德国的一位叫 Leopold 的机械师给机械作了比较接近现代的定义:机械是一种人造的设备,用来产生有利的运动,在不能用其他方法节省时间和力量的地方,它能作到节省。Leopold 提出了机械的运动、时间与省力的概念。经过多年的完善与发展,现代机械的概念是:机械是机器与机构的总称,把执行机械运动、用来变换或传递能量、物料与信息的装置称为机器;把用来变换或传递运动与动力的、用运动副连接的、且有一个构件为机架的构件系统称为机构。这使机械的定义更加科学化。

我国古代的机械发明、使用与发展,远远领先于世界水平。但由于长期的封建统制,限制了生产力和科学技术的发展。在最近的四五百年,我国在机械工程领域的发展已落后于西方强国。自从新中国成立以后,在短短的几十年里,把只能作小量的修理和装配工作的机械工业发展为能够生产汽车、火车、轮船、金属切削机床、大型发电机等许多机械设备的机械工业,特别是我国实行改革开放政策以来,我国机械工业的发展更为迅速,与发达国家的差距正在缩小,有些产品已领先世界水平。

我们中华民族在过去的几千年中,在机械工程领域中的发明创造有着极其辉煌的成就。不但发明的数量多,质量也高,发明的时间也早。我们过去的历史是光荣的,为使我们中华民族再度辉煌,我们的任务也是艰巨的。在过去的年代里,机械的发明与使用繁荣了人类社会,促进了人类文明的发展。在高科技迅速发展的今天,机械的种类更加繁多,性能更加先进。机械手,机器人,机、光、电、液一体化的智能型机械,办公自动化机械等大量的先进的科技含量高的机械正在改变人类的生活与工作。希望有志于机械工程专业的青年,继承我们祖先的光荣传统,发明创造出更多、更好的新机械,为早日实现四个现代化,把我国建设成一个伟大的社会主义强国而奋斗。

§2−2 中国机械发展史简介

除了众所周知的造纸术、印刷术、指南针、火药这四大发明之外,中国古代在机械工程领域的发明与创造也是非常辉煌的。由于古代中国长期处于封建社会状态,科学技术的发展比较缓慢。秦汉以前,对各种发明创造比较重视,在这期间的成果较多。据周礼考工记载:智者创物,巧者述之,守之世,谓之工,百工之事皆圣人之作也。但也有不同意见,老子说:民多利器,国家滋昏。人多技巧,奇物滋起。绝巧弃利,盗贼无有。自秦汉以后,除去对农业生产有利的发明创造之外,一般都受到轻视,甚至因发明创造而获罪。据明史卷二十五记载:明太祖平元,司天监进水晶刻漏。中设两木偶人,能按时自击铮鼓,太祖以其无益而碎之,由于统治者的偏见,极大影响了古代劳动人民的创造能力的发展。

另外,我国古代不重视对已发明器械的绘图工作,有不少的发明创造因为没有绘图的帮助,很难搞明白。而真正作出发明创造的人不会用文字记载,或由于社会的不重视而没有记载,这些都影响了我国古代科学技术的进步。尽管如此,我国古代的科学技术仍然领先于世界。无愧一个伟大的文明古国的称号。

五十万年前,中国猿人学会了制作尖劈状石器,在我国的周口店古猿人遗址处,发现了60°~70°刃角的用作砍伐的石器。

二十万年前,生活在我国四川资阳市的古猿人学会了制作骨针,骨锥等骨器。

一万五千年前,古人类学会了用骨、角、牙、蚌壳等制作形状复杂的器械,并学会了磨制技术。

五千年前,古人类进入新石器时代,在西安的半坡遗址中,发现了大量的制造技术较高的各种重要的骨器。

四千年前,人类发现了金属,并学会了冶炼技术,我国进入了金属时代。不久,又发明了由铜锡合金组成的青铜器。金属器械逐步取代了石制和骨制的器械。

二千年前,又发现了铁金属,并掌握了制造技术。我国在春秋时代就已进入了铁器时代,各种复杂的工具和简单机械相继发明出来,机械工程在我国迅速发展。

以下简要说明我国在各时期的典型发明。

1. 简单机械的发明创造

简单机械是人类发明最早的机械,主要有杠杆、滑车、斜面、螺旋等几大类。

杠杆是发明最早、应用很普遍的一种简单机械,可以直接运用,也可以与其他简单机械组合应用。

图 2-1 是杠杆在锥井机上的应用,利用人力或跳上跳下动作,使锥具上下工作。

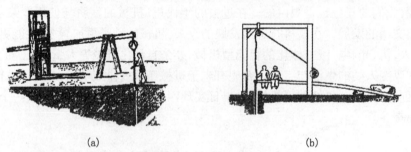

(a)   (b)

图 2-1　简单锥井机

图 2-2 是杠杆在脚踏杵臼上的应用。利用人脚的踏动实现舂米。

由杠杆演化成的滑车也是一种简单机械。使用较为普遍的有辘轳、绞车等。图 2-3 是提水用的辘轳,由于转动手柄的半径大于轮轴半径而实现省力的目的。

图 2-2　脚踏锥舂米

图 2-3　提水辘轳

2. 简单机械的发展和提高

利用物体的弹性力、重力、惯性力来帮助人类工作,是简单机械的进一步发展和提高。

弹弓和弓箭就是利用物体的弹性工作的,用在打猎和作战中。图 2-4 是公元前 500 年发明的弹棉弓,解放初期的农村中还在使用。

利用弹簧的弹力实现各种器械的工作。有一种叫袖箭的暗器,在一个有压紧弹簧的筒中,安置短剑,用扳机卡住,藏在衣袖中,遇敌时打开扳机,弹出短剑,杀伤敌人。

图 2-5 所示的轧棉机是利用惯性力工作的示例。脚踏板的摆动转化为飞轮的转动,飞轮的惯性克服了机构的死点位置,手柄的转动和惯性飞轮的转动可带动两个有较小缝隙的滚轴转动。实现轧棉的目的。我们的先人在公元 1313 年以前就知道了利用惯性克服死点的原理。

图 2-6 是采用连续转动代替间歇运动的手转扇车。手转足踏,扇即随转。糠秕即去,乃得净米。

图 2-7 为脚踏扇车。

1122 年前,中国已出现 4 匹马拉的战车。公元 770 年前,已利用畜力耕田与播种。图 2-8,图 2-9,图 2-10 是利用畜力砻谷、碾米、磨面的示意图。

图 2-4　弹棉弓图

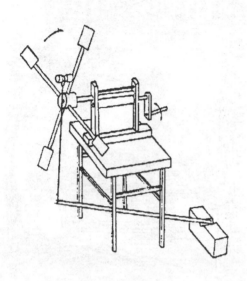

图2-5　轧棉机图

图2-6　手转扇车图

图2-7　脚踏扇车图

图2-8　砻谷图

图 2-9 碾米图

图 2-10 磨面图

图 2-11 和图 2-12 是畜力翻车汲水图。

图 2-11 牛转翻车汲水图

图 2-12 驴转翻车汲水图

3. 能源的利用

我国古代人民在有水资源的地方,很早就懂得利用水力代替人力的工作。图 2-13 是利用水力驱动鼓风图。公元 31 年,在冶炼工业中已利用了水力鼓风机。

图 2-14 是水力驱动的连机杵臼。图 2-15 是水力驱动的水磨。图 2-16 是水力驱动的水碾。

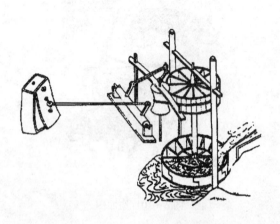

图 2-13　水力驱动鼓风图

图 2-14　水力驱动的连机杵臼

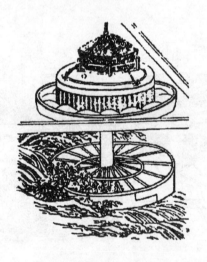

图 2-15　水力驱动的水磨

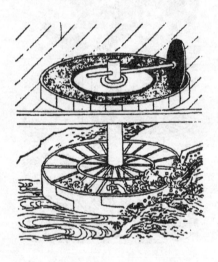

图 2-16　水力驱动的水碾

风能的利用也有1700年的历史。立式风帆是我国所独有的,尽管风轮的发明年代还不十分清楚,但与图2-17所示的小孩风车原理是相同的。

我国对于热力的利用,发明也较早,可惜的是没有应用到生产工程中去。图2-18是自宋代以后广泛应用的走马灯。蜡烛燃烧时,热气上升,推动叶轮转动,固接在叶轮轴上的纸剪人马随之转动。走马灯实际上是燃气轮机的始祖。

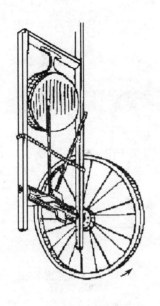

图2-17　小孩风车图

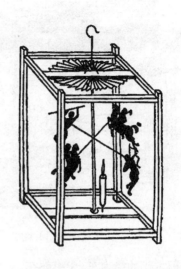

图2-18　走马灯图

火箭是一种武器,世界公认是中国发明的。利用高速喷射气流的反作用力推动物体快速运动是火箭的原理。自三国时代以后的许多次战争中,都有把火箭用于战争的记载。图2-19是典型的火箭示意图。

雏型飞弹也起源于我国。图2-20所示飞弹叫作震天雷炮,武备志卷一百二十三记载:炮径三寸五分,状似球。蔑编造。中间一筒,长三寸,内装送药,药线接送药,两旁安风翅两扇。如攻城,顺风点信,直飞入城。至发药碎爆,烟飞雾障,迷目钻孔。图2-21所示飞弹叫神火飞鸦,主要用于放火,原理同震天雷炮。

图2-19　火箭示意图

图2-20　震天雷炮

图2-21　神火飞鸦

4. 机械传动领域的发明创造

古代中国在机械传动领域的发明创造更多。绳索传动,链传动,齿轮传动等有广泛的应用。图2-22是牛转绳轮凿井图。图2-23所示的木棉纺车中,双脚交替踏动摆杆时,大绳轮转动,再由一绳带动三个小绳轮高速转动,三个小绳轮上各装一锭,纺线人手持棉条,即可在锭子上纺出线来。

图2-22 牛转绳轮凿井图

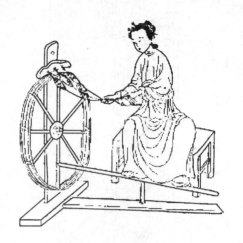

图2-23 木棉纺车图

我国古代的指南车、记里鼓车、天文仪中都应用了复杂的齿轮系,这里不一一例举。

图2-24所示机械是指南车。指南车是三国曹魏著名机械制造家马钧于公元233年—237年研制的。它的机械原理是利用齿轮的传动作用,在车子改变方向时,前辕随之转动,后辕绳索提落,变换齿轮系的组合,使车上木人保持既定方向,但车轮的旋转要有一定规律,必须是以一个车轮为中心,另一个车轮为半径的就地旋转,才能使木人所指不误。

图2-25所示机械是记里鼓车。记里鼓车是晋代研制的一种机械车辆。它利用车轮在地面转动时带动4个齿轮的转动,变换为凸轮杠杆作用,拉动木人右臂,每行1里,车上的木人即击鼓1槌。

图2-24 指南车

图2-25 记里鼓车

另外,我国在自动机构的发明创造领域中,成绩也很突出。虽然史书中缺乏详细的记载,也没有绘图表示,但大多数采用了连杆机构和凸轮机构。这些自动机构主要用于捕捉动物或用于防止盗墓。记里鼓车、天文仪中也应用了自动机构。

公元14世纪以前,我国的发明创造在数量、质量上以及发明时间上都是领先的,也曾是世界强国。但在公元14世纪以后,中国仍然处于封建社会之中,而以英国、法国为代表的西方国家开始发展自然科学,兴办大学,培养人才。到公元15世纪,西方的机械科学已超过中国。公元17世纪英国的工业革命后,中国的机械工业已远远落后于西方诸国,但我国古代劳动人民对世界科学技术的发展所作的贡献是我们引以为豪的。20世纪80年代以后,我国实行了改革开放政策,及时调整了机械工业的发展策略,机械工业获得长足的进步,与世界发达国家的差距正在逐步缩小。很多领域已达到世界领先水平。我们相信日益强大的中国在以后的时间里还会对世界的发展作出更大的贡献。

5. 中国机械的兴衰探讨

中国具有五千年的文明史,劳动人民创造了灿烂的古代机械文明,对人类社会的发展与进步作出了杰出的贡献。但是,由于中国古代人民的发明创造大都是个人行为,缺少理论研究和绘制图形,不能形成有效的文献积累,导致许多机械产品失传,这是中国古代机械发展缓慢的内因。长期封建社会的闭关锁国政策和重文轻工的科举制度制约了中国古代科学技术的发展,是中国古代机械衰退的外部原因。尽管如此,中国古代机械仍然处于当时世界的领先水平。直到公元1400年以后,西方世界机械文明崛起后,中国的机械才逐步落后于西方诸国,而且差距也逐步加大,出现了1840年鸦片战争期间的长矛、大刀对洋枪的巨大武器反差。1949年新中国成立后开始了重建机械工业的艰苦工作,直到中国共产党召开的十一届三中全会以后,实行改革开放的新政策,调整产业布局,改革高等教育和科研部门,中国的机械工业焕发了青春,机械工业得到迅速发展,与世界发达国家的差距逐步缩小,个别领域已经达到或领先世界水平。我们相信,21世纪的中国机械文明将会重新对世界的发展与进步作出更大的贡献。

§2-3 世界机械发展史简介

1. 世界各国的古代机械发展不平衡

由于古代交通不便,世界各国的文化交流很少,世界上几个独立文化区域的机械发展很不平衡,各自独立发展,差异很大。在公元14世纪之前,中国的机械工程发展位于世界之首,但古巴比伦和古埃及等国的发展也很早。公元前3500年,古巴比伦有了带轮子的车、钻孔用的弓形钻。公元前2686年,古埃及开始在农业生产中使用木犁和金属镰刀,公元前8世纪,古埃及出现了鼓风箱、活塞式唧筒。公元前600年—公元400年之间,古希腊出现了一些著名的哲学家和科学家,他们对古代机械的发展作出了杰出的贡献。希罗夫说明了杠杆、滑轮、轮与轴、螺纹等简单机械的负重理论。脚踏车床的出现也为现代车床奠定了基础。公元400年—公元1000年之间,由于古希腊和古罗马古典文化的消沉,欧洲的机械技术基本处于停顿状态。直到公元1000年以后,英、法等国相继开办大学,发展自然科学和人文科学,培养专门人才,同时吸取中国、波斯等国的先进技术,机械技术发展很快。

2. 西方各国的机械工程发展史

西方各国的古代机械工程发展一直缓慢,但是在公元14世纪以后,机械工程领域的发明创造逐步超过中国。从中世纪沉睡中醒来的欧洲,约在公元16世纪进入了文艺复兴时代,机械工程领域中的发明创造如雨后春笋,机械制造业空前发展。文艺复兴时期的代表人物、意大利的著名画家达·芬奇(Leonardo da Vinci)设计了变速器、纺织机、泵、飞机、车床、锉刀制作机、自动锯、螺纹加工机等大量机械,并画了印刷机、钟表、压缩机、起重机、卷扬机、货币印刷机等大量机械草图。一场大规模的工业革命在欧洲发生,大批的发明家涌现出来,各种专科学校、大学、工厂纷纷建立,机械代替了大量的手工业,生产迅速发展。

1738年,英国的怀特(John Wyatt)和鲍尔(Lewis Paul)设计并制造了纺织机,于1758年取得了改进后的纺织机专利。

1760年,英国的哈格里沃斯(Jams Hargreaves)改造了纺织机,使纺纱和织布开始分工。还有许多人致力于织机的设计与制造。在工业革命时期,纺纱机的发展由1830年英国的罗伯茨(Richad Roberts)发明的自动织机收场而告一段落。

1769年,在英国格拉斯哥大学工作的瓦特(Jams Watt)经过十余年的努力和不断改进,在爱丁堡制造出第一台蒸汽机。1780年,蒸汽机为工厂提供了强大的动力,成为动力之王。蒸汽机的成功经历了多人的努力。1680年,荷兰的物理学家惠更斯(Christian Huygens)通过气压使活塞运动。英国人塞维利(Thomas Savery)制造了利用蒸汽汲水的机械。英国人纽克曼(Thomas Newcomen)完成了汽压机的制造。最后才由瓦特发明出蒸汽机。

1804年,英国人特莱维茨克(Richad Trevithick)发明并制造出第一台蒸汽机车,并由英国人斯蒂芬森(George Stephenson)在1829年最后完善成功。1830年法国修筑了从圣亚田到里昂的铁路,1835年,德国修筑了从纽伦堡到菲尔特的铁路。蒸汽机车与铁路的普及,使交通运输发展很快,促进了西方工业生产的发展。铁路时代促进了西方的机械文明。

1850年,英国的佛朗西斯(James Bicheno Francis)设计并制造了固定叶片外置,转动叶轮安装在内侧的水轮机。水从叶轮外周流向内侧,佛朗西斯水轮机被广泛使用。

1870年,美国的佩尔顿(Lester Allen Pelton)发明了冲击式水轮机。

1920年奥地利的卡普兰(Kaplan)发明了螺旋桨式水轮机。

1882年,瑞典科学家拉瓦尔(Carl Gustaf Patrik Laval)研制出了冲击型汽轮机。

1884年,意大利的帕兹森研制出了反击型汽轮机。

1680年,荷兰的物理学家惠更斯开始研究内燃机,1833年,英国的赖特提出了一种原动机的设想,1838年由巴尼特制出第一台装有点火装置的内燃机。

1897年,德国狄塞尔(Rudolf Diesel)发明了著名的狄塞尔内燃机,解决了汽车、轮船等许多机器的动力源问题,机械工业发展进入一个新阶段。1880年,21岁的狄塞尔以优异的成绩在慕尼黑工业大学毕业后,经过17年的坚持不懈研究,克服各种困难,终于在1897年研制成功了狄塞尔内燃机,为机械文明的发展作出了很大的贡献。

电的发现,给人类带来了光明。电动机的发明引起一场新的动力革命。

1879年,美国的发明家爱迪生(Thomas Alva Edison)发明了电灯。英国的法拉第(Michael Faraday)阐述了发电机和电动机的原理。比利时的格拉姆(Zenobe Theophili Gramme)制造出第一台实用的发电机,由蒸汽机驱动,主要用于照明和电镀。

由于偶然的因素而发明了电动机。1873年,维也纳举行了世界博览会,在实验发电机时,由于操作失误,外部电流流向了发电机,发电机却突然转动起来,这一偶然的发现,触动了科学家的灵感,不久实用的电动机诞生了。

1879年,德国西门子(Erust Werner VonSiemens)研制成功第一台电气机车。4年后,英国开设世界上第一条电气铁路。

战争的爆发与持续,加速了枪炮等武器的研制与生产。欧洲的战争、英美战争、美墨战争、第一次世界大战等,对兵器的配件要求导致了互换性的发明。良好的互换性必须有高精度的测量工具和加工机床来保证。因此,19世纪的机床和测量工具的发明与革新进展很快,同时,钢铁工业也获得很快发展,互换性的发明使机械工业进入大批量的生产阶段。

西方各国的机械发明史主要集中在文艺复兴以后的工业革命期间,历史较短,但发展迅速,奠定了现代工业的基础。总结其发展很快的原因之一就是对科学技术的重视,很多著名的大学就是在那一时期建立的。

第二次世界大战以后,随着第一代电子计算机的诞生及其发展,促进了机械发展的智能化和自动化,机械工程和许多学科的有机结合,又促进了机械工程的高速发展。人类进入现代机械文明时代。

§2-4　现代机械工程

19世纪以后,科学技术工作由个人活动为主的时代开始进入社会化发展阶段,科学技术进入全面发展的时代。机械科学开始和航空航天科学、核科学、电工电子科学等其他领域的科学技术相结合、促使机械工程开始走向现代化,20世纪是机械工程发展最为迅速的时代。

第二次世界大战以前的40年,机械工程发展的特点主要表现为继承、改进,提高19世纪延续下来的传统机械工业,并致力于扩大应用范围。蒸汽机的效率不断提高,功率在加大。内燃机开始用于几乎所有的移动车辆和船舶之中,交通运输事业空前发展,国防力量迅速增长。机械生产自动化的规模开始形成。电动机的推广应用加速了机械制造业的发展,同时,机械工程领域的科学管理制度开始建立,机械设计理论不断完善,对该阶段的机械工程发展起了很大的推动作用。

第二次世界大战是人类现代史中的最大劫难。但是,战争对武器杀伤力的需求、对武器维修的需求、对运载工具的需求,极大地刺激了兵器制造业和设计业的发展。机械零件的互换性就产生于二战期间,以后诞生了互换性与技术测量学科。导弹也是诞生在二战期间。第二次世界大战促进了机械工业高速发展。

第二次世界大战以后的40年,是机械工程发展最快的时代。这主要是战争期间积累的技术开始转为民用和战后和平年代的经济复苏。该阶段机械工程发展的特点主要表现为机械设计的新理论和新方法用于产品设计,可靠性设计、有限元设计、优化设计、反求设计、计算机辅助设计、空间机构理论、机械动力学等现代设计理论的应用,提高了产品质量。机械技术和电子技术、自动控制技术、传感技术等渗透结合,智能化的机电一体化产品开始问世,数控机床、机械手、机器人的出现,提高了机械制造业的自动化程度,与机械有关的其他领域,如纺织、印刷、矿山冶金、交通运输、航空航天等也开始迅速发展。机械的应用几乎遍及国民经济的所有部门和科研部门,机械也开始进入人类生活领域和服务领域。

20世纪70年代以后,机械工程与电工电子、物理化学、材料科学、计算机科学相结合,出现了激光、电解等许多新工艺、新材料和新产品,机械加工向精密化、高效化和制造过程的全自动化发展,制造业达到了前所未有的水平。集设计与制造一体化,产品质量空前提高。并行设计、绿色设计与制造、稳健设计、模糊设计、虚拟设计等现代设计方法使设计理论与方法趋于合理和完善。

现代机械工程发展的具体状况可以从以下几个方面说明。

1. 机械设计理论与方法

科学技术的发展和人类社会进步的需求,促使机械设计的理论与方法不断完善。计算机的普及与推广加速了设计方法的更新。以图论、网络分析为基础,以计算机为工具,系统地进行机构的结构分析;以矢量、矩阵、旋量等数学为基础,以计算机为工具,系统地对空间连杆机构进行分析与设计,极大地促进了机器人机构学的发展。为满足机械的高速、高精度、重载的要求,必须考虑到机械平衡、构件的弹性变形、机械振动等许多动力学因素,促进了机械动力学的发展。轴承是高速重载机械的关键部件,对其摩擦、磨损理论的研究也取得了很大突破。关于摩擦理论,从 18 世纪到 20 世纪初一直使用黏附理论和凸凹理论,20 世纪中期,机械 – 分子理论产生并代替了黏附理论和凸凹理论。同时,黏着磨损理论和疲劳磨损理论、弹性流体动压润滑理论也日益成熟,摩擦、磨损与润滑已形成一门崭新的摩擦学学科,在现代机械中发挥了巨大的作用。为设计各种各样的机器人,人们开始模仿各类动物的运动,设计不同功能的机器人:水下机器人、管道机器人、爬墙机器人、行走机器人,类人机器人开始运用在工程中,同时也诞生了一门新学科 —— 仿生学。

运用有限元理论进行零件的应力分析取得很大突破,有限元法已解决诸如应力、应变、振动、温度、流体场等所有连续介质和场的分析计算问题,用快捷、简便的精确计算代替了过去的经验计算和实验数据分析,使复杂的工程问题变得简单容易。20 世纪后,力学发展很快,仅材料力学就产生了结构力学、板壳力学、弹性力学、塑性力学、断裂力学、实验力学。

设计与制造一体化的大型工程软件的问世,改变了传统的观念,虚拟设计与虚拟制造等现代机械工程理论将使机械工程迎来一个完全崭新的时代。

2. 机械制造业的发展

机械制造业的发展可从钢铁的冶炼成型、铸造、锻造、焊接、金属切削加工、特种加工、材料处理、机械加工设备与自动化、过程管理等方面说明。

电炉冶炼和真空除气技术提高了钢铁质量,由砂型铸造发展到熔模铸造、压力铸造、壳形铸造、精密铸造,提高了铸件的强度、精度,表面粗糙度得到极大改善。20 世纪 30 年代出现的冷镦、冷挤技术,使材料的利用率达到 80% 以上。二次大战后,精密模锻技术大量用于复杂零件的成型加工。精密铸造和精密模锻技术已成为现代机械工程领域中无切削加工的重要方法。

19 世纪发明了电弧焊以后,焊接设备与焊接技术不断改进。点焊、气焊、药皮电弧焊、二氧化碳气体保护焊、超声波焊、等离子焊、激光焊等焊接手段不断更新,可焊接材料种类增多,连接可靠。

金属加工一直是机械制造业的主流,机械加工设备则是金属加工的重要保证。车床、铣床、刨床、磨床、钻床、齿轮加工机床、镗床等传统的普通加工机床正在实现数控化、大型化,各类数控机床正在普及,机械加工的质量和效率不断提高。切削理论和刀具材料的改进使难加工材料变得容易加工,加工精度已从 0.01 mm 提高到 0.01 μm,所谓纳米加工工艺正在实现。另外,二战后期出现的电火花加工、激光加工、电解加工、粉末冶金技术等特种加工设备使机械加工的手段更加完善。

机械工业中的生产过程自动化是 20 世纪机械工业发展的一项突出成就。1926 年,美国福特汽车公司在汽车底盘生产中建立了第一条自动生产线以后,自动化生产线开始引起企业家的重视。在兵器、缝纫机、钟表、自行车、汽车等领域也开始采用自动化生产,适合单一品种产品的机械式自动化开始普及。二战以后,电子式自动化技术开始进入机械工程领域。1952年,美国研制成功数控机床,1958年,研制成功加工中心,1966年又研制出一台计算机控制多台数控机床的群控系统,电子自动化技术和机械自动化技术使古老的机械工程获得新生。

3. 动力机械的发展

19世纪末期到20世纪初期,电动机、内燃机、水轮机、汽轮机等动力机械均具备了现代机械的基本特征。以后的发展主要是提高机械效率、增大输出功率以及扩大应用范围等。进入20世纪50年代后,减少环境污染成为动力机械的发展方向,核反应堆作为蒸汽发生器也进入动力机械的行列,成为动力机械发展的一个重大突破。此外,利用风能、太阳能、地热能、海洋能和生物能的动力装置陆续问世,使动力机械的类型更加多样化。

4. 其他机械

相对19世纪而言,20世纪的机械种类急剧增加,几乎覆盖了人类工作和生活的各个领域。其发展方向由单纯地代替和减轻人类劳动强度向符合人机工程方向发展,而且出现了许多为提高人类生存质量的机械。如前面所讨论过的民用生活机械、康复理疗机械、体育锻炼和训练机械。

5. 新材料的应用

材料与机械密不可分。早期的飞机是用木材制作的,因此飞机的飞行速度、飞行高度、飞行距离以及载重量都非常有限。当发明轻铝合金并应用到飞机制造后,才会有现代飞机。20世纪是材料科学发展最迅速的时代。金属合金材料、复合材料、陶瓷材料得到广泛应用。记忆合金材料、超导材料、纳米材料加速了机械工程的高科技化。如美国登月车的天线材料采用记忆合金后,可在某一特定温度下卷成球形,避免降落时受到损坏。降落到月球后,在太阳照射下温度升高到某一温度,就会自动恢复到原来的天线形状,起到发射无线电波的作用。太空飞船表面材料、坦克装甲材料等大量高科技设备中的新材料都是20世纪的突出科研成果。

6. 机械工业尖端技术的发展

20世纪中机械工程领域的最为突出的成果就是科技含量高的、涉及到多门学科相结合的机器人、机械手和加工中心的出现。它们实现了人们要做的许多工作,如集成电路的制作、深海探测、管道内部检测、具有复杂形状的精密零件加工等大量工作都要依靠这些尖端的高科技设备来实现。

机械工业的尖端技术由军用转为民用是现代社会"和平与发展"必然结果。随着世界和平的持续稳定,高科技的机械技术将会更加普及。

§2−5 机械工程展望

现代复杂的机械是由古代的简单工具逐步发展起来的。其性能也是从低级幼稚阶段逐渐发展为高级先进阶段,尤其是电子计算机的发明与自动控制理论的发展,使得现代机械文明得以体现,但伴随着机械文明的到来,也必须要注意到防止使用机械带来的不利因素。

1. 现代机械文明存在的问题

1）机械文明中的空气污染

由于内燃机技术的普及,人类制造出大量的汽车。在发展公共交通运输的同时,汽车已进入家庭,在人们欣喜若狂地讴歌汽车文明的时候,突然发现所呼吸的空气不再清洁了,患呼吸道疾病的人增加了,人们这才知道汽车排放的尾气和汽车轮子卷起的灰尘已危害了人类的健康。尽管单个车辆的尾气排放达标,但众多的汽车尾气仍然造成了空气污染。因此,研究无公害汽车已引起人们的极大关注,没有污染的太阳能汽车、电动汽车、污染小的燃氢汽车、天然气汽车都在研制过程中。为解决空气污染的和交通堵塞的问题,有一些西方国家甚至提倡骑自行车上班。

钢铁冶炼工业、水泥制造工业、建筑施工工地及运土工程车、火力发电工业及家庭取暖锅炉每天都向天空中排放大量的有毒气体与有害的粉尘。世界各国每年燃煤约 20 亿吨,产生数百万吨的烟尘及有害气体。直径大于 10 μm 的粉尘漂落地面,污染树木和花草,使大面积森林枯萎;直径小于 10 μm 的粉尘则长期飘浮在空中;0.2 μm 的粉尘可以进入肺里,粉尘污染正在威胁人类的生命。目前,在北京地区的环境污染中,可吸入颗粒（粉尘）是最为突出的污染,如果再考虑到化学工业的污染,空气污染对人类的威胁更加严重,患呼吸道疾病的人群数量日益增多。发明创新无污染或减少污染的机械,将是摆在机械工程人员面前的一个重要任务。

2）机械文明中的噪音污染

到过南极的科学家说过,那里太安静了。生活在地球上机械文明中的人却处在各种污染之中,有害的粉尘和气体通过口、鼻、皮肤进入人体,而噪音污染却通过人耳进入人体。轰鸣的机器声、刺耳的汽车声,即使在舒适的家中,也处于电冰箱、电视机、空调、电风扇、音响和电脑的噪音包围之中。建筑工地的施工噪音扰民现象时有发生,因此引起的法律纠纷不断产生。长期处于 80 dB 噪音污染中的人,极易生病。因为噪音能降低人体的免疫能力。降低一切机器的噪音,或者发明低噪音的机器,是现代人们对机器性能的基本要求之一。

3）机械文明中的水污染

水污染的原因很多。主要有工厂排放的废水、家庭洗涤废水与垃圾、农药、船舶运输中的石油泄漏等都会造成大面积的水污染。如何使河水、湖水、井水、海水变得洁净,人们想尽了办法,也进行了各种尝试,但收效甚微。为了消除水污染,只有不使水污染。目前,我国的水资源污染问题已相当严重,湖河中的鱼类大量死亡、饮水中毒事件时有发生,严格执行水资源保护法是一项艰巨的任务。因此,发明对水没有污染的机器,将是造福于人类的重大贡献。

4）机械文明中的人机工程

人类发明了机械,人类在享受机械带来的幸福。但是,机械每天都使成千上万的人伤、亡。汽车、轮船和飞机的事故使人伤、亡,正在工作的机器使人伤、亡,甚至机器人也会使人伤、亡,因此,使现代机器更加安全、有良好的可靠性,是我们设计现代机器时应考虑到的问题。机械文明中的人机工程要提到一个重要位置。

5）机械文明中的能源问题

机械需要能源,也需要金属等资源。而地球上的资源却是有限的。美国的麻省理工学院

（MIT）于 1972 年发表报告，对地球上的资源作了预测，摘要如下：

（1）按目前使用率的 1.8% 速度增长，铁资源可用 93 年。

（2）按目前使用率的 6.4% 速度增长，铝资源可用 31 年。

（3）按目前使用率不变，石油资源可用 31 年。

（4）按目前使用率 4.1% 增长，煤资源可用 111 年。

（5）按目前使用率 2.7% 增长，天然气资源可用 22 年。

（6）按目前使用率的 4.6% 速度增长，铜资源可用 21 年。

假若发现埋藏量为现在的 5 倍，铁可使用 173 年，铝可使用 55 年，铜可使用 48 年，煤可使用 150 年，石油可使用 50 年，天然气可使用 49 年。

地球上的资源是有限的，因此，为了人类的生存，节省机器的能源，寻找新能源，发明制造机器的新型复合材料，是机械工程技术人员以及全人类的共同的艰巨而伟大的任务。

消除机械文明中的空气污染、水污染、噪音污染，寻求新能源、新型复合材料，是关系到全人类生存与发展的头等大事，也是发展 21 世纪知识经济中的重要课题。

2. 机械工程展望

综上所述，机械工程的发展在推动人类社会的发展、在提高人类物质文明和生活水平的同时，也对自然环境起了巨大的破坏作用，全世界人民都已认识到这一点。2002 年 8 月～9 月在南非约翰内斯堡召开的地球峰会上，100 多位国家元首就保护地球环境进行进一步的磋商，可见保护环境问题已成为全人类面临的大问题。

以内燃机为代表的动力机械污染大气，机器漏油污染水源，解决尾气超标问题不能治本。发展无污染的动力机械将是 21 世纪的重要任务。目前，太阳能汽车已经问世，以氢代油的发动机正在研制中，相信在 21 世纪中期，无油发动机式的汽车将会得到普遍应用。

地球的煤、油、气等能源是有限的，燃油和燃煤的机械也会污染大气。发展利用一次性能源的机械将是 21 世纪的重要任务。太阳能、风能、水能、地热、海水的温差效应是取之不尽、用之不竭的能源，核裂变动力装置的开发可彻底解决世界的能源问题。因此，未来的能源将是以核能为首的大量使用一次能源的时代，能源的变化将导致动力机械的变化。

化工机械、冶金矿山机械、印刷造纸机械是污染大气和水源的元凶，改进工艺流程、增加净化机械或设施，提高净化效率，也是本世纪必须解决的问题。

由于地球陆地资源有限，开发海底矿物资源和其他星球的资源则是人类解决矿物资源紧缺的好途径，为达到此目的，改进和开发适合海洋作业的各类机械和航天飞行机械是必要的。

使用机械的目的不仅是减轻或代替人类的劳动，提高人类生活质量的机械正在增加。锻炼身体的各类机械、空调、冰箱、医疗机械、机械玩具也会越来越丰富。

随着科学技术的深入发展，降低能耗、保护环境、高精度、高性能的各类机械产品将不断涌现；微型机械将会普及应用。

21 世纪的机械发展方向将有以下几个方面：

（1）以太阳能和核能为代表的没有污染的动力机械将会出现，并投入使用。燃氢发动机驱动的汽车将会行驶在公路上。如果电动汽车电池的二次污染能得到控制的话，电动汽车的发展也会持续一段时间。

（2）载人航天技术更加成熟，人类乘坐宇宙飞船登陆火星、月球和其他星球，甚至可以实现太空旅行或到其他星球居住。

（3）高精度、高效率的自动机床、加工中心更加普及，CAD/CAPP/CAM 系统更加完善，彻底实现无图纸加工。机械制造业将摆脱传统的设计、制造观念。

（4）微型机械将会应用到医疗和军事领域。毫米级的仿生昆虫机器人可以作为间谍刺探情报，微小机器人可以在人体内部做手术，甚至出现微小型武器用于特殊的战争。

（5）人工智能机械。目前，无人驾驶汽车、无人驾驶飞机早已问世。随着社会的需求，无人操纵的机器还会增多，无人操纵的机器在特定场合会大量使用，控制手段更加先进，高智能化的机械将逐步取代普通机械。

（6）绿色机械将会取代传统机械。报废后的机械将造成环境污染，不污染环境的报废机械又称为绿色机械。为保护我们人类的生存环境，研究绿色机械将是必要的，未来的绿色机械更加普遍。

（7）设计方法智能化，大量工程设计软件取代人工设计与计算过程。根据需求，拟定机械的功能目标以后，从机械运动方案的选择与优化，运动分析与动力分析，虚拟样机性能分析，然后进行机械总装设计与零件设计，加工与组装完全一体化，实现真正的智能化设计。智能化设计与先进制造技术的结合，将使机械产品更加完美。

（8）民用生活机械进入家庭。厨房机械将引发家务劳动的革命。洗菜机、切菜机、洗碗机、消毒机，面条机、饺子机、微波炉、电磁炉、抽油烟机等大量厨房机械进入家庭，可遥控且智能化。其他诸如吸尘器、清洗器、家庭办公设备等许多生活机械将会更加普遍。

（9）兵器更加先进。先进的武器可以改变传统的战争模式。科索沃战争、海湾战争、阿富汗战争、伊拉克战争都说明这一点。远距离的精密制导武器在未来的战争中将发挥巨大作用。

（10）非金属材料和复合材料在机器中的应用日益广泛。

总之，未来的机械在能源、材料、加工制作，操纵与控制等都会发生很大变革。未来机械的种类更加繁多，性能更加优良。未来的机械将使人类生活更加美好。

第二篇 机械基础知识篇

第三章 工程力学

§3-1 工程静力学

静力学是研究作用于物体上的力系平衡规律的科学,主要包括以下内容:物体受力分析方法;力系的等效与简化;力系的平衡条件等内容。所谓力系,是指作用于物体上的一群力。平衡是指物体相对于惯性参考系(如地面)处于静止或匀速直线运动的状态。例如在地面上静止的建筑物,作匀速直线运动的火车等都处于平衡状态。

1. 物体受力分析方法

1) 刚体的概念

所谓刚体是指物体在力的作用下,其内部任意两点间的距离始终保持不变。简单地说,刚体是在力的作用下不变形的物体,是一个理想化的模型。实际上物体在受到力的作用时,会产生不同程度的变形。实际物体能否简化为刚体,取决于所研究问题的性质。对于受力作用后产生微小变形的物体,若要研究其运动变化规律或平衡规律时,就可以忽略其变形,把它视为刚体。

2) 力的概念

力是物体间的相互作用。物体间力的作用形式是多种多样的,按力的作用性质大致可以分为两类,一类是通过场起作用的,如重力、万有引力、电磁力等;另一类是由物体间的接触而产生的,如物体间的压力、摩擦力等。按力的作用方式可以分为集中力和分布力,如图3-1所示。

物体在力的作用下,将会发生运动效应和变形效应。一方面是其运动状态会发生变化,如汽车在高速公路上行驶,保持运动状态,而放在桌面上的杯子则因受力平衡而保持静止状态。另一方面,物体本身其内部各点间的相对距离也要发生改变,导致物体外观形状和尺寸的改变而发生变形,例如橡皮泥用手指一按,就会出现明显的一个凹痕,而水杯放到桌面上时就不会有如此明显的变形,但桌面受力后肯定会发生微小的变形。当物体本身的变形很小时,变形对物体的运动和平衡规律的分析结果的影响可以忽略不计时,所研究的物体就可以理想化地抽

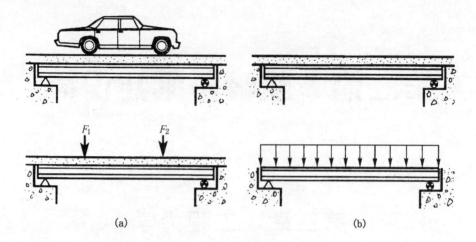

图 3-1 集中力与分布力

(a) 集中力；(b) 分布力

象为刚体模型来处理。

3）力的三要素

力对物体的作用效应取决于力的大小、方向和作用点。由于力具有大小和方向，为一个矢量，因此应满足矢量运算法则，如图 3-2 所示，常用一个带箭头的直线段表示力，线段的长度 AB 按一定比例绘出，表示力的大小；线段的方位及箭头的指向表示力的方向；通常用线段的始端表示力的作用点。在国际单位制中，力的单位是牛（N）或千牛（kN）。

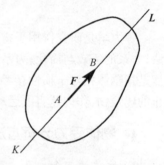

图 3-2 力的三要素

如果物体在力系的作用下保持平衡状态，则该力系称为平衡力系。如果作用于物体上的一个力系可用另一个力系代替，而不改变物体的运动状态，则这两个力系互为等效力系。如果一个力与一个力系等效，则这个力称为该力系的合力。

4）静力学公理

公理 1 力的平行四边形法则 作用于物体上同一点的两个力，可以合成作用于该点的一个合力，合力的大小和方向由这两个力构成的平行四边形的对角线确定，如图 3-3（a）所示，即合力等于原来两个力的矢量和。

$$F_R = F_1 + F_2$$

用作图的方法来求合力时，可由任意一点起，顺次画出矢量 F_1、F_2，连接起点与终点得到力的三角形，如图 3-3（b）、（c）所示，则第三边 F_R 即为合力矢量，合力的作用点仍在汇交点。这一求合力的方法称为力的三角形法则。

力的平行四边形表明了最简单力系的简化规律，是研究力系简化的重要理论依据。

公理 2 二力平衡条件 作用于同一刚体上的两个力使刚体保持平衡的充分条件是：二力大小相等、方向相反，并且作用在同一条直线上，如图 3-4 所示，即

$$F_1 = -F_2$$

这个公理阐明了作用于刚体上最简单力系平衡时应满足的条件。但是对于变形体该公理

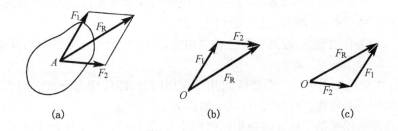

图 3-3　力的平行四边形法则

是不适用的。如图 3-5 所示,在一重量忽略不及的刚性杆上加一对大小相等,作用于同一直线的方向相反的拉力 F_1、F_2 或者压力 F_3、F_4,则该刚性杆将保持平衡,而在同样的作用力条件下,若将刚性杆换成绳索后,在拉力作用下可以平衡,在压力作用下则不能保持平衡。

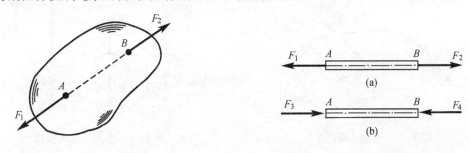

图 3-4　二力平衡条件　　　　　　图 3-5　二力作用平衡刚性杆件

　　仅受两个力作用 且处于平衡状态的杆件或构件称为二力构件或二力杆件,它所受的两个力必定沿作用点的连线上,且等值、反向。

　　公理 3　**加减平衡力系公理**　在作用于刚体上的任何一个已知力系的基础上再加上或减去任意一个平衡力系,不改变原来力系对刚体的作用。

　　也就是说,原力系与通过添加或减去任意一平衡力系形成的新力系是等效的,公理 3 是研究力系等效变换和力系简化的理论依据。

　　推论 1　**力的可传性**　作用在刚体上的力可沿力的作用线移动到此刚体内的任意一点,而不改变该力对刚体的效应。

　　该推论可由图 3-6 简单说明,设力 F 作用于刚体上的点 A,B 为力作用线上任一点。根据加减平衡力系公理,在 B 点加一对等值、反向、共线的力 F_1 和 F_2,即 $F_1 = -F_2$,这样并未改变力 F 对刚体的作用。而力 F 与 F_1 也组成一对平衡力系,由**公理 3**可去掉这两个力。这样只剩下作用于 B 点的力 F_2,也就相当于把 F 由 A 点移到了 B 点。

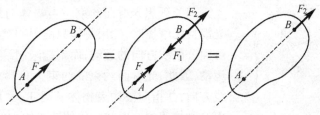

图 3-6　力的可传性

推论2 三力平衡汇交力系 刚体受三个力作用而处于平衡,其中两个力的作用线相交于一点,则此三力必在同一平面内,且汇交于同一点。

三力平衡必须是有前提的,即其中两力必须相交,三力相交是三力平衡的必要条件,如图3－7所示。

公理4 作用和反作用定律 两物体间相互作用的力,即作用力与反作用力总是大小相等,反向相反,沿同一条直线,分别作用在两个物体上。

作用与反作用定律概括了物体间的相互作用关系,无论是处于平衡状态还是运动状态,都普遍适用。作用力和反作用力总是成对出现的,而且,二者互为作用力和反作用力。图3－8所示 T_A 和 T_A' , T_B 和 T_B' 分别是一对作用力和反作用力。

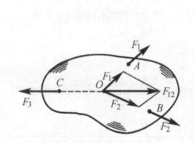

图3－7 三力平衡汇交

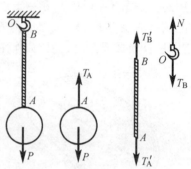

图3－8 作用力与反作用力

5) 约束和约束反力

可以在空间作任意运动的物体称为自由体,例如飞机、火箭、人造卫星、宇宙飞船等。而诸如在高速公路行驶的汽车,机械中轴在轴承中回转,其运动则受到其他物体的制约,称为受约束体。而把对其他物体的运动起制约作用的物体称为约束。

既然约束阻碍物体沿某些方向运动,当物体沿着约束所能阻碍的运动方向有运动趋势时,约束对它就有改变运动状态的作用,这种约束作用于被约束物体上的力,称为约束反力,简称反力。反力的方向总是与约束所能阻碍的物体的运动方向相反。约束反力的作用点就是物体上与作为约束的物体相接触的点。约束反力的大小一般都是未知的,在静力学中,约束反力与物体所受的其他已知力组成平衡关系,可由力系的平衡条件求出。约束力以外的其他力称为主动力,如重力、水压力、风压力、电磁力和弹簧力等。物体所受的主动力一般都是已知的。

约束又可以分为两大类:刚性约束和柔性约束。刚性约束主要有光滑面约束、光滑圆柱铰链、球形铰链、各种轴承等。柔性约束主要有缆索、工业带、链条等,这类约束的特点是其所产生的约束力只能沿柔索方向,并且只能是拉力不能是压力。

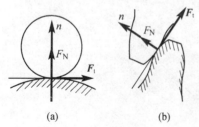

图3－9 理想光滑面约束

（1）理想光滑面约束。当物体与约束间的接触面是光滑且无摩擦时,约束物体只能限制被约束物体沿两者接触面公法线方向的运动,而不能限制沿接触面切线方向的运动,因此,光滑面约束的约束力只能沿着接触面的公法线方向,并指向被约束物体。图3－9所示的分别为光滑面对刚体球的约束和齿轮传动机构中的轮齿约束。

（2）光滑圆柱铰链约束。圆柱铰链是工程结构和机器中经常用来连接构件一种结构形式,它的构造是将两个构件或零件打上同样大小的孔,并用圆柱销穿入圆孔将两个构件连接起来,这类约束称为铰链,包括固定铰链和活动铰链。如图3－10(a)所示,约束与被约束物体通过销钉连成一体,这些连接方式的特点是被约束体只能绕销钉轴线转动,而不能有移动。图3－10(b)为工程上所用约束符号。

（3）球形铰链约束。简称球铰,与一般铰链相似也有固定球铰与活动球铰之分,两个构件通过球壳和圆球连接在一起,图3－11(a)所示为固定球铰的示意图,它使被约束件的球心不能有任何位移,但构件可以绕球心在空间转动。因此,光滑球铰提供一个过球心,大小方向均未知的三维空间约束力。通常用三个分矢量表示,如图3－11(b)所示。

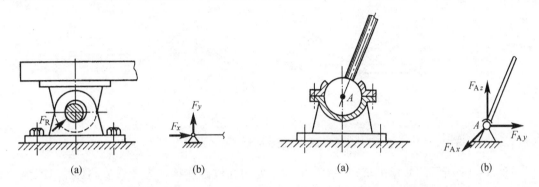

图3－10　光滑圆柱铰链约束　　　　图3－11　球形铰链约束

（4）柔索约束。理想化的柔索约束柔软且不可伸长,阻碍物体沿着柔索伸长的方向运动,因而只能承受拉力的作用。如图3－12所示,用绳索吊一物体,则绳索对物体的约束反力是拉力且作用于接触点,方向背离物体。链条或带传动,也只能承受拉力,对轮子的约束反力沿轮缘的切线方向,两边都产生拉力,如图3－13所示。

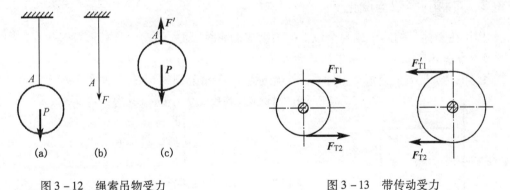

图3－12　绳索吊物受力　　　　图3－13　带传动受力

6）物体受力分析方法

受力分析不仅是构件设计的基础,而且也是动力学分析的基础,在研究物体的平衡或运动变化问题时,首先必须分析物体的受力情况。为此需将分析对象从其相联系的周围物体中分离出来,即取分离体;约束对研究对象的作用用约束反力代替。分离体上所受的全部力包括主动力和约束反力。主动力一般已知,但约束反力却需要根据约束的性质判断其作用点或作用线的方位、指向等,将它们逐一绘出。这种表示研究对象(即分离体)所受的全部力的图形称为受力图。画物体的受力图,是解决力学问题的一个重要步骤。

（1）确定研究对象。根据解题需要，可以取单个物体为研究对象，也可以选整体为研究对象，还可以取几个物体组成的系统为研究对象。

（2）确定研究对象受力的数目，明确施力物体施加给研究对象的作用力，不能凭空产生，也不可漏掉任何一个力。可先画主动力，再画约束反力。

（3）正确画出约束反力，根据约束本身的特性来确定出各约束反力的方向。

（4）注意作用力与反作用力的关系，若作用力的方向一经假定，则反作用力的方向应与之相反。

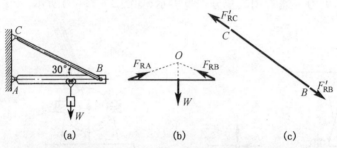

(a)　　　　　　(b)　　　　　　(c)

图 3-14　简单吊车的受力分析

图 3-14 所示的简单吊车，其中 A、B、C 三处均为铰链连接。先考察分离体梁 AB，其上作用有吊装物体的质量 W，这是通过梁上行驶的小车作用在梁上的载荷。若行驶小车的两个轮子中间距离很小，则作用在梁上的重力 W 可视为集中力。梁的两端均为铰链约束，因而在 AB 两处各有 一个方向未知的约束力 F_{RA} 和 F_{RB} 的作用；考察拉杆 BC，其上没有载荷作用，B、C 两处也为铰链约束，因而两处也分别受有两个约束力 F'_{RC} 和 F'_{RB}，其中 F'_{RB} 与作用在 AB 梁上的 B 点约束力 F_{RB} 互为作用力与反作用力。

2. 力系的等效与简化

作用在物体上的两个或两个以上的力组成的系统，即力的集合，称为力系。

1）力在正交直角坐标系中的表示方法

已知一力 F 与正交直角坐标系三个坐标轴的夹角分别为 α、β、γ，如图 3-15 所示，则该力在三个坐标轴上的投影大小的分量为：

$$\begin{cases} X = F\cos\alpha \\ Y = F\cos\beta \\ Z = F\cos\gamma \end{cases}$$

若已知力 F 在正交坐标系 $Oxyz$ 的三个投影，力 F 的大小为：

$$F = \sqrt{X^2 + Y^2 + Z^2}$$

2）汇交力系的合成与平衡的充要条件

若刚体受一汇交力系的作用，根据力的可传性，可将各力沿作用线移到汇交点，根据力的平行四边形法则，将各力两两合成，最后得到一通过汇交点的合力，该力与原力系等效。合力矢量即为各力的矢量和。假定该汇交力系有 n 个力组成，F_R 为合力矢量，则有：

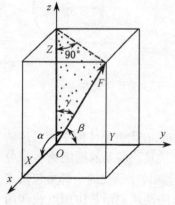

图 3-15　力的正交投影分析方法

$$F = F_1 + F_2 + \cdots + F_n = \sum_{i=1}^{n} F_i$$

根据合矢量投影定理可以得到合力矢量 F_R 沿三正交坐标轴方向的力大小分量为:

$$\begin{cases} F_{RX} = X_1 + X_2 + \cdots + X_n = \sum_{i=1}^{n} X_i \\ F_{RY} = Y_1 + Y_2 + \cdots + Y_n = \sum_{i=1}^{n} Y_i \\ F_{RZ} = Z_1 + Z_2 + \cdots + Z_n = \sum_{i=1}^{n} Z_i \end{cases}$$

由上式可知,为使合力为零,即 $|F_R| = \sqrt{F_{RX}^2 + F_{RY}^2 + F_{RZ}^2}$,必须同时满足:

$$\begin{cases} \sum_{i=1}^{n} X_i = 0 \\ \sum_{i=1}^{n} Y_i = 0 \\ \sum_{i=1}^{n} Z_i = 0 \end{cases}$$

所以空间力系平衡的充要条件为:力系中所有各力在三个坐标轴上的投影代数和为零,也称为空间汇交力系的平衡方程,这是三个独立的方程,可求解三个未知数。

若空间汇交力系中各力位于同一平面,这种力系称为平面汇交力系。它是空间汇交力系的特例,其合力也过汇交点并位于同一平面内,合力的大小为:

$$|F_R| = \sqrt{F_{RX}^2 + F_{RY}^2}$$

平面汇交力系平衡的充要条件为,各力在两坐标轴上投影的代数和为零,即:

$$\begin{cases} \sum_{i=1}^{n} X_i = 0 \\ \sum_{i=1}^{n} Y_i = 0 \end{cases}$$

3)力矩与汇交力系的合力矩

力对点的矩是力使物体绕某点转动效应的度量,在平面问题中,力矩为一个代数量,其力矩的大小等于力的大小与力臂的乘积。在日常生活中,经常遇到绕固定轴转动的问题,如门、齿轮、发电机转子等。

汇交力系的合力对某一点的力矩等于各分力对同一点力矩的矢量和,称为合力矩定理。当平面汇交力系平衡时,合力为零,这时该平面汇交力系对任一点的力矩为零。

4)力偶与力偶矩

力对刚体具有移动和转动两种效应,力偶对刚体则只有转动效应。

由大小相等、方向相反且不共线的两个平行力组成的力系,称为力偶,两力之间的垂直距离称为力偶臂,力偶所在的平面称为力偶的作用面。例如,汽车司机用双手转动方向盘时的作用力、钳工利用丝锥攻螺纹时的作用力都构成了力偶,如图 3 – 16 所示。

力偶矩的大小是作用力的大小与力偶臂的乘积,对任意一个空间力偶矩的方向可由右手法则来确定:弯曲的四指表示力偶在作用面内的转向,大拇指的指向表示力偶矩的方向,所以力偶矩为一个矢量,如图3-17所示。

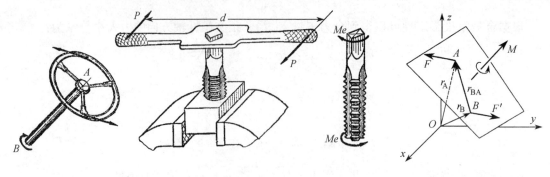

图3-16 力偶实例　　　　　　　　图3-17 利用右手法则
判断空间力偶矩方向

力偶具有下面的性质:

(1)力偶没有合力。力偶的矢量和虽然等于零,但由于它们不共线而不能相互平衡,所以力偶不能合成一个力,力偶是一种非零的最简单力系。

(2)力偶对刚体的运动效应是使刚体转动,力偶矩是衡量力偶使刚体产生转动效应大小的量度。

由两个或两个以上力偶组成的力系,称为力偶系。

对于平面力偶系,由于各力偶的作用面共面,各力偶只有大小和转向之分,所以力偶矩就可以用代数和来表示,合力偶矩也应还在该平面内,且大小等于各分力偶矩的代数和。显然,平面力偶系平衡的充要条件是:该力偶系的合力偶矩的代数和为零。

5)力向一点平移定理

力系的简化,就是将由若干力和力偶所组成的力系,变为一个力,或一个力偶,或一个力与一个力偶的简单的且等效的情况,这一过程称为力系的简化,力系简化的基础是力向一点的平移定理。

作用在刚体上的力若沿其作用线平移,不会影响刚体的运动效应,但是,若将作用在刚体上的力从一点平移到另一点,则对刚体的运动效应将会发生变化。为保证作用在刚体上的力可以向任意点平移,而与原来的作用力运动效应相同,应当是在平移后用该力与一力偶所代替,这个附加力偶的力偶距等于原来的力对新作用点的力矩,以上结论称为力向一点的平移定理,如图3-18所示。

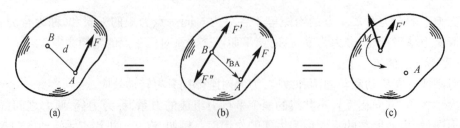

图3-18 力向一点平移定理

实际工程与生活中力向一点的平移的例子是很多的,例如,在划船时,如图3-19所示,当一个人用双浆同时以相等的力气划船时,若不考虑水流对船的影响,船就会在水面上直行前进,但是若只用单浆划船,船不仅会有向前的运动,而且船还会发生转动。此外,乒乓球运动中的各种旋转球的使用也都与力向一点平移的有关。

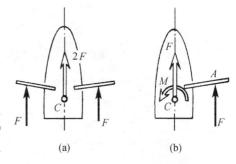

图 3-19　力向一点平移定理实例

6）空间力系的简化　主矢与主矩

在空间任意分布的力系称为空间力系,应用力的平移定理,依次将作用于刚体上的每一个力向刚体上的某一点 O 平移,同时附加一个相应的力偶,该点 O 称为简化中心,平移之后,组成一空间汇交力系和一空间力偶系两个简单力系,与原来的空间任意力系等效,如图 3-20 所示。

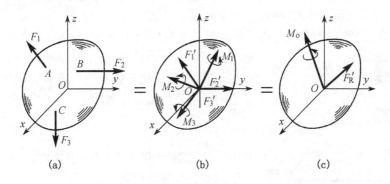

图 3-20　空间力系的简化

作用于 O 的空间汇交力系合成一力 F_R',称为主矢,等于原来力系各力的矢量和。空间分布的力偶系可以合成为一力偶,以 M_O 表示合力偶矩,称为原力系对点 O 的主矩,等于各附加力偶矩的矢量和,即原力系各力对简化中心点 O 的力矩的矢量和。

7）力系简化及应用

空间任意力系向一点简化可能出现下列四种情况:

（1）主矢 $F_R'=0$,主矩 $M_O \neq 0$,此时空间任意力系简化为一合力偶,即原力系合成为一合力偶,且主矩与简化中心的位置无关。

（2）主矢 $F_R' \neq 0$,主矩 $M_O=0$,此时空间任意力系简化为一合力,该合力与原力系等效,即为原力系的合力,合力的作用线通过简化中心 O,其大小和方向与主矢相同。

（3）主矢 $F_R' \neq 0$,主矩 $M_O \neq 0$,如果空间任意力系向一点简化后,主矢和主矩都不等于零,若主矢 F_R' 平行于主矩 M_O,这种结果称为力螺旋。如图 3-21 所示,所谓力螺旋是指由一力和一力偶组成的力系,且其中的力垂直于力偶的作用面。例如,钻孔时钻头对工件的作用。很显然,力螺旋是不能再进一步合成。

若主矢与主矩相互垂直,即主矢在力偶作用面内两者可最终合成一合力 F_R,如图 3-22 所示,F_R 就是原力系的合力,其大小和方向等于原力系的主矢,即 $F_R = F_R'$,其作用

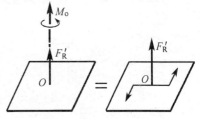

图 3-21　力螺旋

线距离简化中心的距离为：

$$d = \frac{|M_O|}{F_R}$$

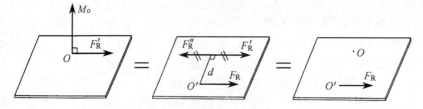

图 3-22　主矢与主矩垂直

（4）主矢 $F_R' = 0$，主矩 $M_O = 0$，当空间任意力系向任一点简化时，若主矢 $F_R' = 0$，$M_O = 0$，这是空间任意力系平衡的情况，将在下一个问题中详细讨论。

应用力实例分析，如图 3-23 所示的水坝承受静水侧向压力的模型，静水侧向压力自水面起为零至坝基处为最大值，中间呈线性分布，其蓄水深度已知，应用力的简化与等效的上述有关知识，不难求出其合力的大小及作用点位置为：

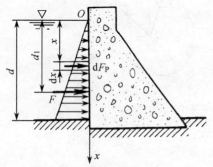

$$F_R = \frac{1}{2}\rho g d_1^2 \qquad d_1 = \frac{2}{3}d$$

其中，ρ 为水的密度；g 为重力加速度；d 为水深；d_1 为合力作用点到水面的距离。

图 3-23　力系的等效与简化在
工程中的应用

3. 力系的平衡问题

1）平衡

应用力系简化的结果得到空间一般力系的平衡条件和平衡方程，对于一些特殊的力系的平衡条件及平衡方程，如平面任意力系、平面汇交力系、平面力偶系等可由空间一般力系得出。

物体的平衡是物体运动的特殊状态，即加速度为零的状态。在生活和工程中经常会遇到有关平衡的问题。如吊车在起吊重物时应如何保持正常工作状态，而不至于发生倾覆事件。体操运动员在吊环上做十字支撑动作，空中走钢丝都有保持平衡的问题。

2）力平衡方程

力系向一点的简化的结果是与原力系等效的主矢 F_R' 和主矩 M_O，因此力系平衡的充分必要条件是 F_R' 为零和主矩 M_O 为零，由此可以得到空间任意力系的平衡方程为：

$$\begin{cases} \sum F_X = 0 \\ \sum F_Y = 0 \\ \sum F_Z = 0 \\ \sum M_X = 0 \\ \sum M_Y = 0 \\ \sum M_Z = 0 \end{cases}$$

空间一般力系平衡充要条件是:力系中各力在任一轴上的投影的代数和为零,各力对同一个轴的力矩的代数和为零,也称为空间一般力系的平衡方程,利用这六个独立的平衡方程可以求出六个未知量。空间一般力系是最普遍的力系,其他如平面任意力系、汇交力系等均属于空间一般力系的特殊情况,其平衡方程可以简化如下:

(1)空间汇交力系。空间汇交力系向任一点 O 简化的结果为过点 O 的合力,显然,此合力对过点 O 的任一轴的力矩恒为零,其平衡方程可以简化为下面的形式:

$$\begin{cases} \sum F_X = 0 \\ \sum F_Y = 0 \\ \sum F_Z = 0 \end{cases}$$

(2)空间力偶系。由于力偶在任一轴上的投影为零,空间力偶系的平衡方程为:

$$\begin{cases} \sum M_X = 0 \\ \sum M_Y = 0 \\ \sum M_Z = 0 \end{cases}$$

3)静定和静不定

在刚体静力学中,若未知约束力的个数小于或等于独立平衡方程数,则应用静力平衡方程即可确定全部未知约束力,这类问题称为静定问题,反之若未知约束力的个数大于独立平衡方程数则仅由静力学平衡方程不能确定的这类问题称为超静定问题或静不定问题。

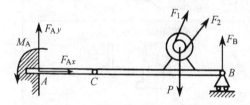

图 3-24 静不定实例

如图 3-24 所示的梁由两部分铰接而成,每部分可以列出三个平衡方程,共有六个平衡方程。未知量包括图中的三个支反力和一个约束反力偶,还有铰链 C 处的两个未知力,共计六个,因此是静定的,若将 B 处改为固定铰链支座,则有七个未知量,系统将是静不定的。

决定每种约束的约束反力未知量个数的基本方法是:观察被约束物体在空间可能的六种独立的位移中(沿 x、y、z 三轴的移动和绕此三轴的转动),有哪几种位移被约束阻碍,阻碍移动的是约束反力,阻碍转动的是约束反力偶。表3-1给出了常见约束类型及其约束反力的结合列表。

4)力系平衡方程的应用实例分析

在工厂里搬运重物,往往都是采用起重机、电葫芦、工业机械手等,但对于需要频繁吊装、作业时间短的场合,常采用一种新型的定点设备"平衡吊",适用于几十到几百公斤重工件的定点频繁吊装,它的结构简单,操作灵活,特别受到工人的欢迎。图 3-25 是一台平衡吊的结构简图,平衡吊巧妙地应用了力学中的平衡原理。挂在平衡吊吊

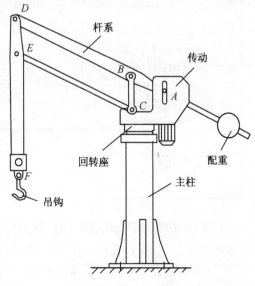

图 3-25 平衡吊示意图

钩上的重物,用手扶着以后,可以随意在吊装高度的平面内运动,控制吊装物升降的电钮开关,安装在吊钩处,通过电动机提供的动力使重物达到升降的目的。操作者可以一手扶着工件,一手随心所欲地操纵工件升降、回转、移动。

图 3-25 所示的平衡吊主要由传动、杆系、回转座和立柱等组成。传动部分主要是控制吊装物的升降,常用的有机械传动或液压传动。

平衡吊之所以在空载或负载时都能使得吊钩在平面内任一点处于平衡状态,利用了力学中的随遇平衡,实际上就是利用了力学平衡的基本原理。

表 3-1 常见约束类型及其约束反力

杆系由 *ABD*、*DEF*、*BC*、*CE* 四杆铰接组成一个平行四杆机构,且 *BC* 和 *DE* 以及 *BD* 和 *CE* 不仅相互平行,且杆长相等。在杆系的 *A*、*C* 处设置了两个滚轮,分别安装在传动箱的垂直和水平导槽内,通过电动机的转动使 *A* 轮升降,达到重物升降的目的。当电动机不工作时,*A* 轮可视为固定不动,这时可以把其视为一个固定铰链。此时杆系可简化为如图 3-26 所示。可以看出，BC 和 CE 两杆皆为二力杆，静平衡时，二力杆上的两个力大小相等，方向相反且沿杆轴线方向。ABD 和 DEF 皆为三力杆，在静平衡条件下，三力杆的三个力必交于一点。

如图 3-26 对整个杆系来分析，滚轮 C 的水平运动是引起吊钩及重物作水平摆动的原因。在不计摩擦的情况下，平衡吊的重物在该水平的任意位置时，只要 C 点的水平反力为零，即 C 点只有垂直反力，平衡就可以实现，此时，由于系统中重力 G 和 C 点的反力 R_C 都是垂直方向的力，系统中 A 点的反力 R_A 也必须是垂直的。

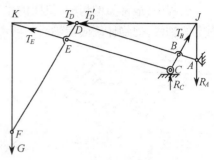

图 3-26 平衡吊受力分析图

为了保证 R_A 必须位于垂直方向，可以通过简单的受力分析得到需要的条件，先看 DEF 杆，该杆在重力 G 和 D、E 铰链对 DEF 杆的作用力 T_D 和 T_E 作用下平衡，T_E 力的方向沿 CE 杆轴线，T_D 力则必沿 D 点和重力 G 与 T_E 力交点 K 的连线方向，如图 3-26 所示。

同样分析 ABD 杆，该杆也在三力作用下平衡，铰链 D 给 ABD 杆的作用力 T_D' 大小与 T_D 相等，方向相反。铰链 B 给 ABD 杆的作用力 T_B 沿 CB 方向。支反力 R_A 沿 T_D' 与 T_B 两力交点的 J 的连线方向，三力的方向也可以通过力三角形得出，如图 3-26 所示。

要使系统处于随遇平衡状态，R_A 要保持垂直状态，AJ 必需为一垂线。通过三角形相似关系，可以得到只要杆长 l_{ABD}、l_{AB}、l_{DEF}、l_{DE} 满足下面的关系：$\dfrac{l_{DEF}}{l_{DE}}=\dfrac{l_{ABD}}{l_{AB}}$，平衡吊即可在理想条件下，吊钩重物处在水平的任意位置上达到随遇平衡。而在实际设计中，通常取 $l_{ABD}=l_{DEF}$，$l_{AB}=l_{DE}$。

§3-2 工程运动学

运动学是动力学的基础，当研究一个物体的机械运动时，必须选择另一个物体作为参考，这个参考的物体称为参照物，如果所选择的参照物不同，那么物体相对于参照物的运动也就不同，运动学主要研究刚体的运动，当物体的几何尺寸和形状在运动过程中不起主导作用时，物体的运动就可以简化为点的运动，例如在空中飞行的飞机、火箭、人造卫星以及其他航天器等。而对于工程中的构件来说，更多的是研究构件运动情况，通常视为刚体来进行处理。

1. 刚体的平行移动

工程中某些物体的运动，例如，发动机气缸内活塞的往复运动；图 3-27 所示的筛砂机中构件 AB 的运动，这一类物体的运动都有一个共同的特点，即在物体内任取一直线，在运动过程中这条直线始终与它的初始位置平行，这种运动称为平行移动，简称平动。

当刚体做平动时，刚体上的点的运动轨迹是相同的，且在每一瞬时，各点的速度和加速度也是相同的。

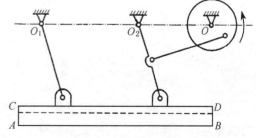

图 3-27 刚体平动实例

2. 刚体的定轴转动

工程中,最常见的齿轮,机床的主轴和电动机的转子等在工作运转过程中,它们都有一个固定的轴线,把物体绕固定轴线的转动称为物体做定轴转动。

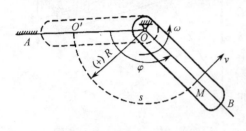

图 3 - 28　刚体的定轴转动

图 3 - 28 所示,刚体转动位移用角位移 φ 来表示,刚体的角位移为一个代数量,其符号规定如下:自 z 轴的正端往负端看,逆时针转动时角位移取正值,顺时针方向转动时角位移取负值。角位移确定了刚体转动到某一时刻 t 的位置,即转角位移 φ 是时间 t 的函数,有:

$$\varphi = f(t)$$

该方程称为刚体绕定轴转动的转动方程。

刚体绕定轴转动的快慢常用角速度 ω 来表示,为 φ 对时间 t 的一阶导数:

$$\omega = \frac{\mathrm{d}\varphi}{\mathrm{d}t}$$

角速度对时间的一阶导数称为刚体转动的瞬时角加速度,用字母 α 表示

$$\alpha = \frac{\mathrm{d}\omega}{\mathrm{d}t} = \frac{\mathrm{d}^2\varphi}{\mathrm{d}t^2}$$

同样,角速度 ω 和角加速度 α 也为代数量,其正负与角位移的规定是相同的,即按以逆时针方向为正,顺时针方向为负。

3. 刚体的平面运动

刚体的平面运动是工程机械中较为常见的一种刚体运动,如图 3 - 29 所示在直线轨道上运行的火车车轮、曲柄滑块机构中的连杆等运动都是平面运动。

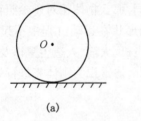

(a)

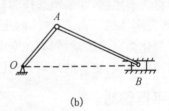

(b)

图 3 - 29　刚体平面运动实例图

刚体的平面运动可以视为平动与转动的合成。

§3 - 3　工程动力学

静力学研究的是静力作用下物体运动效应的特例——平衡问题,而动力学主要研究物体的机械运动与作用力之间的关系的科学。

动力学不仅是一般工程技术的基础,而且是很多高新技术的基础。以现代回转机械为例,喷气发动机、燃气轮机和离心压缩机的速度越来越高,对于这些机械和机构的运动规律、动强度、力稳定性、振动与冲击等问题,必须按照动力学、而不是依照静力学规律进行分析。

以牛顿三大运动定律为基础的动力学称为牛顿力学或古典力学。凡是牛顿运动定律适用的参考系称为惯性参考系;相对于惯性参考系,静止或作匀速直线平动的参考系都是惯性参考系。

1. 动力学的基本定律

动力学的基本定律主要是牛顿的三定律。

1) 牛顿第一定律

任何物体如不受力的作用,将保持其原始静止的或匀速直线运动的状态,物体保持其运动状态不变的性质称为惯性。该定律又被称为惯性定律。

2) 牛顿第二定律

物体受力作用时所获得的加速度的大小与力的大小成正比,与该物体的质量成反比,加速度的方向与力的方向相同。

3) 牛顿第三运动定律

两个物体间的作用力和反作用力,总是大小相等、方向相反。

大部分工程实际问题,一般都把与地球相固连的坐标系或相对于地面作匀速直线运动的坐标系称为惯性坐标系。

力学中主要采用的是国际单位制(SCI),长度、质量和时间的基本单位分为 m、kg 和 s,力的单位为导出单位:N,称为牛。

2. 动量定理

1) 动量

质点的质量与速度的乘积称为动量,设质量为 m 的质点相对于某一惯性参考系以速度 v 作运动,质点的动量等于质点的质量与速度的乘积,即 mv。由于速度是矢量,所以动量也是矢量,具有大小和方向两个要素,其方向与质点的速度方向一致。动量的国际单位为:kg·m/s。

质点系内各质点动量的矢量和称为质点系的动量,动量是质点系整体运动的基本特征矢量之一,常用 p 来表示,即:

$$p = \sum_{i=1}^{n} m_i v_i$$

质点系的动量还等于质点系的质量与其质心速度的乘积。

图 3-30(a)所示,半径为 r,质量为 m 的均质圆轮沿水平面以角速度 ω 作纯滚动,由于质心速度 $v_C = \omega r$,所以其动量为 $p = m\omega r$。而图 3-30(b)所示的若圆轮作定轴转动,由于其质心为旋转点,速度为零,所以即使其角速度 ω 再大,其所具有的动量也为零。

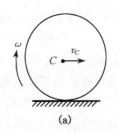
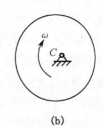

(a)　　　　(b)

图 3-30　滚轮的动量

2）冲量

物体在力的作用下，其运动状态的变化，不仅与力的大小和方向有关，而且与力作用时间的长短也有关。把力与力作用时间的乘积称为冲量。用 I 来表示。由于力是矢量，所以冲量也是矢量，其方向与力的方向一致。对于常力作用下的冲量计算公式为：

$$I = Ft$$

如果力 F 为变量，在时间区间 $[t_1, t_2]$ 内，物体在力 F 的作用下获得冲量为：

$$I = \int_{t_1}^{t_2} F \mathrm{dt}$$

式中，冲量的国际单位为：$N \cdot s$。

3）动量定理

图 3-31 所示，设质点系由 n 个质点组成，第 i 个质点的质量为 m_i，速度为 v_i。把作用于质点系的力分为外力和内力。外力是指质点系以外的物体作用于质点系内各质点的力；而内力是指质点系内部各质点之间的相互作用力。作用于质点 m_i 的外力的合力和内力的合力分别用 $F_i^{(e)}$、$F_i^{(i)}$ 来表示。由于质点的质量是常量，所以可以将牛顿第二运动定理写成动量变化率的形式：

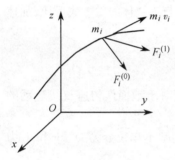

$$\frac{\mathrm{d}}{\mathrm{d}t}(m_i v_i) = F_i^{(e)} + F_i^{(i)} \quad (i = 1, 2, 3, \cdots, n)$$

通过变换可以得到下面的形式：

$$\frac{\mathrm{d}p}{\mathrm{d}t} = \sum F_i^{(e)} = F^{(e)}$$

图 3-31 动量定理示意图

上式称为质点系的动量定理，即质点系动量的主矢量对时间的一阶导数等于作用在该质点系上的外力系的主矢量。

还可以写成如下积分形式，假定在两个时刻，质点系的动量分别为 p_1, p_2，则有：

$$p_2 - p_1 = \int_{t_1}^{t_2} F^{(e)} \mathrm{d}t$$

上式说明，在某个时间段内，质点系动量的改变量，等于作用与质点系的所有外力在相应时间间隔内冲量的矢量和。

4）动量守恒定理

若作用于质点系上的外力矢量恒等于零时，这时整个质点系的动量守恒。同样，如果作用于质点系的外力的主矢在某一轴上的投影为零，那么在该轴上的动能守恒，以上结论统称为质点系的动量守恒定理。

质点系动量守恒的现象很多，例如子弹和枪体组成的质点系，在射击前，质点系的动量等于零，当火药在枪膛内爆炸时，作用于子弹的压力使子弹获得向前的动量，但同时气体压力又使枪体获得向后的动量（后坐现象）。在水平飞行的火箭或喷气式飞机中，当其发动机向后高速喷出气体时，火箭或喷气式飞机将获得相应的前进速度。而利用螺旋桨式推进器前进的飞机（或轮船）离不开空气（或水流），但采用喷气式发动机的火箭和飞机则可以不要空气，所以在空气稀薄的空间技术中，火箭是目前惟一能采用的运输工具。

5）动量守恒定理实例分析

（1）太空拔河。

两人若在地面上拔河,结果必然是力大者胜,但同样两人若在太空中拔河,结果就会大不一样。假定宇航员 A 和 B 的质量分别为 m_A 和 m_B,如图 3 - 32 所示;开始时,两人在太空中保持静止,然后分别抓住绳子的两端使尽全力相互对拉,如宇航员 A 的力气大于宇航员 B 的力气,会出现什么结果呢?

两人与绳子组成质点系,由于该系统所受外力为零,所以其动量守恒,即在拔河过程中质点系动量与开始时相同,于是有:

$$m_A v_A + m_B v_B = (m_A + m_B)v_C = 0$$

式中,v_A 和 v_B 分别为宇航员 A 和 B 在拔河中的速度,v_C 为系统质心的速度。拔河中两人同时相互被拉动,拉动时两速度方向相反,大小与其质量成反比;系统的质心加速度为零,即 C 点不动,两人不分胜负;然后还可以通过受力分析得知:两人实际上受力相等,这就说明尽管宇航员 A 比 B 使出更大的力气,但由于 A 要受到 B 的最大拉力的限制,实际上宇航员 A 处于有劲使不出的尴尬状态。

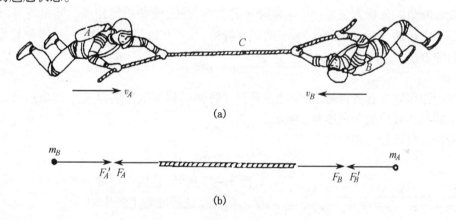

图 3 - 32　宇航员在太空中的拔河

（2）跳高运动员的过杆姿势的分析。

在跳高运动中,人体可视为特定的质点系——多刚体系统,即将人体视为由头部、上下躯干、四肢和手脚等十几个刚体用铰链连接而成的系统,其运动当然是复杂的。但就整体而言,运动员从助跑、起跳、腾空、过杆以至于落地的过程,在忽略空气阻力、只考虑重力作用的情况下,质心的运动轨迹是一条确定的抛物线,如图 3 - 33 所示,人体各部分的相对运动并不能改变这一轨迹的形状。

跳高的成绩在很大程度上决定于质心抛物线的最高点 A 的铅垂高度 $h = h_1 + h_2$。式中,h_1 为人体离地前的质心高度,h_2 则决定于人体踏地瞬间获得的铅垂方向冲量的大小,以上因素是决定跳高成绩的重要因素。另一方面,质心过杆并不等于人体过杆。所以,人体在空中的动作和过杆姿势也会直接影响跳高成绩。最佳的过杆姿势应该是:人能过杆,且 $AB = h_3$ 为最小（B 处

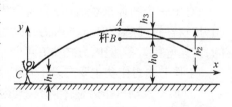

图 3 - 33　人体跳高时的质心抛物线轨迹

为标杆的位置）。

下面对主要跳高姿势的优缺点从力学角度分析如下：

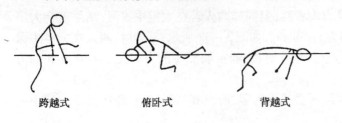

图 3 - 34　三种过杆姿势

跨越式跳高，当跃起过杆时，躯干基本保持直立，两腿接近水平姿势，$h_3 \approx 254 \sim 305$ mm。这种姿势虽然简单易学，但运动成绩不会很高。

俯卧式跳高，当跳起过杆时，身体与横杆成俯卧姿势。类似于身体"裹"住横杆，$h_3 \approx 51 \sim 102$ mm。这是一种比较高级的过杆姿势。

背越式跳高，这时人的背部成弓形，从杆上跳过。这是目前最优的一种过杆姿势。这种姿势提供了一种可能，人从杆上通过，而人的质心是从杆下或杆中通过的，如图 3 - 34 所示。

3. 动能定理

动能和能量的分析方法是动力学定理中的基本方法，两者相辅相成。能量既可以在不同物体或系统中传递，也可以在不同形态间相互转换，几乎在每门科学和工程技术领域都应用到能量分析的方法。

1）功

对力的作用效应有各种量度，如冲量是力对时间的累积效应的量度。而功是指力对物体在空间上的累积效应的一种度量。

力所作功可以分为两种情况：

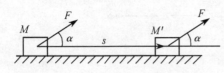

图 3 - 35　常力作功

（1）常力作功。

图 3 - 35 所示，若质点在常力 F 作用下沿直线走过路程 s，则力在这段路程上所作的功为：

$$W = F\cos\alpha \cdot s$$

式中，α 为力 F 与位移 s 之间的夹角。在国际单位制中，功的单位为 J。1 J = 1 N · m。

（2）变力作功。

图 3 - 36 所示，设质点在变力 F 作用下沿曲线运动，把质点走过的有限弧长 M_1M_2 分成许多微小弧段，在微小弧段 ds 上力 F 可视为常力，当质点从 M_1 运动 M_2 到时，变力 F 所作的功根据积分为：

$$W = \int_0^s F\cos\alpha \cdot ds$$

对于一个物体来说，其外力与内力作功是有所不同的，对于外力作功，比较容易理解。但对于内力作功，应当指出，虽然内力是成对出现的，其矢量和为零，但内力之功有可能不等于零。

工程上内力作功主要有以下几种情况：

① 所有发动机作为整体研究，其内力都是有功力。例如，蒸汽机、内燃机、电动机和发电机等，汽车内燃机气缸内膨胀的气体质点之间的与气体对活塞和气缸的作用力都是内力，这些力作功使得汽车的动能增加。

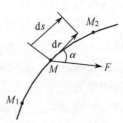

图 3 - 36　变力作功

② 机器中有相对滑动的两个零件之间的内摩擦力作负功,消耗机器的能量,如轴与轴承、相互啮合的齿轮、滑块与滑道等。

③ 弹性构件中的内力分量(弯矩、剪力和轴向力)作负功,并转变为弹性势能,即弹性应变能。

2)动能

物体由于机械运动而具有的能量,称为动能,动能的概念与计算不仅是质点系动能定理的基础,也是分析动力学的基础。一个质量为 m,速度为 v 的物体所具有的动能计算公式为:

$$T = \frac{1}{2}mv^2$$

质点系的动能等于各质点的动能之和,计算公式为:

$$T = \sum \frac{1}{2}m_i v_i^2$$

显然,质点系的动能为系统内所有质点动能之和,它是度量质点系整体运动的另一个物理量,动能是一个标量,即只取决于各质点质量和速度的大小,而与速度的方向无关。

刚体是由无数质点组成的质点系,刚体的运动形式不同,其动能表达式也就不同。

(1)平动刚体的动能。

刚体平移时,由于刚体上各点在同一瞬时的速度是相同的,因此可以用刚体质心的速度来表示各点的速度。刚体平移的动能相当于刚体质量集中于质心时的质心点的动能,即等于刚体质量 m_c 与刚体质心点的速度 v_c 平方乘积的一半。

$$T = \frac{1}{2}m_c v_c^2$$

(2)定轴转动刚体的动能。

刚体绕定轴转动的动能等于刚体对定轴的转动惯量 J_c 与角速度 ω 平方乘积的一半。

$$T = \frac{1}{2}J_c \omega^2$$

(3)平面运动刚体的动能。

由于刚体平面运动可以分解为随刚体质心的平移(即牵连运动)和相对于质心的转动(相对运动)。所以刚体平面运动的动能等于随质心平移的动能与相对质心的转动动能之和。

$$T = \frac{1}{2}m_c v_c^2 + \frac{1}{2}T_c \omega^2$$

3)动能定理与能量守恒定律

由物理学知,质量为 m 的质点的动能定理形式为:

$$\frac{1}{2}mv_2^2 - \frac{1}{2}mv_1^2 = W_{12}$$

式中,v_1 和 v_2 分别表示质点在位置 1 和位置 2 时的速度大小,W_{12} 是质点从位置 1 运动到位置 2 的过程中作用在质点上的合力所作的功。质点从初位置 1 到末位置 2 的运动过程中,其动能的改变量等于作用在质点上的合力所作的功,称为质点动能定理。

对于质点系来说,在初始位置 1 的动能为 $T_1 = \sum \frac{1}{2}m_i v_{i1}^2$,末位置 2 的动能为 $T_2 = \sum \frac{1}{2}m_i v_{i2}^2$,也存在下面的形式:

$$T_2 - T_1 = W_{12}$$

即质点系从位置 1 运动到位置 2 的过程中，质点系动能的改变量等于作用在质点系上所有有功力所作功的代数和，称为质点系动能定理。

4）动能定理实例分析　第二宇宙速度

根据物理学有关知识，在地面上一定高度以初速度向水平方向抛射出的物体，在重力的作用下，将沿着抛物线轨迹落到地面上，且初速度越大，射程就越远；由于地球是一个球体，可以设想，当抛射物体的初速度足够大时，如图 3 - 37 所示，这时物体将环绕地球运动，而成为一颗人造卫星。所以要成功发射一颗人造卫星，关键问题是使卫星获得一个适当的速度，使卫星以这个速度环绕地球运动时所需要的向心力，恰好等于地球对卫星的引力，这个速度叫做环绕速度，又称为第一宇宙速度，理论数值为 7.9 km/s

图 3 - 37　人造卫星环绕地球运动

如果初始速度再增大，那么所发射的卫星就不再围绕地球运动，而是脱离地球的引力围绕太阳运动，称为人造行星，这个脱离地球引力的最低速度叫做脱离速度，又称为第二宇宙速度。进行星际航行的探测器或宇宙飞船都必须达到第二宇宙速度。下面就利用动能定理来分析第二宇宙速度的大小。

设在地面发射的质量为 m 的宇宙飞船时的速度为 v_1，飞船作宇宙飞行时的速度为 v_2，则飞船在两个时刻的动能分别为：

$$T_1 = \frac{1}{2}mv_1^2 \qquad T_2 = \frac{1}{2}mv_2^2$$

作用在飞船上的力仅为地球引力，而地球对飞船的引力服从牛顿万有引力定律，地球引力所作的功为：

$$W_{12} = fm_1m\left(\frac{1}{r} - \frac{1}{R}\right)$$

式中，m_1 为地球的质量，R 为地球的半径（$R = 6\,371$ km），f 为万有引力常数（$f = 6.667 \times 10^{-11}$ m³/(kg·s²)），根据动能定理有：

$$\frac{1}{2}mv_2^2 - \frac{1}{2}mv_1^2 = fm_1m\left(\frac{1}{r} - \frac{1}{R}\right)$$

要使飞船作宇宙飞行，应有 $v_2 \geq 0$，r 为无穷大，因此在上式中，令 $v_2 = 0$，$r = \infty$，发射飞船所需的最小速度应满足下面的关系式：

$$\frac{1}{2}mv_1^2 = fm_1m\frac{1}{R}$$

在地球表面，飞船的重量就是地球对它的引力，即 $mg = \dfrac{fm_1m}{R^2}$。

所以：

$$fm_1 = gR^2$$

整理上式可得：

$$v_1 = \sqrt{2gR} = 11.2 \text{ km/s}$$

4. 功率与机械效率

在工程实际中,力在单位时间内所作的功称为该力的功率。

功率的计算公式为:$P = F \cdot v$ 或 $P = M\omega$。有了功率计算公式,就不难解释汽车在上坡时为什么要减慢速度。根据前面的分析,汽车要爬坡,显然比在平路需要更大的驱动力矩,由于汽车的发动机输出功率是一定的,根据上述功率计算公式,只有减小 ω 的数值,驱动力矩 M 才能增大。

机器在工作时,必须输入一定的动率,但是在功率的传递过程中,由于机构内部存在着摩擦,而摩擦力作负功,使一部分动能转化为热能,使功率损失,这部分功率常称为无用功率或损耗功率。而其余作有用功的部分则称为有用功率或输出功率。工程上就把机器的有用输出功率与输入功率的百分比称为机械效率,常用 η 来表示,即:

$$\eta = \frac{输出功率}{输入功率}$$

显然 $\eta < 1$。

一部机器的传动部分由多级传动组成时,若各级传动的机械效率分别为 $\eta_1, \eta_2, \cdots, \eta_n$ 时,则机械的总效率为:

$$\eta = \eta_1 \eta_2 \cdots \eta_n$$

降耗节能是国民经济持续发展的重要任务之一,因此,机械效率的高低是机械产品的一个重要的性能指标,也是评价机械产品质量优劣的一个重要标志。

5. 机械能守恒定律

1）势力与势能

若物体所受力的大小和方向完全由物体在空间的位置所确定,则此空间称为力场。例如,质点在地面附近的任何位置,都受到一个由其位置所确定的重力作用,因此称地球表面的空间为重力场。又如星球在太阳周围的任何位置都要受到太阳引力的作用,引力的大小和方向完全取决于星球相对于太阳的位置,因此太阳周围的空间称为太阳引力场。

物体在力场内运动时,如果作用于物体的力所作的功只与力作用点的起止位置点有关,而与其作用点所经过的路径无关,则这种力称为有势力或保守力,例如重力、牛顿引力、弹性力所作的功只与力作用点的起止位置有关,而与路径无关,所以都是有势力;相应的力场都是保守力场。

在势力场中,质点从某参考点 C_0 运动到另外一点 C 时,有势力所做的功为称为质点在 C 点相对于 C_0 点的势能。

在势力场中,质点系从某位置运动到零势能位置时,各有势力所作的功的代数和称为质点系在该位置的势能。

很显然,势能的大小与正负都是相对于零势能位置而言的,因此,在确定质点系的势能之前,必须首先选定一个相对零势能位置。

2）机械能守恒定律

系统的动能与势能的代数和称为系统的机械能。

如果一个质点系仅在有势力作用下运动时,从位置 1 运动到位置 2,根据动能定理有:

$$T_2 - T_1 = W_{12}$$

在此运动过程中有势力从位置 1 到位置 2 的势能分别为 V_1、V_2,所做的功为:

$$W_{12} = V_1 - V_2$$

则有:

$$T_2 - T_1 = V_1 - V_2$$

或

$$T_1 + V_1 = T_2 + V_2 \qquad \text{或} \qquad T + V = E = 常数$$

上式表明:质点系在有势力的作用下运动时,其机械能保持不变,称为机械能守恒定律,机械能保持不变的系统称为保守系统。

从普遍的能量守恒定律来看,能量既不会消失,也不能无缘无故地被创造,只能从一种形式转换成另一种形式,质点系在运动过程中,机械能的增或减,说明了系统的机械能与其他形式的能量,如势能、电能、声能等之间有了相互转换,机械能守恒定律是能量守恒定律的一种特殊情况。

6. 碰撞

两个或两个以上有相对运动的物体互相接触并伴有速度突然变化的力学现象称为碰撞,它是工程中一种常见而又复杂的动力学问题之一。

碰撞具有以下两方面的力学特征:

(1)碰撞是在极短的时间内,约在 $10^{-3} \sim 10^{-4}$s 内,使物体之间发生有限量的动量传递,因而物体上各质点的速度极大,产生极大的瞬时碰撞力,可以达到非碰撞情况下的几百倍,甚至上千倍。碰撞问题常用碰撞冲量(impulse of collision)来加以量化,碰撞冲量是指撞击力在碰撞时间内的累积效应。

(2)碰撞时,机械能之间,机械能与其他形式的能量之间发生急剧变化,一般总伴随有机械能的损耗,包括物体材料的弹性与塑性变形和变形的恢复,应力波的传播,产生热、光、声等能量形式。

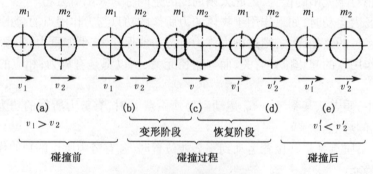

图 3-38 两球的正碰撞过程

若碰撞前后两球的质心速度与两球接触面的公法线共线,则称为正碰撞,如图 3-38 所示。m_1、m_2 分别为两球的质量,v_1、v_2 与 v'_1、v'_2 分别为两球碰撞前后的速度,v 为碰撞中的共同速度。图中给出了碰撞前、碰撞中和碰撞后的三个过程。由两球组成的系统中,由于碰撞力是内力,故碰撞前后动量守恒:

$$m_1 v_1 + m_2 v_2 = m_1 v'_1 + m_2 v'_2$$

两球恢复阶段与变形阶段的碰撞冲量之比,或者碰撞后相对分离的速度与碰撞前相对接近的速度之比称为恢复系数:

$$e = \frac{I_2}{I_1} = \frac{v'_2 - v'_1}{v_2 - v_1}$$

根据恢复系数的大小,碰撞问题可以分为以下三类:

① 非完全弹性碰撞($0 < e < 1$)。实际中的碰撞大都属于这一类,碰撞物体的动能要引起振动或波动,并会因为材料的内部阻力造成能量耗散,物体的变形不能完全恢复。

② 完全弹性碰撞($e = 1$)。碰撞后,物体的变形完全恢复,能量没有损失。在宏观现象中,这是一种不可能实现的理想化状况;而在微观现象中,例如分子间的碰撞则属于完全弹性碰撞。

③ 完全非弹性碰撞或塑性碰撞($e = 0$)。碰撞后,碰撞物体的变形不能恢复,其相对运动动能全部损失,碰撞后两物体合为一体运动。

在碰撞过程中动能的变化量为:

$$\Delta T = \frac{m_1 m_2}{2(m_1 + m_2)}(1 - e^2)(v_1 - v_2)^2$$

对于完全弹性碰撞,由于 $e = 1$,$\Delta T = 0$,所以碰撞过程中没有能量损失;完全非弹性碰撞,$e = 0$,其动能损失为:

$$\Delta T = \frac{m_1 m_2}{2(m_1 + m_2)}(v_1 - v_2)^2$$

碰撞工程实例分析:锻压机械与打桩机的分析。

(3) 图 3 - 39(a) 为锻压金属的汽锤简图,(b)图为打桩机的工作原理图,假定图中的两锤重均为 $m_1 g$,铁砧或桩重为 $m_2 g$,两锤在打击前均具有速度 v_1。下面分析两者在碰撞过程中的动量转化与能量变化。

假设两种情况均为完全非弹性或塑性碰撞,即 $e = 0$。另外,在被打击前铁砧和桩处于静止,即 $v_2 = 0$,这样动能损失量为:

$$\Delta T = \frac{m_1 m_2}{2(m_1 + m_2)}v_1^2 = \left(\frac{1}{2}m_1 v_1^2\right) \cdot \frac{1}{1 + \dfrac{m_1}{m_2}} = \frac{T_1}{1 + \dfrac{m_1}{m_2}}$$

式中,$T_1 = \frac{1}{2}m_1 v_1^2$ 为两种情况下的锤的总动能。该式表明,在完全非弹性或塑性碰撞过程中的动能改变量与碰撞物体的动能、物体质量比有关。

如果是锻压金属,工程上希望汽锤的动能尽量多地转化为锻件的塑性变形能,而应尽量少地传递给铁砧和钢筋混凝土基础,将锻件加热至高温再进行锻压加工,就是为了使锻件变软使塑性增加,以便能更多地吸收汽锤的动能。为达到此目的,在锻压金属时应使 $m_1 \ll m_2$。从动量的角度看,汽锤传递给铁砧与基础的动量一定时,后者质量越大,其速

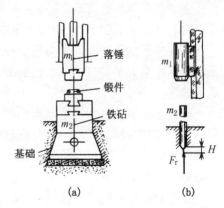

图 3 - 39　锻压机与打桩机的部分简图

度越小;从能量的角度看,$\Delta T \approx T_1$。即让汽锤在锻造前的动能几乎完全转变为锻件的变形能。例如,当 $m_1/m_2 = 1/20$,就有 95% 的输入动能作了有用功,只有 5% 的能量作了无用功。

如果是打桩,则与锻压金属正好相反,工程上希望桩锤的动能尽量多地传递给桩,以使桩能够克服土壤阻力,深入土壤之中,而不是将桩锤的动能转化为桩的塑性变形能。因此,应使 $m_1 \gg m_2$,从动量的角度看,桩的速度大;从能量的角度看,$\Delta T \approx 0$。即让桩锤在打桩前具有的动能基本上变为桩与锤一起克服土壤阻力做功的动能。例如,以 7 500 N 重的锤打 500 N 重的桩,则有用功为 93% 的输入动能作了有用功,只有 6.3% 的能量损失于桩的塑性变形能。否则,若用"轻锤打重桩",即使桩被打坏,桩也很难达到进入到土壤的目的。

7. 振动与冲击

振动与冲击是自然界中广泛存在的现象,振动是动力系统或者说是机械系统在其平衡位置附近的往复运动;冲击则是系统在瞬态或脉冲激励下的运动。发生碰撞时,实际受碰撞物体在极短时间内,受到极大撞击力作用时,物体介质将由撞击点开始,以应力波的形式向物体内部传播,这一过程称为波动,从而引起物体内部各部分的变形。结果弹性变形能转化为结构的振动,而塑性变形能将导致物体产生塑性变形甚至断裂破坏。冲击则主要是研究物体在极短时间内受到极大撞击力作用时,应力波的传播与瞬态响应。

冲击的研究范围除物体碰撞外,还包括爆破和地震。冲击与碰撞的区别在于:碰撞只研究撞击力的运动效应,而冲击既研究运动,又要研究变形效应。在研究碰撞问题时采用的是有局部接触变形的刚体模型,冲击则采用弹塑体模型,冲击包括了碰撞,碰撞只是冲击的一个特例。

振动与冲击的问题是在工程和生活实际中经常遇到的问题。凡是机器、建筑、桥梁、车辆、船舶、飞机、卫星等都经常处在外界或内在的激励下,都不可避免的要发生各种各样的振动。严重的振动与冲击会对机器设备以及人员带来各种危害,主要有以下几个方面。

(1)强烈而持续的振动会导致结构的疲劳而破坏,强烈的冲击会引起结构的瞬时断裂,造成严重事故。例如,美国的塔柯马大桥因风振动而断裂;大型汽轮发电机组因轴承振动而导致转子断成数段飞出数百米之外,造成设备的损坏和人员的伤亡,所以精心地进行振动计算,防止疲劳和冲击破坏的产生,确保设备安全,使人员免受伤害是一个非常重要的问题。

(2)强烈的振动和冲击会导致设备的失效,强烈的振动或冲击会使仪器仪表的精度降低、元件损坏甚至失灵、机件松动、密封破坏等种种问题。振动的环境对仪器设备的可靠性造成严重的威胁。

(3)强烈的振动和冲击环境会对人体造成严重的危害,当车辆的随机振动频带在 30 Hz 左右时,人的腹腔将会发生共振,振动频带在 300 ~ 400 Hz 时,会引起脑腔的振动。振动同时又是噪声的主要来源,造成环境污染。因此解决人 – 机器 – 环境三者之间的协调问题是一个迫切需要研究的问题。

根据激励形式的不同,可将振动分为自由振动、受迫振动和自激振动。自由振动是指一个系统只受到初始干扰而不受其他激励时所做的振动,又称自由响应。受迫振动是指系统在外界激励作用下所产生的振动。自激振动是在一定条件下由系统本身运动诱发和控制的振动。

对振动的分析方法主要有时域法和频域法。

在时域内,振动的时间历程常以时间为横坐标,以振动体的某个运动参数(位移、速度、加速度)为纵坐标绘出的线图来描述,图 3 – 40 给出了常见的振动类型。

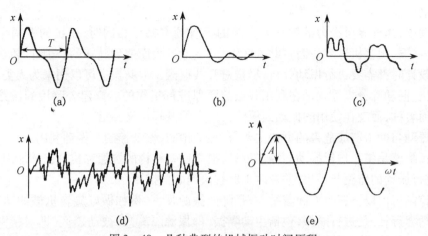

图 3 – 40 几种典型的机械振动时间历程

(a)周期振动；(b)衰减振动；(c)非周期振动；(d)随机振动；(e)简谐振动

决定振动大小的主要物理参数为：质量、刚度、阻尼。

描述振动的主要参数为：振幅、频率、相位、响应(位移、速度、加速度)等，如图 3 – 41 所示。

研究振动问题是建立系统的振动微分方程，最简单的实例就是弹簧 – 质量系统。对于图 3 – 42 所示的任意一个多自由度离散系统，振动微分方程的基本形式为：

$$[M]\{\ddot{X}\} + [C]\{\dot{X}\} + [K]\{X\} = \{F\}$$

式中，$[M]$、$[C]$、$[K]$ 分别为质量矩阵(对角阵)、阻尼矩阵、刚度矩阵。它们决定了将来在外加激励作用下振动的形式，具体来说它们决定了系统的各阶固有频率和各阶固有振型。$\{F\}$ 为外加激励力矢量，也可以为零；$\{X\}$，$\{\dot{X}\}$，$\{\ddot{X}\}$ 分别为在外加激励作用下系统各集中质量所产生的响应：位移、速度、加速度矢量。

图 3 – 42 所示的多自由度系统在满足一定条件下，系统的自由振动为简谐振动，这时系统

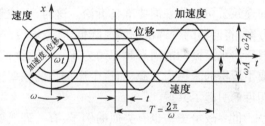

图 3 – 41 振动参数描述

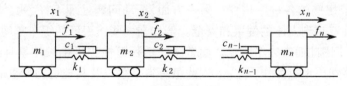

图 3 – 42 多自由度系统

各广义坐标同步达到平衡位置或最大振幅，把这时的振动形态称为主振动，主振动时的频率称为多自由度系统的主频率或模态频率或固有频率，各阶广义坐标振动幅值之比称为主振型。而多自由度系统在任意激励下的响应，都是由以上各阶主振型叠加所得到，所以系统的主频率和主振型是进行多自由度系统响应分析的基础。一般说来，在系统其他条件不变的条件下，增加质量或者减小刚度可以使系统的固有频率降低，而减少质量或者增加刚度则会使系统的固

有频率升高。

在振动中,当外界激励力的频率和系统的固有频率接近相同时,系统的振幅会无限地增大,这就是共振,很多机器就是因在共振区工作、变形过大而遭到破坏的。因此,机械、仪表、建筑结构在设计时都需要进行振动分析,尽量避开共振区。但共振也可以用来为人类服务,例如振动输送机、振动筛分机等就是在利用共振的原理进行工作的。修建公路用的压路机以其笨重的躯体而著称,而现在使用的振动式压路机则变的既轻便又灵活。

防止振动与冲击造成危害的方法主要有:振动预防、振动控制和振动利用。

振动预防就是精心进行振动与冲击设计,提高设备结构的抗振和抗冲击的能力,并研究振动规律,进行振动的监测与预报,并及时采取解决问题的措施。

振动控制可由以下三个方面着手:一是降低振源强度,例如做好旋转机械的动平衡,减少气流的脉动力等;二是进行隔振,包括主动隔振(即振源隔离)和被动隔振(即对精密仪器设备进行隔振加以保护);三是减振,采取各种措施降低系统对激励的响应,如改变固有频率避开共振、阻尼减振、动力减振以及振动主动抑制等。

振动利用则是考虑振动与冲击除了有危害性的一面外,在某种情况下还可用来为人类服务。例如振动筛、铸件的振动落砂和消除内应力、混凝土的振动捣固、振动打桩等。对振动的利用,为工农业生产提供了某些新的开发途径。

在生产与生活的实践中,与振动、冲击有关的实例是非常多的。

在安徽盛产茶叶的南部山区,曾经有一个茶叶加工厂,其四层楼的厂房落成后并验收合格,但当正式投入生产开机运转后,整个厂房如临地震,门窗、用具丁冬作响,于是厂方与承建的建筑公司各执一词要准备诉讼。这时,一位工程师在经过一番仔细检查后提出了一个解决方案,将四楼的分选机的转速降低了15%后,这时整个厂房的振动就基本消失了。原来这四层厂房水平振动的固有频率约为 3~4 Hz,而四楼分选机的转速是 240 r/min,运转中的分选机成了厂房的激振力来源,而这个激振力的频率正好是 4 Hz,这就正好与楼房水平振动固有频率相近而引起了共振。

世界战争史中也有类似的例子,有一列凯旋归来的士兵正步走过一座大桥时,由于士兵的正步走步频率与大桥的固有频率相同导致共振,结果造成大桥坍塌,士兵葬身河中的悲剧。

此外,振动和人们的工作、生活和身体健康也有着密切的关系,一方面人们可以利用振动来治疗人类的疾病或提高健康水平,例如,人们可以超声波的振动来击碎人体内的各种结石,还有各种治疗关节疼痛的各种频谱仪。另一方面,振动问题处理不好,就会影响人的工作效率、舒适性,甚至会威胁到人体的健康和安全。例如在一些纺织厂的织布车间,机器轰鸣,震耳欲聋,许多纺织女工因此而失去了听觉。而全国的千百万拖拉机手长年累月地驾驶着拖拉机在颠簸不平的道路和田地里劳作,不少人因此患有胃下垂以及其他更为严重的疾病,这些疾病的原因,就在于共振。

根据振动理论,只要有质量、有弹性的系统,受到外部的激励就会发生振动,若以力学观点将人体抽象为一个机械振动系统,组成人体的各部分器官、骨骼和肌肉都是一个振动系统。经研究人体各部分的固有频率如图 3-43 所示。人的心脏固有频率约为 60 Hz,如工作环境频率有 60 Hz 附近的激励,就会引起心脏的共振而导致心脏方面的疾病。人的胃部的固有频率约为 4~8 Hz,而拖拉机在土路上行驶时,测得其座椅的垂直加速度的功率谱密度就在 4~8 Hz 内范围有较大的能量,这恰好是人体胃部的谐振敏感区,因而对胃部损伤较大而导致疾病的产生。所以对拖拉机手的座椅及一切交通工具的座椅都需要研究其振动控制问题,以增加舒适性、减少对人体的危害性。

§3-4 材料力学基础知识

材料力学主要研究两方面的内容,第一是研究物体在外力作用下的应力、变形和能量,统称为应力分析,但是材料力学所研究的仅限于杆、轴、梁等物体,其几何特征是纵向尺寸远大于横向尺寸,这类物体统称为杆或杆件。大多数工程结构的构件或机器的零部件都可以简化为杆件。第二是材料科学中材料的力学行为,即研究材料在外力和温度作用下所表现出的变形性能和失效行为,统称为材料的力学行为。

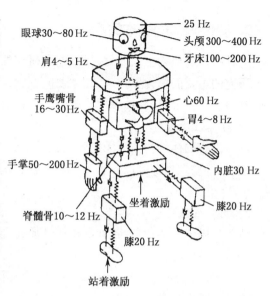

图 3-43　人体各部分的固有频率

机械或工程结构的每一组成部分都是由构件构成的,当机械或工程结构处于工作状态时,作为其基本组成成分的构件都要承受一定的载荷。例如跨越大江大河的桥梁必须能够承受各种车辆在上面行驶时所造成的工作载荷以及振动等。为保证机械或工程结构的安全,每一构件都应有足够的能力担负其所应承受的载荷。在工程中,常用以下三个指标来进行衡量,即通过设计杆状构件或零部件的合理形状和尺寸,以保证具有足够的强度、刚度和稳定性要求。

1. 材料的强度、刚度和稳定性

1)强度

构件或零部件在确定的外载荷作用下,不发生断裂或过量的塑性变形的能力,也就是构件在载荷作用下抵抗破坏的能力。例如冲床的曲轴,在冲压力作用下不应折断;储气罐或氧气瓶在规定压力下不应发生爆破损坏。

2)刚度

构件或零部件在确定的载荷作用下抵抗变形的能力。以机床的主轴为例,即使它有足够的强度,若变形过大,仍然会影响工件的加工精度,又如当齿轮轴的变形过大时,将使轴上的齿轮啮合不良,并引起不均匀磨损。

3)稳定性

构件或零部件在确定的外载荷作用下,保持其原有平衡状态的能力。例如建筑施工用的脚手架全部是用细长杆铰接而成,这时不仅要求具有足够的强度和刚度,而且还要保证有足够的稳定性,否则在施工过程中,由于局部杆件的不稳定性而导致整个脚手架的倾覆与坍塌,造成不必要的生命和财产损失。

构件的强度、刚度和稳定性与材料的机械性质有关,而材料的机械性质由试验来测定。此外,许多理论分析结果是在某些假设条件下得到的,是否可靠,还有待试验的验证。所以,实验分析和理论研究同样是材料力学解决问题的手段。

2. 变形固体的基本假定

各种构件一般均由固体材料构成,在研究外力作用下构件的强度、刚度和稳定性时,为了突出研究的主要问题,而对一些与主要问题关系不大或次要因素作一些简化和假定,从而使复杂问题理想化,从而得到抽象理论模型。材料力学中对变形固体的基本假定有:

1) 连续性假定

认为组成固体的物质毫无空隙地充满了固体的整个几何空间。根据这一假定,物体内的应力、变形等物理量都可以表示为固体上各点坐标的连续函数,从而有利于建立相应的数学模型。

2) 均匀性假定

认为在固体的体积内,各处的机械性质完全相同。

3) 各向同性假定

认为固体在各个方向上的机械性质完全相同。铸钢、铸铜和玻璃等可认为是各向同性材料。在各个方向上具有不同性质的材料,称为各向异性材料,如木材、胶合板、纤维制品。在材料力学的一般讨论中,都把固体假设为各向同性。

4) 小变形假定

固体在外力作用下所产生的变形与物体本身的几何尺寸相比是很小的。根据这一假定,当考察变形固体的平衡和运动时,就可以略去变形的影响。如果构件的变形过大,超出小变形条件,一般不在材料力学中讨论。

3. 常用工程结构与构件

根据几何形状与各个方向上尺度的差异,材料力学中所研究的构件大致可以分为杆、板、壳、体。

1) 杆

一个方向的尺度远大于其他两个方向的尺度,这类结构称为杆。如前文中提到的机床的主轴和建筑施工中的脚手架等。

2) 板

一个方向的尺度远小于其他两个方向的尺度,且各处曲率均为零,这类结构称为板。如机床工作台、测量平台、高台跳水中用的弹跳板等。

3) 壳

一个方向的尺度远小于其他两个方向的尺度,且至少有一个方向的曲率不为零,这类结构称为壳。如卫星的抛物面接收天线,一些储气、储油罐的外壳。

4) 体

三个方向具有相同量级的尺度,这类结构称为体。如工程机械中的轧辊,一些机器的基座等。

工程结构是工程中各种结构的总称,包括机械结构、土木结构、水利与水电站结构、火电站与核电站结构、航空、航天结构等。根据构件的几何形状及几何尺寸可以将它们分别归属于以上杆、板、壳或体,而材料力学主要以研究弹性杆件为主。

4. 应力、应变及其相互关系

为了定量地比较杆件内部某一点受力的强弱程度,引入应力概念,如图3－44所示。考察杆件截面上的微小面积 ΔA,假设分布应力在这一面积上的合力为 ΔF_R,则 $\Delta F_R / \Delta A$ 为这一微小面积上的平均应力,当所取的面积趋于无穷小时,根据极限的有关知识,上述平均应力趋于某一极限值。这一极限值称为横截面上一点处的应力。所以,应力实际上是分布内力在截面上某一点处的强弱,又称为集度。

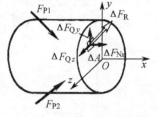

图3－44 应力定义

将 ΔF_R 分解为 x、y、z 三个方向上的分量 ΔF_{Nx}、ΔF_{Qy}、ΔF_{Qz},根据应力定义有:

$$\sigma_x = \frac{\mathrm{d}F_{Nx}}{\mathrm{d}A}$$

$$\tau = \frac{\mathrm{d}F_Q}{\mathrm{d}A}$$

σ_x 表示垂直于横截面上的内力在某点处产生的应力集度称为正应力,常用 σ 来表示。把表示的位于横截面内的内力在某点处产生的应力集度称为切应力,常用 τ 来表示。

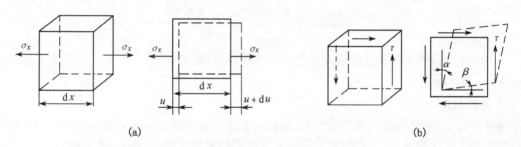

(a)   (b)

图3－45 正应变与切应变
（a）拉伸；（b）剪切

如图3－45所示,围绕受力弹性体中的任意点取一微元体(通常为六面体),一般情况下,微元体的各个面上均有应力作用。在正应力作用下,微元沿着正应力方向和垂直于正应力方向将产生伸长或缩短,这种变形称为线变形。描写弹性体在各点处线变形程度的量称为正应变,常用 ε 来表示。同样在切应力的作用下,微元将发生剪切变形,剪切变形用微元直角的改变量度量,称为切应变,常用 γ 来表示。

对于工程中由常用材料制成的杆件,在弹性范围内正应力与正应变、切应力与切应变分别满足下面的线性关系,即虎克定律:

$$\sigma = E\varepsilon \qquad \tau = G\gamma$$

式中,E 和 G 为与材料有关的常数,分别称为弹性模量和切变模量。

5. 材料的机械性质

材料的机械性质也称力学性质,是指材料在外力作用过程中所表现出来的变形、破坏等方面的特征。这些特征是材料自身固有的特性,是强度计算、刚度计算等的重要依据。它要由试验的方法来确定。这些试验是在室温下、以缓慢加载的方式进行的,通常称常温静载试验。拉伸试验是测定材料机械性质的基本试验。

为研究材料在常温载荷作用下的力学行为,需将试验材料按照国家标准做成标准试样,然后在试验机上进行拉伸试验,就可以得到试验材料在自开始加载到试验破坏全过程的应力 - 应变曲线。应力 - 应变曲线的形状表征着材料的特定的力学行为,如图 3 - 46(a)、(b)所示的分别为脆性、韧性金属材料的应力 - 应变曲线,(c)图所示为塑性材料的应力 - 应变曲线。由上述应力 - 应变曲线可以得到表征材料力学行为的主要特征性能。

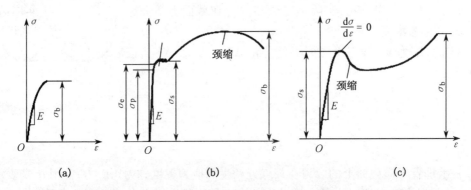

图 3 - 46 不同材料的应力 - 应变曲线
(a) 脆性材料;(b) 韧性材料;(c) 塑性材料

1)比例极限

应力 - 应变曲线上弹性区的最高应力值称为比例极限,用 σ_p 表示。它是材料是否服从虎克定律的一个分界点。

2)弹性极限

一般情况下,变形与载荷相伴而产生,当载荷去除时变形随之消失,这种现象称为弹性,相应的变形称为弹性变形,对于弹性变形的应力最高限称为弹性极限,用 σ_e 来表示。

应力超过弹性极限时,当载荷去除以后,只有一部分变形随之消失,但仍有一部分变形不会消失,这部分变形称为永久变形或塑性变形。

3)屈服应力

在许多材料的应力 - 应变曲线中,存在着应力 - 应变曲线的斜率为零的这么一点,在该点以后的时段中,在无应力增量的情形下也会产生应变增量,这种现象称为屈服或塑性流动,而零斜率时对应的应力值称为屈服应力或屈服强度,用 σ_s 来表示。

根据是否发生明显的屈服现象或明显塑性变形可以把材料分为两大类:韧性材料和脆性材料。把有明显屈服现象或破断时有明显塑性变形的材料称为韧性材料。各类低碳钢、中碳钢、有色金属等均为韧性材料。而把先发生断裂,没有出现明显塑性变形的材料称为脆性材料,如陶瓷、铸铁等。对于承载材料,脆性是一种危险的性能,由于材料在失效前没有明显塑性变形的预兆,因而容易发生突发性失效从而引起灾难性事故。因此,材料科学与工程研究人员将很大的注意力集中在提高材料的韧性,通过化学成分和工艺过程的改变,对材料的屈服行为加以控制和修正,称为强化,例如在冶炼钢铁时,钢材含硫量过高会导致钢材的热脆性,含磷量过高则导致钢材的冷脆性。

4)强度极限

使材料完全丧失承载能力的最大应力值,称为强度极限,常用 σ_b 来表示。对于脆性材料发生断裂时的应力值即为其强度极限。对于韧性材料,颈缩时的应力值为强度极限。对于屈服后存在拉延行为的韧性材料,试件最后破断时的应力值取为强度极限。

对于不同材料的屈服强度和强度极限的具体数值可以通过有关材料手册或设计手册查取。

6. 许用应力与安全系数

脆性材料的强度极限 σ_b 和塑性材料的屈服极限 σ_s 是构件正常工作的极限应力,为了保证构件有足够的强度而正常工作,显然工作时的最大工作应力 σ_{max} 应低于上述的极限应力,工程上通常将极限应力除以大于 1 的系数 S,将所得结果称为许用应力,用 $[\sigma]$ 表示。即对塑性材料:

$$[\sigma] = \frac{\sigma_s}{S_s}$$

对脆性材料:

$$[\sigma] = \frac{\sigma_b}{S_b}$$

式中,大于 1 的 S_s 或 S_b 称为安全系数,它是一个无量纲的量,选择安全系数时一般有以下几点注意事项。

① 材料的质量,包括材料的均匀程度,质地好坏,是塑性的还是脆性的等。

② 载荷情况,包括对载荷的估计是否准确,是静载荷还是动载荷等。

③ 实际构件简化过程和计算方法的精确程度。

④ 零件在设备中的重要性,工作条件,损坏后造成后果的严重程度,制造和修配的难易程度等。

⑤ 对减轻设备自重和提高设备机动性的要求。

上述这些因素都足以影响安全系数的确定。例如材料的均匀程度较差,分析方法的精度不高,载荷估计粗糙等都是偏于不安全的因素,这时就要适当地增加安全系数的数值,以补偿这些不利因素的影响。又如某些工程结构对减轻自重的要求高,材料质地好,而且不要求长期使用,这就可适当地提高许用应力的数值。所以在确定安全系数时,要综合考虑多方面的因素,很难作统一的规定。不过人类对客观事物的认识总是逐步地从不完善趋向于完善,随着原材料质量的日益提高,制造工艺和设计方法的不断改进,对客观世界认识的不断深化,安全系数的选择必将日益趋向于合理。

许用应力和安全系数的经验数值,可在有关业务部门的一些规范中查到。目前一般机械制造中,在静载的情况下,对塑性材料可取,$S_s = 1.2 \sim 2.5$。脆性材料均匀性较差,且断裂突然发生,有更大的危险性,所以取 $S_b = 2 \sim 3.5$,甚至取到 $3 \sim 9$。

§3-5 载荷与构件应力分析

1. 静载荷和动载荷

静载荷是指大小、位置和方向不变的载荷,其中也把量值变化不大或变化速度缓慢的载荷,近似地作为静载荷处理。动载荷是随时间有显著变化的载荷。在工程中大多数机械承受的都是动载荷。

工程上把动载荷的载荷值随时间的变化规律称为载荷－时间历程,或简称载荷历程。一般机械承受的动载荷主要有周期载荷,冲击载荷和随机载荷等几种。例如齿轮转动时,每个齿上受到的啮合力都是随时间呈周期性变化的;冲击载荷是指在瞬时时间内施加于物体的载荷,例如锻造时,汽锤与工件的接触是在瞬间完成的,工件和汽锤受到的均是冲击载荷。应当指出,材料在静载荷作用下的力学性能与在动载荷作用下的力学性能很不相同,分析方法也有差异。

对于不同类型载荷在设计时需采用不同的强度计算准则,对于静载荷需采用静强度判断;对于动载荷就需要应用疲劳强度的设计方法。对于一些运动精度和控制精度要求不高的机械系统,虽然承受有动载荷的作用,但由于经常采用名义载荷乘以大于1的动载荷系数,因此仍用静载荷的设计方法进行计算。

2. 拉伸与压缩

当杆件两端受到沿轴线方向的拉力或压力载荷时,杆件将产生轴向伸长或压缩变形,如图 3－47 所示。

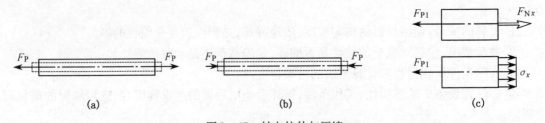

图 3－47　轴向拉伸与压缩
(a) 轴向拉抻;(b) 轴向压缩;(c) 拉压状态的正应力

当杆件承受轴线方向的载荷作用时,其横截面上只有一个内力分量,如图 3－47c 所示,计算公式为:

$$\sigma_x = \frac{F_{Nx}}{A}$$

式中,F_{Nx} 为杆件轴向所承受内力大小,即等于轴向所承受载荷;A 为杆件的横截面面积。

应力在整个横截面内的分布如图 3－47(c) 所示。

图 3－48(a) 所示液压传动机构中的活塞杆件,在油压和工作阻力作用下受压;如图 3－48(b) 悬臂吊车的拉杆在起吊重物的作用下受拉,再如修理汽车时用到的千斤顶的螺杆在顶起汽车时,则受压。

3. 剪切

图 3－49 所示,当平行于杆截面的两个相距很近的平面内,方向相对地作用着两个横向力,当这两个力相互错动并保持它们之间的距离不变时,杆件将产生剪切变形。工程中如冲床冲压工件的成形孔、剪床剪切金属板料都是剪切作用。此外机器中的连接件,如螺栓、销钉、键、铆钉有时也是承受剪切的零件,如图 3－50 所示。

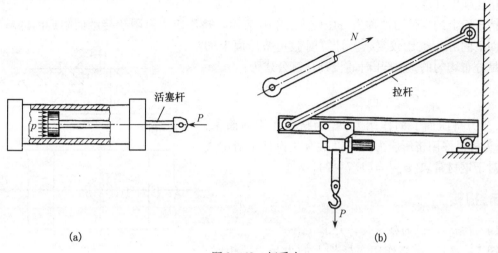

(a)

(b)

图3-48 杆受力

(a)活塞杆受力图；(b)吊车拉杆受力图

对于剪切情况,同样进行内力分析后,有剪力 $Q = F_P$,则剪切时的设计计算公式为:

$$\tau = \frac{Q}{A} \leq [\tau]$$

式中,Q 为构件剪切作用面上所承受内力大小;A 为剪切作用面面积;$[\tau]$ 为材料许用切应力。在设计规范中,许用切应力的数值,都根据具体情况作了规定。例如对于钢材常取 $[\tau] = (0.6 \sim 0.8)[\sigma]$。$[\sigma]$ 为材料的拉伸应力。

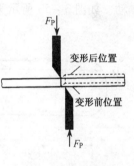

图3-49 剪切

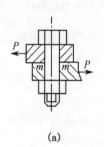

(a)

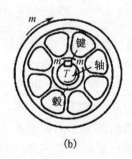

(b)

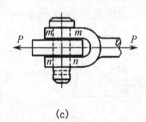

(c)

图3-50 剪切实例

(a)螺栓连接；(b)键连接；(c)销钉连接

4. 挤压

螺栓、销钉、键、铆钉除承受剪切外,在连接件和被连接件的接触面上还将相互压紧,这种现象称为挤压,如图3-50(b)所表示的键连接中,键左侧面的上半部分与轮毂相互挤压,而右侧面的下半部分与轴相互压紧。可见,连接件除了可能以剪切的形式破坏外,也可能因挤压而破坏。在铆钉连接中,因铆钉孔与铆钉之间存在挤压,就可能使钢板的铆钉孔或铆钉产生显著的局部塑性变形。图3-51表示钢板上铆钉孔被挤压成长圆孔的情况,所以要对上述连接件进行挤压强度计算。

挤压面上的压强习惯称为挤压应力，用 σ_{jy} 表示。挤压应力只限于接触面附近的区域，在接触面上的分布也比较复杂。计算时假定挤压面上的应力是分布均匀的，则挤压时的设计计算公式为：

$$\sigma_{jy} = \frac{P}{A_{jy}} \leqslant [\sigma_{jy}]$$

式中，P 为挤压面上的作用力；A_{jy} 为挤压作用面面积；$[\sigma_{jy}]$ 为材料许用挤压应力。可以从有关设计手册中查知。对于钢材常取 $[\sigma_{jy}] = (1.7 \sim 2)[\sigma]$。

5. 扭转

1）圆轴扭转时的强度设计计算

图 3 - 52 所示，当作用在杆件上的力是力偶矩时，将会产生扭转变形，即杆件的横截面绕其轴线相互转动。如图 3 - 53 所示为承受扭转作用的传动轴。

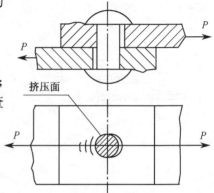

图 3 - 51　挤压

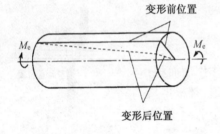

图 3 - 52　扭转

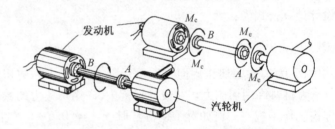

图 3 - 53　承受扭转作用的汽轮机轴

工程上的轴大多数情况下均为圆轴。当圆轴承受绕轴线转动的外扭矩作用时，其横截面上将只有扭矩一个内力分量，在此扭矩作用下，轴受扭后，轴将产生扭转变形，这时圆轴上将会分别产生切应变和切应力，圆轴横截面上的切应力分布如图 3 - 54 所示。

根据扭转时的变形几何关系、物理关系和静力学平衡关系得到扭转时距轴线任意距离处的切应力计算公式为：

$$\tau(\rho) = \frac{M_x \rho}{I_p}$$

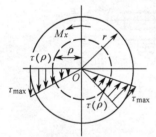

图 3 - 54　圆轴横截面上的切应力分布示意图

式中，M_x 为圆轴横截面上作用的扭矩；ρ 为横截面上所求应力的点到轴线的距离；I_p 为横截面上的极惯性矩，其中 $I_p = \int \rho^2 \mathrm{d}A$ 称为圆截面对其中心的极惯性矩。

由图 3 - 54 不难看出，最大切应力发生在距离轴心最远的圆截面的边缘上各点，其最大值为：

$$\tau_{max} = \frac{M_x \rho_{max}}{I_p} = \frac{M_x}{\dfrac{I_p}{\rho_{max}}} = \frac{M_x}{W_n}$$

式中，$W_n = \dfrac{I_p}{\rho_{max}}$，称为圆截面的抗扭截面模量。

对于直径为 d 的实心圆截面和内外直径分别为 d、D 空心圆截面，分别有：

$$W_n = \frac{\pi d^3}{16}$$

$$W_n = \frac{\pi D^3}{16}(1 - \alpha^4) \quad \alpha = \frac{d}{D}$$

与轴的拉伸或压缩的强度设计计算公式类似，圆轴扭转时的强度要求仍然是最大工作切应力 τ_{max} 不超过材料的许用切应力 $[\tau]$，所以强度设计计算公式为：

$$\tau_{max} = \frac{M_x}{W_n} \leqslant [\tau]$$

在为圆轴的情况下，可以直接从轴的受力情况或从扭矩图上确定最大扭矩 M_{Tmax}，则最大切应力 τ_{max} 就发生在 M_{Tmax} 所在截面的边缘上；在为阶梯轴的情况下，由于扭矩 M_T 不是常量，这时最大切应力 τ_{max} 不一定就发生在 M_{Tmax} 所在截面的边缘上，而要综合考虑扭矩 M_T 和抗扭截面模量 W_n 两者的变化情况来确定 τ_{max}。

在静载荷的情况下，材料扭转的许用切应力 $[\tau]$ 和许用拉应力 $[\sigma]$ 之间有如下的关系：

钢　　　　　　$[\tau] = (0.5 \sim 0.6)[\sigma]$

铸铁　　　　　$[\tau] = (0.8 \sim 1)[\sigma]$

2）圆轴扭转时的刚度设计计算

圆轴扭转变形的标志是两个横截面间绕轴线的相对转角，称为扭转角，如图 3 - 55 所示。根据扭转时的物理关系和静力平衡条件，等值圆轴扭转角的计算公式为：

$$\varphi = \frac{M_x l}{GI_p}$$

式中，M_x 为圆轴横截面上作用的扭矩；l 为两横截面之间的距离；GI_p 为圆轴的抗扭刚度；G 为材料的切变模量。

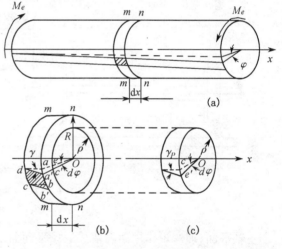

图 3 - 55　圆轴的扭转角

（a）扭转；（b）、（c）空心轴示意图

上式表明，轴的抗扭刚度越大，则扭转角越小，显然轴的抗扭刚度主要取决于轴的材料、尺寸及其截面形状。

对于一些重要的机械设备，在满足强度的条件下，对受扭圆轴的扭转变形也要加以限制，例如机床丝杠的扭转变形就要求很高，以保证机床的加工精度。为便于计算和比较，在工程上通常是限制单位长度扭转角的最大值来实现的，由上式可得：

$$\theta = \frac{M_x}{GI_p} \leqslant [\theta]$$

则轴的扭转刚度条件为：

$$\theta_{max} \leqslant [\theta]$$

各种轴类零件的 $[\theta]$ 可从有关规范和手册中查到，通常其范围为：

精密机械设备的轴　　　　$[\theta] = (0.25 \sim 0.50)°/m$　　　（m 代表齿轮模数）

一般传动轴 $[\theta] = (0.50 \sim 1.00)°/m$

精度要求不高的轴 $[\theta] = (1.00 \sim 2.50)°/m$

  如果把实心轴轴心附近的材料移向边缘,所得到的空心轴可以在保持质量不变的情况下,取得较大的 I_p,即获得较大的刚度。因此在保持 I_p 不变的情况下,则空心轴要比实心轴可以少用材料,重量得到减轻,所以飞机、轮船、汽车的某些轴常采用空心轴。但对于直径较小的细长轴虽然加工成空心轴可以提高刚度,但因其加工工艺复杂,反而会增加成本,并不经济。

6. 弯曲

1) 梁的弯曲正应力的计算

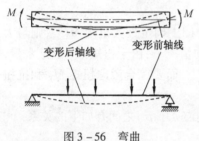

图 3 - 56   弯曲

  图 3 - 56 所示,当外力矩或外力作用于杆件的纵向平面内时,杆件将发生弯曲变形,其轴线将变成曲线。弯曲是工程中较为常见的变形之一。例如火车轮轴,桥式起重机的大梁(图 3 - 57)等都是弯曲变形的杆件。产生弯曲变形杆件的受力特点是:所有外力都作用在杆件的纵向平面内且与杆轴垂直;变形特点是:杆的轴线由直线弯曲成曲线。在工程中,习惯上把主要发生弯曲变形的杆件称为梁。

  在弯矩载荷作用下时,如图 3 - 56 所示,梁的轴线将在

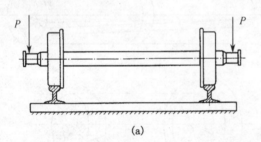
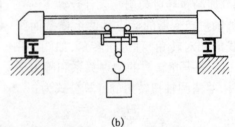

图 3 - 57   弯曲工程实例

(a) 火车轮轴;(b) 桥式起重机大梁

一个主轴平面,即弯矩作用面内弯成一条平面曲线,把梁的轴线弯曲后所在的平面与载荷作用面相重合的弯曲称为平面弯曲。在本教材中主要讨论平面弯曲的问题。

  平面弯曲时梁截面上的正应力分布如图 3 - 58 所示,根据弯曲时的变形几何关系、物理关系和静力学平衡关系,纯弯曲时梁的正应力计算公式为:

$$\sigma_x = -\frac{M_z y}{I_z}$$

其中最大应力计算公式分别为:

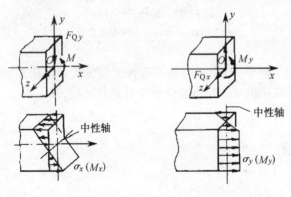

图 3 - 58   平面弯曲的正应力分布图

$$\sigma_{xmax} = \frac{M_z y_{max}}{I_z} = \frac{M_z}{\dfrac{I_z}{y_{max}}} = \frac{M_z}{W_z}$$

式中, M_z 为轴上作用的弯矩; $W_z = \dfrac{I_z}{y_{\max}}$ 称为横截面的对于 z 轴的抗弯截面模量; I_z 为横截面对中性轴的(z 轴)惯性矩, 其计算公式为 $I_z = \int y^2 \mathrm{d}A$。

抗弯截面模量只与截面的几何形状有关, 矩形和圆形截面的抗弯截面模量分别为:

高度为 h, 宽为 b 的矩形截面:

$$W_z = \frac{I_z}{h/2} = \frac{bh^3/12}{h/2} = \frac{bh^2}{6}$$

直径为 d 的圆截面:

$$W_z = \frac{I_z}{d/2} = \frac{\pi d^4/64}{d/2} = \frac{\pi d^3}{32}$$

2) 梁的弯曲强度计算

梁在弯曲时, 横截面一部分为拉应力, 另一部分为压应力, 如图 3-58 所示。对于低碳钢等这一类塑性材料, 其抗拉和抗压能力相同。为了使截面上的最大拉应力和最大压应力同时达到许用应力, 常将这类梁做成矩形、圆形和工字形等对称于中性轴的截面。因此, 弯曲正应力的强度条件为:

$$\sigma_{\max} = \frac{M_z}{W_z} \leqslant [\sigma]$$

对于铸铁这一类脆性材料, 其抗拉和抗压能力有显著不同。工程上常将这类梁的截面做成 T 字形等对中性轴不对称的截面, 如图 3-59 所示。因此, 其最大拉应力和最大压力的强度条件分别为:

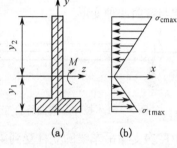

图 3-59　T 字形截面梁

$$\sigma_{1\max} = \frac{M_z y_1}{I_z} \leqslant [\sigma_1]$$

和

$$\sigma_{2\max} = \frac{M_z y_1}{I_z} \leqslant [\sigma_2]$$

式中, y_1、y_2 分别表示梁上拉应力最大点和压应力最大点的 y 坐标; $[\sigma_1]$、$[\sigma_2]$ 分别为脆性材料的弯曲许用拉应力和许用压应力。

弯曲时, 梁的横截面上正应力不是均匀分布的。弯曲正应力强度条件只是以离中性轴最远的各点的应力为依据, 因此, 材料的弯曲许用正应力比轴向拉伸或压缩时的许用正应力应取得略高些。但在一般的正应力强度计算中, 均近似地采用轴向拉伸或压缩时的许用正应力来代替弯曲许用正应力。

7. 组合受力与变形

对于组合变形问题, 通常是先把作用在杆件上的载荷向杆件的轴线简化, 即把构件上的外力转化成几组静力等效的载荷, 其中每一组载荷对应着一种基本变形。在线弹性和小变形条件下, 杆件上虽然同时存在几种变形, 但每一种基本变形都是各自独立、互不影响的, 即任一基本变形不会影响另一种基本变形所产生的应力和变形, 这样, 就可以分别计算每一种基本变形的内力、应力和变形, 然后叠加, 即为组合变形的内力、应力和变形。工程中, 常见的组合变形有斜弯曲、拉伸（压缩与弯曲的组合）、弯曲与扭转的组合。实际杆件的受力情况不管多么复杂，都可以简化为基本受力形式的组合。下面给出工程中常见的组合受力与变形种类和情况。

1）斜弯曲

在实际工程结构中，作用在梁上的横向力有时并不在梁的纵向对称面内，如图3-60所示，屋顶桁条倾斜地安置于屋顶桁架上，所受垂直向下的载荷就不在纵向对称面内。这种情况下，杆件将在相互垂直的两个纵向对称面内同时发生弯曲变形，变形后，杆件的轴线与外力不在同一纵向平面内，这种弯变形称为斜弯曲。

2）拉伸（压缩）与弯曲组合

拉伸（压缩）与弯曲的组合变形，也是工程中经常遇到的情况，如图3-61所示，梁在拉伸力和弯矩的作用下将同时发生拉伸与弯曲两种变形。

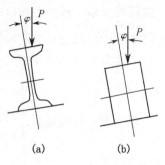

图3-60　斜弯曲

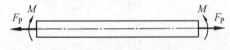

图3-61　拉伸-弯曲组合变形

作用于直杆上的外力，当其作用线与杆件的轴线平行但不重合时，杆件就会受到偏心压缩（拉伸）的作用，偏心拉伸或压缩实际上也是拉伸或压缩与弯曲的组合变形。图3-62（a）所示的钻床立柱受到钻孔时进刀力 P 的作用，立柱将发生偏心拉伸。图3-62（b）中厂房支撑吊车梁的立柱受到梁和屋顶的两个压力 P_1 和 P_2 的作用，此时立柱发生偏心压缩。当把外力向杆件的轴线上简化时，除有轴向压（拉）力外，还存在有使杆件产生弯曲变形的附加力矩。因此，偏心压缩（拉伸）仍是拉（压）与弯曲的组合变形。

3）扭转与弯曲组合变形

在工程中，很多构件都是属于扭转与弯曲的组合变形，图3-63所示的机器中的转轴，同时承受弯矩和扭矩。一方面是齿轮的啮合线方向上的作用力的两个分量径向力和切向力分别产生弯矩，使轴发生弯曲变形；另一方面轴要受到上一级传动所传递过来的扭矩，使轴发生扭转变形。

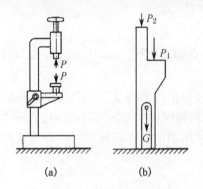

图3-62　压缩-弯曲组合变形
(a) 钻床立柱;(b) 厂房吊车立柱

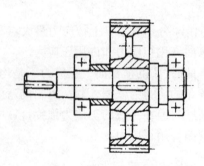

图3-63　支撑齿轮的转轴

对于组合变形，其强度设计与单一变形有类似之处，都要经过下面的几个步骤来实现：

① 首先对杆件进行简化，即转化成几组静力等效的载荷，其中每一种载荷对应着一种基本变形。

② 作出每一基本变形的内力图、综合内力图,根据轴的实际结构判断出危险截面。

③ 根据危险截面上的各种基本变形的应力分布,确定危险点的位置,并根据叠加原理计算出危险点的应力。

④ 确定危险点的应力状态,根据构件的材料,选用适当的强度理论进行强度计算。

§3-6 构件失效分析

1. 构件失效概念与失效分类

设计者在设计构件时,都要根据设计要求,使它们具有确定的功能,在某些条件下,过大的载荷或过高的温度,构件有可能丧失它们应有的功能,即构件失效。把由于材料的力学行为导致构件丧失正常功能的现象称为构件失效。

构件在常温、静载作用下的失效,主要表现为强度失效、刚度失效、失稳或屈服失效、疲劳失效、蠕变失效和应力松弛失效。

由于材料屈服或断裂而引起的失效称为强度失效。由于构件过量的弹性变形引起的失效称为刚度失效。由于构件突然失稳而造成的失效称为屈服失效。由于交变应力作用发生断裂而引起的失效称为疲劳失效;在一定温度和应力作用下,应变随时间的增加而增加,最终导致构件失效称为蠕变失效;在一定的温度作用下,应变保持不变,应力随时间增加而降低,从而导致构件失效称为松弛失效。

2. 强度失效

大量的实验结果表明,材料在常温、静载作用下主要发生两种形式的强度失效,一种是屈服,另一种是断裂。

在轴向拉伸屈服时,这时材料屈服极限强度值的一半($\sigma_s/2$)为所有应力状态下发生屈服的极限值。根据最大应力准则,屈服失效判断可以这样描述:当最大应力达到材料屈服极限强度值的二分之一时,即发生屈服失效。

构件在载荷作用下,没有明显的破坏前兆(例如明显的塑性变形),而发生突然破坏的现象,称为断裂失效。构件在拉伸、压缩、弯曲、剪切、扭转的情况下都可能出现断裂破坏的失效形式。工程上常见的断裂失效有三种类型。

无裂纹结构或构件的突然断裂。由脆性材料制成的零件或构件在绝大多数受力情况下,都可能发生突然断裂,例如受拉的铸铁零部件、混凝土构件等的断裂。

具有裂纹的构件的突然断裂。这类断裂不限于发生在脆性材料制成的零件或构件,它经常发生在由韧性材料制成的,由于各种原因而具有初始裂纹的零件或构件。

构件的疲劳断裂。构件在交变应力作用下,即使是韧性材料,当经历一定次数的交变应力作用之后也会发生脆性断裂。例如飞机的失事时是由于飞机在空中的突然断裂而造成的解体。

3. 疲劳失效

1)疲劳失效概述

构件或机械零部件在交变应力作用下发生的失效,称为疲劳失效,简称疲劳。对于矿山、冶金、动力、运输机械以及航空航天飞行器等,疲劳是它们的零、部件失效的主要失效形式。有关统计结果表明,在各种机械的断裂事故中,大约有80%以上是由于疲劳失效引起的。

承受交变应力作用的构件或零部件,大部分都在规则或不规则变化的应力作用下工作,如图3-64所示。

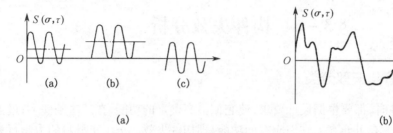

图3-64 交变应力
(a)规则的交变应力;(b)不规则的交变应力

2)疲劳失效特征及机理

大量的实验结果以及实际零、部件的破坏现象表明,构件在交变应力作用下发生失效时,具有以下明显的特征:

(1)破坏时的名义应力值远低于材料的在静载荷作用下的强度指标。

(2)构件在一定量的交变应力作用下发生破坏有一个过程,即需要经过一定数量的应力循环。

(3)构件在破坏前没有明显的塑性变形,即使塑性很好的材料,也会呈现脆性断裂。

(4)构件疲劳破坏断口,一般都有明显的光滑区域与颗粒状区域。

图3-65是典型的疲劳破坏断裂面,其中有明显的三个区域。

① 为疲劳源区,初始裂纹由此形成并扩展开去。

② 为裂纹扩展区,有明显的条纹,类似蚝蚶的贝壳或被海浪冲击后的海滩,它是由裂纹的传播所形成的。

③ 为瞬间断裂区。

疲劳断裂中裂纹的生产和扩展是一个复杂的过程,它与构件的外形尺寸、应力变化情况以及所处的介质都有关系。因此,对于承受交变应力的构件,不仅要在设计之初考虑疲劳问题,而且在使用期限内需要进行中修或大修,以检测构件是否发生裂纹及裂纹的扩展情况。对于某些维系人民生命的重要构件,最好经常进行检测、实时检测,以防事故发生,防患于未然。乘坐火车的人或许都有这样的经历,每当火车一到站停靠,就会看到铁路工人用小铁锤轻轻敲击车厢车轴的情景,这便是在检测车轴是否会发生断裂,以防止发生突发性事故的一种简易手段。因车轴不断转动,其横截面上任意一点的位置均随时间不断变化,故该点的应力亦随时间而变化,车轴因而可能发生疲劳断裂破坏。用小铁锤敲击车轴,就可以从声音来直观判断是否存在裂纹以及裂纹扩展情况。

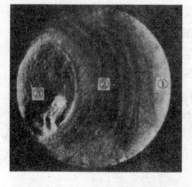

图3-65 典型疲劳断裂破坏面

4. 压杆失稳

1）压杆失稳的基本概念

当受拉杆件的应力达到屈服极限或强度极限时,将引起塑性变形或断裂,长度较小的受压短柱也有类似的现象,例如低碳钢短柱被压坏,这些都是由于强度不足所引起的失效。

细长杆件受压时,会表现出与强度失效截然不同的性质,如图3-66所示两端铰支的细长压杆,假定压力与杆件轴线重合,当压力逐渐增加,但小于某一极限值时,杆件一直保持平衡状态,即使受到微小的侧向干扰力使其暂时发生轻微弯曲于某一极限值时,干扰力解除后,仍然可以恢复原来的直线形状,这表明压杆直线形状是稳定的;当压力逐渐增加到某一极限值时,压杆的直线平衡变为不稳定,将转变成曲线形状的平衡,这时再用微小的侧向干扰力使其发生轻微弯曲,在干扰力解除后,它将保持曲线形状的平衡,而不能恢复原有直线形状。上述压力的极限值称为临界压力或临界力,常用 p_{cr} 来表示,

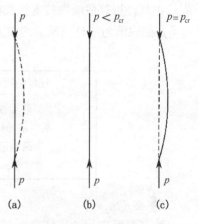

图3-66 压杆失稳

构件在受压情况下,当载荷小于临界压力时,微小的外界扰动不会对构件的平衡状态造成影响,即在偏离其平衡状态后仍能够恢复到初始平衡状态。当载荷大于临界压力时,压杆在外界扰动下偏离平衡状态后不能恢复到初始的平衡状态,就把这种情况下压杆丧失其直线稳定状态的现象称为"压杆失稳"或称为"屈曲"。工程中有很多受压的细长杆会存在上述失稳问题,如图3-67所示的内燃机配气机构中的挺杆,磨床液压装置的活塞杆都可能发生失稳现象。

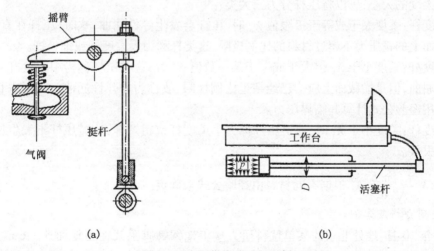

图3-67 压杆失稳工程示例

（a）内燃机挺杆；（b）磨床液压装置活塞杆

2）临界压力

在失稳的定义中提到,当载荷大于某一临界压力时,压杆在外界扰动下偏离平衡状态后便

不能恢复到初始的平衡状态,压杆保持微小弯曲平衡的最小压力称为临界压力。

对于压杆各种情况的临界压力计算公式可以统一写成下面欧拉公式的普遍形式:

$$p_{cr} = \frac{\pi^2 EI}{(\mu l)^2}$$

式中,E 为压杆材料的弹性模量;I 为压杆横截面形心惯性矩;l 为压杆的长度;μ 为长度系数,表示把压杆折算成两端铰支的长度。

μ 的取值与压杆两端的约束方式有关,具体数值参见表 3－2。

表 3－2 压杆的长度系数表

压杆的约束条件	长度系数
两端铰支	$\mu = 1$
一端固定,另一端自由	$\mu = 2$
两端固定	$\mu = 0.5$
一端固定,一端铰支	$\mu = 0.7$

3) 柔度

为了判断哪一类压杆将发生压杆失稳现象,工程力学对于压杆常用"柔度"来进行描述。柔度又称长细比,反映了压杆长度、约束条件、截面尺寸和截面形状的等因素对失稳的影响,常用 λ 来表示:

$$\lambda = \frac{\mu l}{i}$$

式中,i 为压杆截面的惯性半径;$i = \sqrt{\dfrac{I}{A}}$。

根据柔度的大小,可以将压杆分为三大类:

大柔度杆:柔度大于或等于极限值 λ_p 时,压杆会发生弹性屈曲,这时,压杆在直线平衡状态下横截面上的正压力不超过材料的比例极限,这类杆称为大柔度杆或细长杆。

中柔度杆:柔度小于 λ_p 但大于或等于某一数值 λ_s 时,这类压杆称为中柔度杆,这类压杆也会发生屈曲,但是横截面上应力已经超过比例极限,故称为非弹性屈曲。对于中长杆,目前主要是采用经验公式计算其临界压力。

小柔度杆:柔度小于 λ_s 时,这类压杆称为小柔度杆或粗短杆,这类压杆不发生屈曲,只是发生强度失效。

其中,$\lambda_p = \sqrt{\dfrac{\pi^2 E}{\sigma_s}}$,$\lambda_s$ 根据不同材料由经验公式来确定。

4) 应用分析及实例

1983 年 10 月,地处北京的某单位科研大楼工地钢管脚手架在距地面 5 ～6 m 处突然外弓,瞬间,这座高达 54.2 m、长 17.25 m 的大型脚手架轰然坍塌,造成 5 人死亡,7 人受伤;脚手架所用建筑材料大部分报废,经济损失惨重。现场调查结果表明,脚手架结构本身存在严重缺陷,致使结构失稳坍塌,是这次灾难性事故的直接原因。

脚手架由里、外层竖杆和横杆绑结而成。调查中发现该脚手架在支搭技术上存在以下问题:

（1）钢管脚手架是在未经清理和夯实的地面上搭起的。这样在自重和外加载荷作用下必然使某些竖杆受力大，另外一些受力小，受力严重不均。

（2）脚手架未设"扫地横杆"，各大横杆之间的距离过大，最大达 2.2 m，比规定值大 0.5 m。两横杆之间的竖杆，相当于两端铰支的压杆，横杆之间的距离越大，竖杆的临界载荷便越小。

（3）高层脚手架在每一层均应设有与建筑物墙体相连的牢固连接点，而这座脚手架竟有八层没有墙体的连接点。

（4）这类脚手架的稳定安全系数规定为 3.0，而这座脚手架的安全系数里层杆为 1.75，外层杆仅为 1.11。

以上是导致脚手架失稳坍塌的必然因素。需要指出的是，对于单个细长杆，虽然发生弹性屈曲后仍能继续承受载荷，但对于结构，由于其中的一根或几根压杆发生屈曲失效，将可能导致整个结构发生坍塌，因而对于这类危害性必须引起足够的重视。

第四章 工程材料

材料是用来制造人类社会所能接受的有用器具的物质。材料与能源是人类生存和发展的重要物质基础。在工业领域及人们日常生活中,普遍使用的材料有木材、混凝土、砖、钢铁、塑料、玻璃、橡胶、铝、铜、纸张等等。随着科学技术的飞速进步与发展,各种新材料正在不断涌现。

材料科学主要研究材料的成分、组织、性能及其三者之间关系;同时,还要研究各种加工方法对材料组织性能的影响和作用规律,从而保证不断开发出新型材料,以满足人类社会进步与发展的各种需要。

§4-1 工程材料的种类与性能

1. 工程材料的种类

常用工程材料可分为四大类:

1）金属材料

由一种或多种金属元素组成,并可以含有非金属元素。金属材料又包括黑色金属(钢铁)和有色金属材料两大类。虽然目前钢铁材料在应用中仍占有统治地位,但对航空航天等高科技行业来说,则需要采用既具有较高承载能力,而密度又相对较低(轻)的轻金属及其合金材料,如铝、镁、钛等及其合金。

2）工程陶瓷

由金属和非金属元素的化合物所构成的各种无机非金属材料的统称。工程中常见的工程陶瓷有氮化物、碳化物和氧化物三类。传统陶瓷主要应用于日用、电气、化工、建筑等领域;而现代工程陶瓷则开始用来制造一些具有高抗热、抗蚀、抗磨性能要求高的产品及其构件。

3）有机高分子材料

由相对分子质量很大,并以碳、氢元素为主的有机化合物组成的材料。工程中常见的有塑料、橡胶和胶黏剂三种。普通高分子材料主要用来制造一些日用生活品、包装材料以及一些小型零件;而一部分具有较高强度的工程塑料,则可以代替金属材料,用来制造某些机械零件。

4）复合材料

指为了满足特殊的使用要求,而将上述两种或多种单一材料人工合成到一起的材料,主要有分散复合型和叠层复合型两类。分散复合型材料由基体与增强体组成,其基体是连续的,而增强体是离散的;增强体分为纤维和颗粒两类。比如玻璃钢玻璃纤维是增强塑料,金属陶瓷中陶瓷颗粒是增强材料。叠层复合型材料则是将满足不同性能要求的材料按层组合在一起。

根据材料的性能特征,又可分为结构材料与功能材料。结构材料主要是利用材料所具有的力学性能,通常用来制造工程建筑中的构件,机械装备中的各种零件,以及加工材料用的工具、模具等。功能材料则主要利用其所具有的物理或化学性能,即材料在电、磁、声、光、热等方面所具有的特殊性能。如磁性材料、电子材料、光学材料、信息记录材料、敏感材料、能源材料、生物材料等。需要指出的是,目前许多国家已经开始研究结构功能一体化(复合化)材料。

2. 工程材料的主要性能

工程材料的性能包括使用性能和工艺性能。使用性能是材料在使用条件下所具备的性能,主要指力学性能、物理性能和化学性能;而工艺性能是指材料对加工工艺的适应性。在选择和研制材料时,主要依据使用性能;工艺性能则对提高材料及其产品的劳动生产率、改善质量、降低成本有重要作用。

1)工程材料的力学性能

材料在外力作用下所表现出的各种性能称为力学性能。评定材料的各项力学性能指标可采用国家标准所规定的实验来测定。根据实验条件的不同,有静态力学性能(如强度、塑性、硬度)、动态力学性能(如冲击韧性、疲劳强度)及高温力学性能等。工程材料常用的力学性能指标如下:

(1)强度。

强度是指在外力作用下材料抵抗变形与断裂的能力,是材料最重要、最基本的力学性能指标之一。按 GB 6397—86 的规定,将被测材料制成标准拉伸试样,然后在拉伸试验机上进行静载(缓慢)拉伸试验,并由试验机记录装置绘出试样在拉伸过程中的“力 – 变形”曲线图,直到试样被拉断为止。

在拉伸试验曲线图中,纵坐标的“外力”由应力 σ 来表示,其定义式为:

$$\sigma = F/A_0$$

横坐标的变形则由试样单位长度的伸长量来表示,称为应变 ε:

$$\varepsilon = (L_1 - L_0)/L_0$$

低碳钢静态拉伸的应力 – 应变曲线如图 4 – 1 所示,其主要力学性能指标如下:

① 弹性极限 σ_e 和弹性模量 E。当拉伸应力 σ 不超过 σ_e 时,试样的伸长(即变形)与外力成正比。卸载时,试样的变形会立即消失并恢复原状。材料的这一性能称为弹性,试样在此阶段的变形称为弹性变形。此变形阶段的最大应力值 σ_e 称为材料的弹性极限。

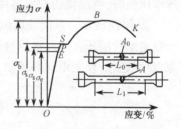

图 4 – 1 低碳钢应力 – 应变曲线

材料在弹性变形阶段内,应力与应变成正比,而其比值表示了材料抵抗弹性变形的能力,即反映了材料弹性变形的难易程度,称为弹性模量,以 E 表示:

$$E = \sigma/\varepsilon$$

工程上,零件或构件抵抗弹性变形的能力称为刚度。显然,在零件结构、尺寸已确定的条件下,刚度取决于材料的弹性模量。

② 屈服极限 σ_s。低碳钢应力 – 应变曲线在 S 点出现一水平段,表示应力不增加而变形继续进行。此时如果卸载,试样的变形不能完全消失,而保留一部分残余变形。该部分不能恢复的残余变形成为塑性变形;而对应 S 点的应力值就称为屈服点,用 σ_s 表示。显然 σ_s 表示了材料抵抗微量塑性变形的能力。

有些材料的应力 – 应变曲线上没有明显的屈服平台,所以,规定试样产生 0.2% 残余应变时的应力值为该材料的屈服点,用 $\sigma_{0.2}$ 表示。

屈服点也称屈服强度,工程中一般不允许零件或构件发生塑性变形,所以屈服强度是零件所选材料的一个重要力学性能指标。

③ 抗拉强度 σ_b。应力超过屈服点 σ_s 时,拉伸试样发生均匀而显著的塑性变形。当达到 B 点时,试样开始局部变细,出现"颈缩"现象。此后,应力开始下降,变形主要集中于颈部,直到最后在"缩颈"处断裂。可见,B 点为曲线的最高点,所对应的应力反映了材料在断裂前所能承受的最大应力,称为抗拉强度,用 σ_b 表示。σ_b 是设计和选材的主要参数之一。

此外,屈强比(σ_s/σ_b)越小,构件的可靠性越高;但材料的强度利用效率降低。

(2)塑性。

材料在外力作用下产生塑性变形而不断裂的能力称为塑性。通常用伸长率 δ 和断面收缩率 ψ 来表示。

$$\delta = \frac{L_1 - L_0}{L_0} \times 100\% \ , \quad \psi = \frac{A_0 - A_1}{A_0} \times 100\%$$

δ、ψ 越大,表示材料的塑性越好。δ 大小与试样尺寸有关,因此需要规定试样尺寸。塑性好的材料易于进行塑性成形加工。

(3)硬度。

硬度是衡量材料软硬程度的指标。硬度越高,表示材料抵抗局部塑性变形的能力越大;且一般情况下,材料的耐磨性也较好。因此,硬度是材料的重要性能之一。

生产中广泛使用压入法来确定材料的硬度。最常用的硬度指标有布氏硬度和洛氏硬度。

① 布氏硬度。布氏硬度是用一定直径的钢球或硬质合金球,以相应的静载荷压入试样表面,保压一段时间卸载后,测出材料表面的压痕直径,如图 4-2 所示。求出压痕的单位表面积所受的力,所得结果就是布氏硬度。

用淬火钢球作压头,只能测量硬度不高的材料,测得的硬度值以 HBS 表示;采用硬质合金球作压头时,所测得的硬度值用 HBW 表示。

② 洛氏硬度。洛氏硬度试验是目前应用最广的硬度试验方法,该试验是以一定的压力将一特定形状的压头压入被测材料表面,如图 4-3 所示。根据压痕的深度来确定硬度。压痕越深,材料越软;反之则材料越硬。被测材料的硬度可直接在硬度计刻度盘上读出。

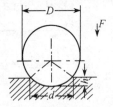

图 4-2 布氏硬度试验原理

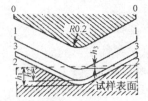

图 4-3 洛氏硬度试验原理

按压头和载荷的不同,洛氏硬度有 HRC、HRB、HRA 三种类型,如表 4-1 所示。洛氏硬度测量简便易行,压痕小,既可测定成品与零件的硬度,也可检测较薄工件或表面硬化层的硬度。其中 HRC 应用最多。

此外,为测定工件薄的表面硬化层或金属镀层以及薄片金属的硬度,也常用维氏硬度法。其测定原理基本上与布氏硬度法相同。

表 4 – 1　洛氏硬度符号、试验条件和应用举例

硬度符号	压印头类型	总压力/N(kgf)*	硬度值有效范围	应用举例
HRC	120°金刚石圆锥	1 471(150)	20 ~ 67HRC(相当 225HBS 以上)	淬火钢件
HRB	ϕ1/16in 淬火钢球	980.7(100)	25 ~ 100HRB(相当 60 ~ 230HBS)	软钢、退火钢、铜合金
HRA	120°金刚石圆锥	58.4(60)	70HRA(相当 350HBS 以上)	硬质合金、表面淬火钢

（4）冲击韧性。

汽车高速行驶时急刹车或通过凹坑、飞机的起飞与降落等，零件（或构件）常常受冲击载荷的作用，若所用材料的韧性不好，则可能会发生突然的脆性断裂。因此，了解材料在冲击载荷下的力学性能十分必要。

冲击韧性是指材料在冲击载荷作用下抵抗断裂的一种能力。常用标准试样的冲击吸收功 A_k 表示。A_k 值由冲击试验测得，即把带有 U 型或 V 型缺口的标准试样放在冲击试验机上，用摆锤自由落下将其冲断，所消耗的功即为冲击吸收功 A_k，可直接在试验机刻度盘上读出。将 A_k 除以试样断口处截面积 F，即得材料的冲击韧度 a_k，其单位为 $J \cdot cm^{-2}$。材料的 a_k 值越大，其可靠性越高。

材料的冲击韧性在某一温度会急剧降低，在越过此温度时，将会发生脆性断裂。这一温度称为材料的脆性转变温度。材料的脆性转变温度越低，使用越可靠。

（5）疲劳强度。

许多在交变载荷下长期服役的零件，如传动轴、齿轮、弹簧、连杆等，尽管所承受的应力低于其屈服强度，但也有可能发生突然断裂。通常将这种破坏称为材料的疲劳断裂。各种机器中因疲劳失效的零件占失效零件总数的 60% ~ 70% 以上。

材料在无数次重复"交变应力"作用下，而不引起断裂的最大应力值称为疲劳强度，用 σ_{-1} 表示。实际上，一般规定钢在经受 $10^6 ~ 10^7$ 次、有色金属经受 $10^7 ~ 10^8$ 次交变载荷作用而不断裂的最大应力为材料的疲劳强度。

金属的疲劳强度与抗拉强度之间存在近似的比例关系：

碳素钢 $\sigma_{-1} \approx (0.4 ~ 0.55)\sigma_b$；灰铸铁 $\sigma_{-1} \approx 0.4\sigma_b$；有色金属 $\approx (0.3 ~ 0.4)\sigma_b$。

（6）耐磨性。

耐磨性是指材料在一定工作条件下抵抗磨损的能力。通常用体积磨损量、质量磨损量和长度磨损量等三个基本量来评定。材料的耐磨性与其硬度、摩擦系数、表面粗糙度、摩擦副的相对运动速度、载荷大小以及润滑条件等多种因素有关。

2）工程材料的物理、化学及工艺性能

物理性能是指材料在重力、电磁场、热力等物理因素作用下所表现出来的性能或属性，包括材料的密度、熔点、导电性、磁性、导热性、热膨胀性等。

化学性能主要指材料的抗氧化性、耐蚀性和耐酸性等，它反映了材料在常温或高温环境下抵抗各种化学作用的能力。

以利用材料所具有的特殊物理、化学性能为主的材料就是功能材料。目前，这些材料广泛

＊　1 kgf = 9.80665 N

应用于各种高新技术产业中,也是材料研究的主要发展方向之一。

材料的工艺性能是指材料对各种加工工艺的适应性,包括切削加工性能、铸造性能、压力加工性能、焊接性能及热处理工艺性能等。良好的工艺性能可以保证能够将材料顺利、经济地加工成各种零件或构件。

§4-2　常用金属材料

一般来说,金属材料同时具有较好的力学性能和工艺性能,因此是目前应用最为广泛的工程材料。

1. 金属材料的结构

金属材料的各种性能取决于两大因素:一是组成材料的原子(或分子)结构及本性;二是这些原子(或分子)在空间的结合与排列方式。前者决定了材料的种类和基本属性;后者则是改善同一种材料各种性能的主要依据。比如碳原子既可组成很软的石墨,但如果改变碳原子在空间结合与排列方式,就可以形成极硬的金刚石。

1) 结合键

构成固态物质的内部原子(或分子)彼此之间存在一种约束力,使其牢固地结合在一起,这种约束力即为结合键,通常有四种类型的结合键。

两种电负性差别较大的原子,通过电子失(得)变成正(负)离子,从而靠正、负离子间的库仑力相互作用而形成的化学键即为离子键。离子键有较强的结合力,因此离子化合物或离子晶体的熔点、沸点、硬度均很高,热膨胀系数小,但相对脆性较大。大部分盐类、碱类和金属氧化物以离子键方式结合;部分陶瓷材料及钢中的非金属夹杂物也以此方式结合。

得失电子能力相近的原子相互靠近时,依靠共用电子对产生的结合力而结合在一起的键称为共价键。它属于强键,原子间结合牢固,所以共价晶体往往硬度大、熔点高。例如金刚石内每个碳原子与其近邻的四个碳原子形成共价键结合,并按一定角度和方向排列。所以金刚石的熔点达 3 570 ℃,是自然界中最坚硬的物质。

由于金属原子对最外层的价电子束缚较弱,当原子靠近而形成固态金属时,每个金属原子都失去外层的价电子为晶体中所有原子所共有。金属晶体的结合主要靠这些共有的负电子云与正离子之间的库仑力作用,这种结合键称为金属键。金属键不具有方向性,在结构上要求尽量密集排列,使之势能最低,结合最稳定。由于金属晶体靠金属键结合,所以具有良好的导电性、导热性、可塑性。

具有稳固电子结构的原子或分子靠瞬间电偶极矩的作用而产生的结合力称为分子键。由于分子键不是通过改变原子电子结构而形成的,因而分子键很弱,不属于化学键的范畴。石墨各原子层间的结合,以及高分子材料中大分子链之间的结合通常也是分子键结合。

2) 金属的晶体结构

几乎所有金属、大部分陶瓷以及一些聚合物在其凝固成固体时都会发生结晶,即原子本身沿三维空间按一定几何规律重复排列成有序结构,这种结构称为晶体。而某些工程上常用的材料,包括玻璃、绝大多数塑料和少数从液态快速冷却下来的金属,还有人们熟悉的松香、沥青等,其内部原子无规则地堆垛在一起,或视为三维方向的无序状态,这种结构为非晶体。

（1）晶体的基本概念。

晶体中原子排列的方式称为结构。晶体结构不同会导致性能不同。为了便于理解和描述晶体中原子排列的规律，人为地将原子看作一个质点，并用一些假想的几何线条将晶体中各原子中心连接起来，就构成了一个空间格架称为晶格，如图4-4所示。在这个三维的空间格架里取出一个最小的具有代表意义的结构单元称为单位晶格或晶胞。晶胞中原子排列规律应与整个晶格中原子排列规律完全相同。晶胞大小用晶胞各棱边长度 a、b、c 和棱边夹角 α、β、γ 来表示。其中 a、b、c 称为晶格常数，其单位为 Å($1\ \text{Å} = 10^{-10}\ \text{m}$)。

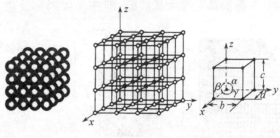

图4-4　晶体结构示意图

当 $a = b = c$、$\alpha = \beta = \gamma = 90°$ 时，这种晶胞称为简单立方晶胞。由简单立方晶胞组成的晶格称为简单立方晶格。晶胞中原子所占体积与晶胞总体积的比值称为晶胞的致密度，表示原子在晶胞中排列的紧密程度。

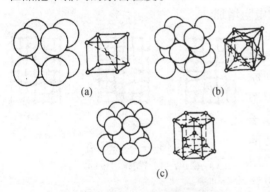

图4-5　常见的三种晶格类型

(a) 体心立方晶格；(b) 面心立方晶格；(c) 密排六方晶格

（2）三种常见的晶体类型。

大部分金属晶体都属于以下三种常见的晶格类型，如图4-5所示。

① 体心立方晶格。其晶胞由8个原子构成一个立方体，在立方体的中心还有一个原子。属这类晶格有 α-Fe(912 ℃以下的纯铁)、Cr、Mo、W、V、Nb、β-Ti、Na、K 等。

②面心立方晶格。在晶胞每个角及每个面中心各分布着一个原子，在每个面的对角线上各原子紧密接触，属于面心立方晶格有 γ-Fe(912～1 394 ℃)、Cu、Al、Ni、Au、Ag、Pt、β-Co 等。

③ 密排六方晶格。其晶胞为一个六方柱体。柱体上、下底面六个角及中心各有一个原子，柱体中心还有三个原子。属于密排六方晶格的金属有 Be、Mg、Zn、Cd、α-Co、α-Ti 等。

（3）金属的同素异构转变。

有些金属在固态可以有两种或两种以上的晶体结构，如 Fe、Mn、Ti 等。如果固态金属在外界条件(温度和压力等)改变时，其晶体结构的类型也随之改变，这一现象则称为金属的同素异构转变，也叫金属的多形性转变。最常见的是铁的同素异构转变，可表示为：

$$\delta - \text{Fe} \xrightleftharpoons{1\ 394\ ℃} \gamma - \text{Fe} \xrightleftharpoons{912\ ℃} \alpha - \text{Fe}$$
$$\text{（体心立方）}\qquad\text{（面心立方）}\qquad\text{（体心立方）}$$

3）实际金属的晶体结构

（1）单晶体与多晶体。

实际金属都是多晶体结构，即由许许多多单晶体组成，如图4-6所示。在一个单晶体范围内，原子排列的取向一致。而相邻两个单晶体的原子排列取向则存在大于 15° 的位向差。所以，多晶体一般无各向异性。

在多晶体结构中，每个单晶体称为晶粒。在常温下，晶粒尺寸越细小，材料的强度就越高，塑性、韧性越好。晶粒和晶粒相互交界处形成的界面称为晶界。晶界处原子排列的规律性受到破坏。各晶粒间的位向差越大,则晶界处原子排列规律性的破坏程度也越大。

（2）实际金属的晶体缺陷。

实际晶体存在大量缺陷,即在晶体内部及边界都存在原子排列的不完整性,称为晶体缺陷。它对材料性能有很大影响。按其几何特点,晶体缺陷可以分为以下三类:

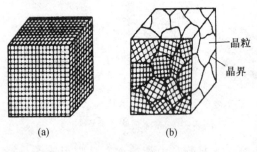

图 4-6　单晶体与多晶体

（a）单晶体；（b）多晶体

① 点缺陷是一种在三维尺度上都很小,不超过几个原子直径的缺陷。主要有空位,即指未被原子所占有的晶格节点;置换原子,即指占据晶格节点上的异类原子以及间隙原子,即指处在晶格间隙中的多余原子。如图 4-7 所示。

点缺陷的形成,主要是由于原子在各自平衡位置上热运动的结果。它们的出现,使得原来的原子间作用力的平衡被破坏,从而导致晶格畸变。晶格畸变将使晶体性能发生改变,如强度、硬度和电阻增加。

② 线缺陷是一种二维尺度很小而第三维尺度很大的缺陷。位错是金属和陶瓷晶体中常见的线缺陷。所谓位错,是指晶体中某处的一列或若干列原子发生有规则的错排现象,其最基本的形式有刃型位错和螺型位错。图 4-8 所示,在晶体内的半原子面 $EFGH$ 就像刀刃一样,使位于 $ABCD$ 面的上下两部分晶体沿着 EF 线产生了原子错排。EF 线就是刃型位错线。晶体中位错的量,常用单位体积内所包含的位错线总长度 ρ 来表示,称为位错密度。

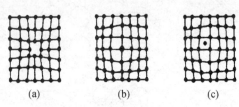

图 4-7　点缺陷

（a）空位；（b）置换原子；（c）间隙原子

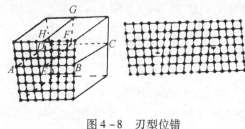

图 4-8　刃型位错

位错的出现使位错线周围造成晶格畸变,畸变程度随离位错线的距离增大而逐渐减小直至为零。严重晶格畸变的范围约为几个原子间距。位错密度 ρ 增高,材料的强度将会显著增加。因此,提高位错密度是金属强化的重要途径之一。

③ 面缺陷是一种二维尺度很大而一维尺度很小的缺陷。最常见的面缺陷是晶界和亚晶界。

由上可知,晶界是多晶体中相邻晶粒间的过渡区。由于两相邻晶粒的位向不同,致使该过渡区内的原子排列不规整,偏离其平衡位置,产生晶格畸变。一般晶界厚度约在几个原子间距到几百个原子间距。

在晶粒内部,原子也并非是完全理想的规则排列,而是存在着许多小尺寸、小位向差的晶块,称为亚晶粒（或亚结构）,它们之间的边界就是亚晶界。亚晶界的原子排列也不规则,它实际上是由一系列刃型位错所构成,因而也产生晶格畸变。

4）金属的结晶

金属的结晶,从宏观上看是指液态金属凝固为固态金属的过程,其实质就是原子由不规则排列的液态金属转变为原子有规则排列的固态金属。因此,广义上讲,物质从一种原子排列状态(晶态或非晶态)过渡为另一种原子规则排列状态(晶态)的转变过程称为结晶。通常把液态转变为固体晶态称为一次结晶;而把一种固态转变成另一种固态称为二次结晶。

金属的实际结晶温度 T_n 总是低于理论结晶温度 T_0,两者的差值称为过冷度。过冷度越大,则液态与固态的自由能差越大,促使液体结晶的驱动力也越大。

金属结晶的过程是在液态金属中形成结晶核心和核心长大两个基本过程来完成的。在晶核长大的同时,液体中又不断产生新的结晶核心并长大,如图4-9所示。

图4-9 纯金属结晶过程示意图

一个晶粒是由一个晶核成长起来的,如果在液态金属中可供结晶的核心越多,则实际金属的晶粒就越细小,金属的强度也越高。

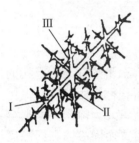

晶体长大的实质就是原子由液体向固体表面转移,这一过程靠原子的扩散来完成。晶核的长大方式通常是树枝状长大,即枝晶长大(图4-10)。长大首先在晶核的棱角处以较快生长速度形成枝晶的主干(又称一次晶轴,如图中的I),在主干的生长过程中,又不断地生长出分枝(即二次、三次晶轴,图中II、III),从而形成枝晶。

多晶体金属材料内晶粒的大小对其力学性能有很大的影响,晶粒越细小,金属的强度越高,同时塑性、韧性也好。

图4-10 枝晶示意图

5)金属铸锭组织

生产中,常将液态金属注入铸型型腔内并在其中凝固而获得铸件。金属铸件凝固时,由于表面和中心的结晶条件不同,铸件的组织结构是不均匀的,如图4-11所示,一般铸件的典型结晶组织分为三个区域。

(1)表面细晶粒区。

液态金属注入锭模后,与模壁接触的液体受到了强烈的过冷,形成大量晶核,同时模壁及杂质促进了非自发形核,所以这部分液体中产生了大量的晶核,从而形成表面层细晶粒区。

(2)柱状晶粒区。

细晶区形成后,因模壁温度升高及细晶区结晶潜热的释放,使细晶区前沿液体过冷度减小,形核率大大下降。此时垂直模壁方向的散热速度最快,因此晶粒沿该方向生长速度也最快,就形成了柱状晶区。

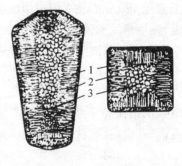

图4-11 金属铸锭组织
1—表面细晶粒区;2—柱状晶粒区;
3—中心等轴晶粒区

(3)中心等轴晶粒区。

液体金属中未溶的杂质和柱状晶中被冲断的枝晶都会成为最后的结晶核心。此时,由于结晶进行到接近铸锭中心,剩余液相温度已比较均匀,散热速度减慢,方向性也越来越不明显,所以晶核沿各方向的生长速度几乎相等,从而形成了中心等轴晶粒区。

一般说来,细晶区较薄,只有几个晶粒厚,另两个区域比较厚。在不同的凝固条件下,柱状晶区和中心等轴晶粒区在铸锭截面上所占的面积是不同的,有时甚至出现全部由柱状晶区或等轴晶区所组成的情况。

2. 合金的相结构

纯金属的力学性能比较差,所以在工业上广泛应用的金属材料是合金。所谓合金,是指由两种或两种以上的金属元素,或金属元素与非金属元素组成的具有金属性质的物质。组成合金的独立的、最基本的单元称为组元,组元可以是纯元素或是稳定的化合物。由两个组元组成的合金叫做二元合金,还有三元合金、多元合金。

相是指合金系统中具有相同化学成分、相同的晶体结构和相同的物理或化学性能并与该系统的其余部分以界面分开的部分。用金相观察方法,在金属及合金内部看到的组成相的大小、方向、形状、分布及相间结构状态称为组织。只有一种相组成的组织称为单相组织;由两种或两种以上相组成的组织为多相组织。合金的性能,一方面取决于组成合金的各相本身的晶体结构,而另一方面,也取决于合金的组织状态。

1) 合金中的相结构

合金的基本相结构可分为固溶体和金属间化合物两大类。

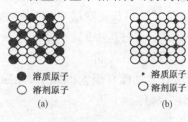

图 4 – 12 置换固溶体和间隙固溶体
(a) 置换固溶体;(b) 间隙固液体

(1) 固溶体。

在固态下,合金组元间会相互溶解,形成在某一组元的晶格中包含其他组元的新相,这种新相称为固溶体。保留原有晶格类型的组元称为溶剂,其他组元为溶质。根据溶质在溶剂晶格中所处的位置,可分为置换固溶体和间隙固溶体,如图 4 – 12 所示。

所谓置换固溶体,是指由溶质原子代替一部分溶剂原子而占据溶剂晶格中某些节点位置所形成的固溶体。形成置换固溶体时,溶质原子在溶剂晶格中的最高含量(溶解度)主要取决于两者的晶格类型、原子直径差及它们在周期表中的位置。晶格类型相同,原子直径差越小,在周期表中的位置越靠近,则溶解度越大。

所谓间隙固溶体,是指由溶质原子嵌入溶剂晶格中各节点间的空隙中所形成的固溶体。由于溶剂晶格的空隙有一定限度,故间隙固溶体的溶解度都是有限的。

在固溶体中,由于溶质原子的溶入,导致晶格畸变。溶质原子与溶剂原子的直径差越大,溶入的溶质原子越多,晶格畸变程度就越严重。晶格畸变使晶体的变形抗力增大,材料的强度、硬度提高,这种现象称为固溶强化,它是改善材料性能的重要途径之一。

(2) 金属间化合物。

金属间化合物的晶体结构与组成元素不同,是一种新相,一般都能用化学分子式表示其组成。金属间化合物是许多金属材料中一种基本组成相,如钢中的渗碳体(Fe_3C),黄铜中的 β 相($CuZn$)。金属间化合物一般具有复杂的晶体结构,熔点高、硬而脆,当合金中出现金属间化合物时,通常会使合金的强度、硬度和耐磨性得到提高,但塑性和韧性会降低。

2) 铁碳合金相结构

钢铁材料是工业生产和日常生活中应用最为广泛的材料,其基本组元是铁和碳,故称铁碳合金。铁碳合金的成分不同,其组织与性能也不同。为了解铁碳合金的成分、组织与性能的关系,就要研究铁碳合金相结构。由于含碳量大于 6.69% 的铁碳合金脆性很大,没有使用价值,再者 Fe_3C 是一个稳定化合物,可以作为一个独立的合金单元,因此,研究铁碳合金的相结构实际是研究含碳量≤6.69%的铁碳合金,包括钢和铸铁。

平衡条件下铁碳合金的成分、温度和组成相之间关系及其变化规律通常用铁碳合金相图来描述,即 $Fe-Fe_3C$ 相图,如图 4-13 所示。

与其他合金一样,铁碳合金也具有两类基本相,一类是固溶体,另一类是金属化合物。

（1）铁素体（F）。

碳溶于 $\alpha-Fe$ 中形成的间隙固溶体称为铁素体。铁素体保持了 $\alpha-Fe$ 的体心立方晶格结构。由于 $\alpha-Fe$ 的间隙很小,因而溶碳能力极差,在 727 ℃ 时溶碳量最大,为 0.021 8% 。铁素体的强度差、硬度低、塑性好。用 F 表示。

（2）奥氏体（A）。

碳溶于 $\gamma-Fe$ 中形成的间隙固溶体称为奥氏体。奥氏体保持了 $\gamma-Fe$ 的面心立方晶格结构。由于 $\gamma-Fe$ 间隙相对较大,故溶碳能力较大,在 1 148 ℃ 时可达 2.11% 。奥氏体力学性能与溶碳量及晶粒大小有关,一般来

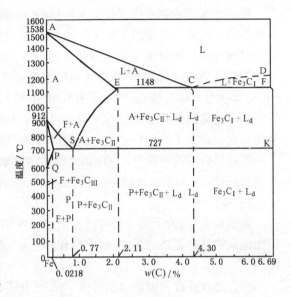

图 4-13　铁碳相图

说,奥氏体也是一种硬度较低而塑性较高的固溶体,常作为各类钢的加工状态。

（3）渗碳体（Fe_3C）。

碳与铁的化合物叫渗碳体。含碳为 6.69% 。渗碳体的硬度高,极脆,塑性几乎等于零,熔点为 1 227 ℃ 。

由于碳在 $\alpha-Fe$ 中的溶解度很小,所以在常温下,碳在铁碳合金中主要是以渗碳体形式存在。

此外,碳还会溶于 $\delta-Fe$,形成 δ 固溶体（高温铁素体）,碳在 $\delta-Fe$ 中的最大溶解度为 0.09%,δ 固溶体只存在于高温很小的区间,对钢铁的性能影响不大。

3. 碳素钢和合金钢

钢的种类品种繁多,如根据化学成分,可概括分为碳素钢和合金钢两大类。而按照用途可分为结构钢、工具钢和特殊性能钢三类。按冶金质量,则分为普通钢、优质钢、高级优质钢、特级优质钢。

钢中的硫和磷是有害杂质,当含硫量过大的钢材进行热加工时,导致钢材强度降低,韧性下降,这种现象称为热脆。含磷量过大的钢材在室温下的塑性、制性急剧下降,这种现象称为冷脆。所以,钢材若按照冶金质量分类,就是根据其硫、磷含量多少来确定的。

1）碳素钢

碳素钢可以分为碳素结构钢和碳素工具钢两类。此外还有碳素铸钢。

碳素结构钢又分为普通碳素结构钢和优质碳素结构钢。普通碳素结构钢牌号由 Q、屈服强度值、质量等级符号和脱氧方法四部分按顺序表示。如 Q235—AF 表示屈服强度为 235

MPa、沸腾钢、质量等级为 A 级的碳素结构钢。优质碳素结构钢的牌号由两位数构成,它表示钢中平均含碳量的万分之几。如 45 号钢就表示平均含碳量为 0.45% 左右的优质碳素结构钢。

普通碳素结构钢多用于各种工程结构,少量用于制造零件。优质碳素结构钢则用于制造各种零件。按照含碳量的不同,08、10、15、20、25 等牌号的碳素钢含碳量低,强度较低而塑性好,焊接性能好,所以多用来制造薄板型零件;30、35、40、45、50 等牌号含碳量中等,强度、韧性及加工性能均较好,常用来制造各种较重要的机械零件,如轴类、齿轮、丝杠、连杆、套筒;55、60、70 等牌号含碳量较高,淬火后有较好的弹性,可用来制造各种弹簧、轧辊及钢丝等。

碳素工具钢的牌号用字母 T 后附以数字来表示,数字表示含碳量的千分之几,如 T12。若为高级优质碳素工具钢则在数字后附以 A,如 T12A。

工程用碳素铸钢牌号由 ZG 和两组数字表示,如 ZG200 – 400。其含义是该牌号铸钢的最低屈服强度为 200 MPa,最低抗拉强度为 400 MPa。

2）合金钢

除铁和碳外,为了某一目的而在钢中特意加入一些合金元素的钢称为合金钢。一般合金钢比碳素钢具有更高的强度、耐磨性和淬透性,并可以具有较高的耐热性、红硬性、耐蚀性等特殊性能。

合金元素能改善钢的力学性能,并赋予钢某些特殊性能,其根本原因在于它可以改变钢的内部组织结构,并改变钢在加热和冷却过程中的组织转变规律,如 Mn、Si、Ni、Cr 等元素不仅可显著提高铁素体的硬度,而且在适当含量范围内还可以提高钢的韧性;与钢中的碳形成碳化物,产生强化作用。一是某些合金元素能溶入渗碳体,形成合金渗碳体,从而有利于钢的耐回火性和耐磨性;二是形成特殊碳化物,并呈细小颗粒均匀分布在钢的基体中,起弥散强化作用,显著提高钢的强度、硬度和耐磨性。

按照合金元素的含量,合金钢可分为低碳合金钢(<5%)、中碳合金钢(5% ~ 10%)和高碳合金钢(>10%)。

（1）合金结构钢:

① 低合金结构钢。合金元素以 Mn 为主,辅加 V、Ti、Mo、Nb、B 等元素。其主要作用是强化铁素体。这类钢广泛用于桥梁、船舶、车辆、压力容器、建筑等大型构件。

② 渗碳钢与调质钢。渗碳钢的成分特点是含碳量低(0.1% ~ 0.25%),常加入 Mn、Cr、Ni、B、V、Ti、W、Mo 等元素,并通过表面渗碳处理工艺,使零件表层有较高的硬度和耐磨性,而心部则具有良好的塑性与韧性,如广泛用于制造高速、中等载荷、耐冲击耐磨损零件的 20CrMnTi 钢,及多用于制造大截面、高负荷、受冲击重要零件的 18Cr2Ni4W 钢。调质钢的含碳量一般为 0.25% ~ 0.5%,其主要合金元素为 Ni、Cr、Mn、Si,这类钢的典型热处理为调质处理,同时为了提高零件表面耐磨性和疲劳强度,常常采用表面淬火作为最终热处理。

③ 弹簧钢。用于制造各种弹簧或要求高弹性的其他零件。碳素弹簧钢的含碳量为 0.6% ~ 0.9%。合金弹簧钢的含碳量通常为 0.45% ~ 0.7%,常加入的合金元素有 Mn、Si、Cr、V、Mo 等,其中 Mn、Si 应用最广。

④ 滚动轴承钢。轴承常支撑很大的负荷,并且承受极大的接触应力和强烈的磨损。为了确保高硬度和耐磨性,轴承钢的含碳量应保证控制在 0.9% ~ 1.1%,为此,选用 Cr 或 Si、Mn 为主加合金元素。P 和 S 对轴承钢的性能极为不利,必须严格控制。轴承钢的牌号以字母 G

加上 Cr 含量的千分数标注,如 GCr15 表示含 Cr 量为 1.5%。

(2) 合金工具钢。

合金工具钢用来制造切削刃具、量具和模具,它以高硬、耐磨为基本特征。

刃具包括车刀、铣刀、刨刀、滚刀、锉刀、钻头、锯条等,其材料除需要良好的强韧性以外,还必须具备高硬度、高耐磨性、高红硬性(即高温下保持高硬度的特性)。各种测量工具,如卡尺、块规、塞规等,除要求高的硬度和耐磨性外,还必须具有良好尺寸稳定性。所以合金量具刃具用钢即在碳素工具钢中加入少量的 Cr、Mn、Si、W、V 等合金元素,以提高淬透性,提高耐磨性和回火稳定性,并细化晶粒、提高韧性。

对工作中受震动较大的工具,则要求具有较高的韧性,所以耐冲击工具用钢的含碳量一般低于 0.7%,同时常加入 Cr、Si、W 等合金元素。

为了提高切削加工的效率,必须增加切削速度,这必然导致刀具刃部温度升高,而低合金工具钢就难以满足要求。为此发明了具有很高红硬性的高速钢。其成分特点是钢中加入了大量的 W、Cr、Mo、V 等合金元素,如 W18Cr4V、W12Cr4V4Mo、W6Mo5Cr4V2 等。

硬质合金用来加工许多高硬、高韧的难加工材料。它是由硬化相和黏结金属组成,前者主要是难熔金属的碳化物,如 WC、TiC、MoC、TaC 等;后者是金属 Co、Ni、Fe 等。硬质合金的硬度可达 87 ~ 91HRC,其红硬性极好。

模具钢是用于制造冷冲压模具、热锻模具和压铸模具的材料。根据使用条件,分冷作模具钢和热作模具钢两类。冷作模是在室温下对板材或棒料进行拉延、冲压、冷镦、冷挤或剪裁的模具,在使用过程中承受着巨大的应力和剧烈的摩擦。因此这类钢必须具有高硬度、高耐磨性和足够高的强度与韧性,同时还应具有良好的锻造、切削等工艺性能。Cr12 是冷作模具钢中的代表钢种。热作模具钢用于制造热锻模、热挤压模、压铸模等,一般均需承受较大的冲击载荷、冷热疲劳、液态金属的腐蚀与冲刷以及受到严重的摩擦磨损。两种最常用的热作模具钢是 5CrMnMo 和 5CrNiMo。

(3) 特殊钢。

在特殊条件下使用,要求具有特殊物理、化学性能的钢称为特殊钢,包括不锈钢、耐热钢和耐磨钢等。

不锈钢系指在腐蚀性介质中具有抗腐蚀性能的钢。其成分特点是一般为低碳或超低碳量(含碳量小于 0.2%),如 1Cr17 和 1Cr18Ni9Ti。若既有一定的耐蚀性要求,又有较高力学性能的要求,则应采用 1Cr13。Cr 是不锈钢中最重要的合金元素,其含量一般在 11.5% ~ 32.1%;Ni 可显著提高耐蚀性;加入 Mo、Cu 等元素可提高钢在非氧化性介质中的耐蚀能力;Ti、Nb 等元素能优先与碳结合形成稳定性高的 TiC 或 NbC,从而降低钢的晶间腐蚀倾向。

耐热钢用来制造在高温下工作的零件,如锅炉、蒸汽涡轮、燃气涡轮、发动机、炼油设备等耐热零件和装置。耐热性包含了高温抗氧化性和高温强度两个方面。耐热钢中加入了多种合金元素,特点是少量多元。它们的主要作用分别是 Cr、Al、Si 提高抗氧化性;W、Mo 固溶强化,提高基体中原子的高温结合力。此外在航空发动机上,主要采用镍基高温合金。

耐磨钢主要具有很高的耐磨性,而且借助于使用过程中的加工硬化和相变,越磨越硬。用于制造经受严重磨损和强烈冲击的零件,如坦克的履带、粉碎机的颚板、铁轨道岔及地质钻探的钻头等。高锰钢的主要牌号是 ZGMn13,一般只能用铸造的方法获得。

4. 铸铁

铸铁是指含碳量大于 2.11% 的铁碳合金,它是一种成本低廉并具有良好性能的金属材料。与钢相比,虽然铸铁的力学性能较低,但由于它具有优良的减震性、耐磨性、耐腐蚀性、铸造性及切削加工性,而且生产设备及工艺简单,因此在工业上得到广泛应用。铸铁的性能与其内部组织密切相关,特别是碳在铸铁中存在的形式及石墨形态、分布和数量,对铸铁性能有着重要作用。

实际中应用的主要是碳以石墨形式存在的铸铁,即铸铁组织基本上由与钢相似的基体组织及石墨两部分组成,而石墨强度极低,相当于在金属基体上布满了小裂纹。因此,铸铁的抗拉强度、塑性和韧性远不如钢,但抗压强度差别很小,且石墨的存在能给铸铁带来一系列良好的其他性能。按照石墨的形态,常用铸铁有以下几种,其显微组织如图 4 – 14 所示。

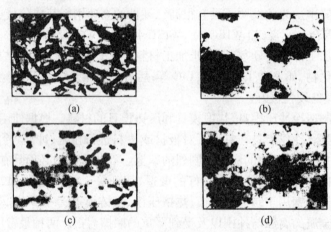

图 4 – 14　一些铸铁的显微组织
(a) 灰铸铁;(b) 球墨铸铁;(c) 蠕墨铸铁;(d) 可锻铸铁

1) 灰铸铁

铸铁中石墨呈片状存在。其生产工艺简单,成本低廉,应用最广泛。

灰铸铁的牌号以 HT 后附以数值表示,后面的数值表示铸铁的最低抗拉强度 σ_b。

2) 球墨铸铁

球墨铸铁中石墨呈球状,而球状石墨对基体组织的割裂程度比灰铸铁有一定的减弱。另外,石墨球愈细、球的直径愈小、分布愈均匀,则球墨铸铁的力学性能愈高。球墨铸铁的牌号以 QT 后附以两个数值表示,前一个数值表示最低抗拉强度,后一个数值表示最低延伸率。

3) 蠕墨铸铁

蠕墨铸铁是指在钢基体上分布着蠕虫状石墨的铸铁。蠕虫状石墨的形状介于片状和球状石墨之间。其牌号以 RuT 后附以数值表示,数值表示铸铁的最低抗拉强度。蠕墨铸铁的力学性能优于灰口铁,低于球墨铸铁。但其导热性、抗热疲劳性和铸造性能比球墨铸铁好。

4) 可锻铸铁

铸铁中石墨呈团絮状分布,大大削弱了石墨对基体的割裂作用。与灰铸铁相比,可锻铸铁具有较高的强度,一定的塑性与韧性。其牌号以 KTH(Z) 后附以两个数值表示,字母 H(Z) 表示黑心可锻铸铁(珠光体可锻铸铁),前一个数值表示最低抗拉强度,后一个数值表示最低延伸率。

5. 有色金属材料

有色金属材料通常指铝、铜、镁、锌、钛等金属及其合金。与钢铁相比,它们具有许多特殊的物理、化学和力学性能,因而成为现代工业中不可缺少的材料。

1) 铝及其合金

铝及其合金在工业中的应用量仅次于钢铁。其最大特点是质量轻、比强度和比刚度高、导电导热性好、耐腐蚀,因而广泛用于飞机制造业,成为宇航、航空等工业的主要原材料。同时也广泛用于建筑、运输、电力等各个领域。

工业纯铝 纯铝的相对原子量是26.98,密度2.7 g/cm³,熔点660 ℃。它具有面心立方结构,所以强度低、塑性好。工业纯铝常含有铁和硅杂质,杂质含量增高,纯铝的强度升高,但导电性、耐蚀性和塑性降低。工业纯铝分铸造纯铝和变形铝两种,铸造纯铝由 ZAl 后附以数值表示,数值表示铝纯度的百分含量。变形铝用 1 后附以字母再附以两位数值表示,数值表示铝百分含量中小数点后两位,字母表示原始纯铝的改型情况,如 1A30。

纯铝的强度很低,不能直接作为结构材料,故需要加入一定量的其他元素而制成有较高强度的铝合金。根据其成分和工艺特点,分为形变铝合金和铸造铝合金两大类。

形变铝合金易于塑性加工,故称为形变铝合金。它采用 4 位字符牌号命名,用 2(~ 8)附以字母再附以数值表示,牌号的第一位数值为主要合金元素的顺序号,依次是 Cu、Mn、Si、Mg、Mg + Si、Zn、其他;字母表示原始纯铝改型,数值用来区分同一组中不同的铝合金。根据主要的性能特点与用途,形变铝合金又分为防锈铝合金(Al – Mn、Al – Mg 系合金)、硬铝合金(Al – Cu – Mg 系合金)、超硬铝合金(Al – Cu – Mg – Zn 系合金)、锻造铝合金(Al – Mg – Si – Cu 或 Al – Cu – Mg – Ni – Fe 系合金)。

另一类铝合金的塑性差,但在液态时流动性能好,适合铸造,故称为铸造铝合金。其代号用 ZL 后附以三位数值表示,第一位数值为合金类别号,后两位数值为合金顺序号。常用铸造铝合金分为 Al – Si 系、Al – Cu 系、Al – Mg 系和 Al – Zn 系四大类。

2) 铜及其合金

工业纯铜又称为紫铜,其熔点为 1 093 ℃,密度为 8.9 g/cm³。具有良好的导电性、导热性及抗大气腐蚀性,是抗磁性金属。广泛用作电工导体、传热体及防磁器械等。纯铜固态时为面心立方晶体结构,强度低、塑性好,可进行冷变形强化,焊接性能良好。纯铜的主要杂质是 Pb、Bi、O、S 和 P 等,它们对纯铜的性能影响很大,所以必须严格控制含量。工业纯铜有 T1、T2、T3、T4 四个牌号,数值越大,纯度越低。

为了改善铜的力学性能,通常在纯铜中加入合金元素制成铜合金,以用作结构材料。工业上常用的铜合金主要有黄铜和青铜。

黄铜是以锌作为主要合金元素的铜合金,通常把铜锌二元合金称为普通黄铜,用 H 后附以数值表示,数值代表平均含铜量。在普通黄铜基上加入其他元素的铜合金称为特殊黄铜,仍以 H 表示,后跟其他添加元素的化学符号和平均成分。普通黄铜的组织和性能主要受其含锌量的影响。当含 Zn 量小于 32% 时,随着含锌量的增加,合金的强度和塑性都升高;当含 Zn 量超过 32% 后,塑性开始下降,强度继续升高;当含 Zn 量超过 45% 时,会产生脆性组织,使黄铜的强度和塑性急剧下降。

青铜原先是指人类最早应用的 Cu - Sn 合金。现代工业中把以铝、硅、铍、锰、铅、钛等为主加元素的铜合金均称为青铜。青铜的编号方法为 Q 后附以主加元素符号再附以主加元素含量表示。此外铸造青铜在编号前加 Z。按照成分的不同,青铜分为锡青铜和无锡青铜两大类。锡青铜以 Sn 为主加元素,也称普通青铜。它有高的耐磨性、耐腐蚀性,好的力学性能与铸造性能,常用来制造耐磨、减摩及耐蚀零件。无锡青铜又称特殊青铜,它们比锡青铜具有更好的力学性能、耐磨性和耐蚀性,主要有铝青铜,以铝为主加元素,具有良好的耐磨性和耐蚀性;铍青铜,以铍为主加元素,其突出优点是导热、导电、耐磨性能极好,同时还具有抗磁、受冲击时不产生火花的特殊性能;硅青铜,以硅为主加元素,其力学性能比锡青铜好,具有良好的铸造性能及冷热加工性能。适于制造弹簧、齿轮、蜗轮等耐蚀、耐磨零件。

§4-3　金属材料的改性与成型

所谓金属材料的改性与成型,是指利用物理、化学或冶金原理,来制造机械零件及结构,或改变其化学成分、微观组织和性能的工艺方法。按材料的物理状态,成型工艺主要包括材料的液态成型、塑性成型、热连接、粉末成型等形式;而改性主要指各种热处理工艺。

1. 钢的热处理

钢的热处理是将钢在固态下通过加热、保温、冷却以改变其组织,从而获得所需性能的一种工艺方法,如图 4-15 所示。按照 GB 12603—90 的规定,根据加热和冷却方法的不同,常用的热处理分类如下:

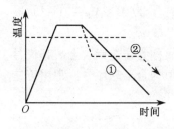

图 4-15　热处理工艺示意图
① 连续冷却;② 等温处理

整体热处理　退火、正火、淬火、回火等表面热处理,表面淬火化学热处理,渗碳、碳氮共渗、渗氮等。根据热处理在零件加工过程中的工序位置及作用不同,热处理还可分为预备热处理和最终热处理。

1) 钢的整体热处理

对工件整体进行穿透加热的热处理工艺称为整体热处理。包括退火、正火、淬火、回火、固溶处理及水韧处理等。

(1) 退火。

将钢件加热到适当温度,保温一定时间,随后缓慢冷却以获得接近平衡状态组织的热处理工艺称为退火。按照物理冶金过程的特点,可将退火工艺分为两类:

第一类退火工艺包括扩散退火、再结晶退火、去应力退火、去氢退火。其工艺特点是通过控制加热温度和保温时间使钢件内在冶金及冷热加工过程中产生的不平衡状态(如成分偏析、形变强化、内应力等)过渡到平衡状态,其主要目的是使组织与成分均匀化、或消除形变强化、或消除内应力、或消除钢种的氢。

第二类退火工艺包括完全退火、不完全退火、等温退火、球化退火等。其主要目的是改变钢件的组织和性能。这类工艺的特点是通过控制加热温度、保温时间以及冷却速度等工艺参数,来改变钢中的珠光体、铁素体和碳化物等的组织形态及分布,从而改变其性能。如降低硬度、提高塑性、细化晶粒、改善机械加工性能等。

(2) 正火。

钢件加热到某一温度以上,保温适当时间后,在空气中冷却的热处理工艺称为正火。

正火的主要应用范围是对共析成分碳钢及合金钢,通过正火可以消除网状的渗碳体,细化片状的珠光体组织,有利于在球化退火中获得细小均匀的球状渗碳体,以改善钢的组织和性能。

对某些低碳钢和低合金钢,由于退火组织中铁素体量过多,切削时易黏刀。通过正火处理,可适当提高硬度,以改善钢件的切削性能。

正火后钢件组织较细,综合力学性能好于退火组织。所以对某些要求不很高的结构或大型件,正火可作为最终热处理而直接使用。

对某些大型件或形状复杂件,当淬火有开裂危险时,可用正火代替淬火、回火处理。

(3)淬火。

将钢件加热到某一温度以上,保温一段时间,然后以大于临界冷却速度冷却,获得马氏体组织的热处理工艺称为淬火。

淬火是强化钢材最重要的热处理工艺。淬火的主要目的是为了获得马氏体,并与回火相配合,使钢件具有不同的力学性能。如高碳钢淬火加低温回火,可得到高硬度和高耐磨性;中碳钢淬火加高温回火,可得到强度、塑性、韧性均较好的综合力学性能。

淬火工艺的选择对钢件淬火质量有重要的影响。首先,根据钢的化学成分,淬火加热温度的确定应能防止加热时奥氏体晶粒长大或淬火组织中残余奥氏体量增加,以保证获得细马氏体组织和钢件尺寸的稳定。使钢件获得某种冷却速度的介质称为淬火冷却介质,最常用的是水、盐(碱)水和油三类,其中盐(碱)水的冷却能力最强,水的冷却能力很强,而油的冷却能力较低。

钢的奥氏体在冷却时形成马氏体(而不形成其他组织)的能力可理解为钢的淬透性。淬透性的大小可用在一定条件下淬硬层的深度表示。而淬硬层深度是指从钢件表面到形成50%马氏体处的深度。影响钢件淬透性主要是钢的临界冷却速度,临界冷速越小,钢的淬透性越大。而影响临界冷速的关键因素是钢的含碳量与合金元素的种类与含量。钢的淬透性是工程用材料选择的重要依据之一。合理选择材料的淬透性,可以充分发挥材料的性能潜力,防止产生热处理缺陷,提高材料使用寿命。

(4)回火。

回火就是把已经淬火的钢件重新加热到某一温度,适当保温后,冷却到室温的热处理工艺。钢件淬火后,一般很少直接使用,都应当紧接着进行回火处理。其目的在于降低脆性,减少或消除内应力,防止变形和开裂;稳定组织,稳定形状和尺寸,保证钢件使用精度和性能。通过不同回火方法,来调整钢件的强度、硬度,获得所需要的韧性和塑性。

钢件经过淬火回火后的组织与性能决定于回火温度,实际中有低温回火、中温回火和高温回火等三种回火方法。低温回火主要是为了降低钢件的淬火应力和减少脆性,并保持高硬度和高耐磨性;中温回火是为了得到高的弹性极限和屈服强度,并具有一定的韧性和抗疲劳能力;高温回火则是在获得较高强度的同时,还有较好的塑性和韧性,生产中也称为调质处理。

2)钢的表面热处理

对于承受弯曲、扭转、摩擦或冲击的零件,要求其表面和心部具有不同性能。表面要求具有高的强度、硬度、耐磨性和疲劳强度,而心部具有足够的韧性和塑性。此时,就需要采用表面热处理来满足要求。表面热处理是指仅对钢件表层进行热处理,以改变其组织和性能,包括表面淬火和化学热处理。

（1）表面淬火。

钢的表面淬火是通过快速加热，使钢件表层奥氏体化，在心部组织尚未发生改变时，立即淬火冷却，使表层获得高硬度、高耐磨性的马氏体组织，而心部仍保持原来的塑性和韧性都较好的退火、正火或调质状态的组织。

表面淬火加热可采用感应加热、火焰加热、激光加热等不同的加热方法。目前生产中常用的是感应加热。

（2）化学热处理。

化学热处理是指将钢件置于特定的介质中加热和保温，使介质中的活性原子渗入钢件表层，从而通过改变表层的化学成分和组织来改变其性能的一种热处理工艺。根据渗入元素的不同，化学热处理包括渗碳、渗氮、碳氮共渗、渗硼、渗铬、渗铝等。

各种化学热处理都是依靠介质元素的原子向钢件内部扩散来进行的，其基本过程包括由介质分解出渗入元素的活性原子；钢件表面吸收活性原子；在一定温度下由表面向内部扩散，形成一定厚度的扩散层。

2. 铸造

铸造是材料液态成型的一种重要工艺方法，它是将液态金属或合金浇注、压射或吸入到与零件形状相适应的铸型内，冷却凝固后而获得具有一定形状和性能的铸件。由于是流动成型，所以铸造尤其适合制造内腔和外形复杂的零件，而且铸件的大小、重量、批量及材料几乎不受限制。对于塑性差的材料，铸造则是其零件成型的惟一方法。但铸造易产生各种缺陷，铸件的力学性能较差，形状、尺寸精度都比较低。

1）合金的铸造性能

合金采用铸造方法被制成优质铸件的能力称为铸造性能，主要包括合金的充型能力和收缩性能。

（1）液态合金的充型能力。

液态合金填充铸型的过程即为充型。而液态合金充满铸型型腔，获得形状完整、轮廓清晰铸件的能力就是充型能力。合金的充型能力取决于以下重要因素：

① 合金的流动性。液态合金本身的流动能力称为合金的流动性。流动性好的合金充型能力强，易获得形状完整、尺寸准确、轮廓清晰、壁薄与形状复杂的铸件；有利于液态合金内非金属夹杂物及气体的上浮与排除；若流动性不好，铸件就容易产生浇注不足、冷隔等缺陷。

合金成分对流动性的影响最为显著。对于铁碳合金而言，铸铁的流动性比铸钢好。铸铁中 Si 和 P 可提高流动性，而 S 降低其流动性。

② 铸型条件。如果直浇道低，内浇道截面积小，型腔窄，型砂含水过多或透气性不好，铸型排气不畅，铸型材料导热性过大等，均会导致合金充型能力的降低。

③ 浇注温度。提高浇注温度，可降低合金的黏度，过热度（即浇注温度与合金熔点之差）大，液态金属含热量增加，合金冷却速度变慢，因而可提高充型能力。但浇注温度过高，会增加合金的总收缩量，吸气增多，铸件易产生缩孔、缩松、黏砂、气孔等缺陷。因此，实际生产中，在保证流动性的前提下，尽可能做到高温出铁，低温浇注。

④ 铸件结构。铸件结构复杂、厚薄部分过渡面多、型腔复杂都会导致合金液流动阻力增

大,充型困难;铸件的壁越薄,合金液冷却速度增大,铸型越不容易充满。

（2）合金的收缩。

① 收缩的概念。合金从液态冷却到室温过程中体积或尺寸缩小的现象称为收缩。合金一般要经历三个互相联系的收缩阶段:液态收缩是指液态金属由浇注温度冷却到凝固开始温度(液相线温度)间的收缩;凝固收缩是指从凝固开始温度到凝固结束温度(固相线温度)之间的收缩。合金结晶的范围越大,则凝固收缩越大。由于液态收缩和凝固收缩均使金属液体的体积缩小,它是形成缩孔和缩松的根本原因;固态收缩是指合金从凝固终止温度冷却到室温之间的收缩,其结果不仅导致体积的缩减,而且铸件的外形尺寸也减小。

② 缩孔和缩松。铸件在冷却和凝固过程中,若液态收缩和凝固收缩引起的容积缩小得不到补充,则会在铸件最后凝固处形成孔洞。容积大而集中的称为缩孔;细小而分散的称为缩松。缩孔的形状不规则,多呈倒锥形。结晶温度范围窄的合金易形成缩孔,而结晶温度范围较宽的合金易产生缩松。

缩孔和缩松都会使铸件有效承载面积减小,并由于这些地方易产生应力集中而导致铸件强度降低。防止缩孔的主要措施是控制凝固过程,使之符合顺序凝固原则。

③ 铸造应力、铸件变形和裂纹。铸件在固态收缩过程中若受到阻碍,其内部会产生铸造应力,应力是铸件产生变形及裂纹的主要原因。

铸造应力分为热应力、相变应力和机械阻碍应力三类。热应力的形成是铸件冷却时因壁厚不均或冷速不同而导致各部分收缩不同步,彼此相互牵制的结果。铸件的厚壁或心部受拉,薄壁或表层受压;相变应力是指冷却时铸件各部分发生相变不同步而引起的相互牵制,减少或消除热应力及相变应力的有效措施是采用同时凝固原则,使铸件各部分收缩同步;机械阻碍应力是指铸件收缩时受到铸型、型芯或浇注系统的阻碍而产生的应力,但铸件在落砂后会自行消除。

铸件冷却到室温后,热应力和相变应力会残留在铸件内部形成残余应力,若此残余应力值超过了材料的屈服极限,则会引起铸件发生变形,而导致铸件的形状和尺寸不符合要求。

铸件的裂纹分为热裂纹和冷裂纹两种。热裂纹是在凝固末期高温下形成的,主要是收缩受到机械阻碍作用,且此时材料的强度与伸长率极小而产生的,热裂纹为氧化色,裂纹外形不规则,且沿晶界发展;冷裂纹是在较低温度下形成的,其原因是铸件局部(尤其在应力集中处)的残余拉应力超过了材料强度值。冷裂纹有金属光泽,呈连续直线状,且穿过晶体内。

（3）偏析。

偏析是指在铸件断面上各个部分及晶粒与晶界之间的化学成分不均匀现象。对一个晶粒而言,其内部与晶界的成分不一致称为晶内偏析(树枝晶偏析),它可以通过扩散退火来消除;而铸件整个断面上各部分成分不一致则称为区域偏析(或宏观偏析),它只能在浇注前或过程中采取相应的工艺措施来减小。

2）铸造基本工艺过程及常见方法

砂型铸造是目前应用最为广泛的铸造方法,它是指将金属或合金液浇注到砂型内,冷却凝固后获得铸件,其基本工艺过程如图4-16所示。

由上可知,砂型铸造中造型(制心)与金属熔炼是两个关键的工艺环节。铸件的形状和尺寸取决于造型(制心);而铸件的化学成分则决定于熔炼。

由于砂型铸造在尺寸精度、表面粗糙度和铸件的内部质量方面,还不能完全满足许多机械

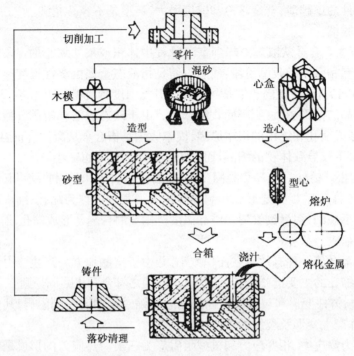

图 4 – 16 砂型铸造基本工艺过程

零件特别是专用零件的特殊要求,而且铸型(即砂型)只能一次性使用,生产率低,因此,人们通过改变铸型材料、浇注方法、液态合金充填铸型方式、凝固条件等,开发出了许多新型的铸造方法,统称为特种铸造,主要有:

熔模铸造是将易熔材料(如石蜡)压制成模样,然后在其表面涂覆多层耐火材料,待硬化干燥后,将蜡模熔去,而获得具有与蜡模形状相应空腔的型壳,在经焙烧后进行浇注而获得铸件的一种方法,故又称失蜡铸造。熔模铸造所生产的铸件精度与表面质量高、可获得形状复杂的铸件,适合各种难加工合金的成型。

金属型铸造是将金属液浇注到金属铸型中获得铸件的方法。金属型能多次重复使用,所以又叫永久型铸造。由于金属型的复用性好,能节省造型材料和工时;其冷却能力强,所以铸件组织致密、力学性能高,尺寸精度和表面质量好,劳动条件改善;但铸型成本高。

压力铸造是在专用设备 ——压铸机上进行的,即在高速、高压下将金属液压入金属铸型,并在压力下凝固获得铸件的方法。常用压力为几个至几十个兆帕,充型时间为 $0.01 \sim 0.2\ s$,充型速度为 $0.5 \sim 50\ m/s$。压铸生产率高,便于实现自动化;铸件尺寸和表面精度高,能生产较复杂的薄壁件;铸件质量好。常用于有色金属及其合金铸件的大批量生产中。

低压铸造是向储有金属液的密封坩埚中通入干燥的压缩空气(或惰性气体),使金属液通过升液管自下而上进入铸型内,并保持一定压力,当金属冷却凝固后,放出气体,未凝固的金属液流回坩埚,打开铸型后,便能取出铸件。压力铸造的铸件缺陷少,且材料利用率高,易实现机械化和自动化。它主要用于生产铝、镁合金铸件。

离心铸造是将金属液浇入高速旋转的铸型中,并在离心力的作用下充型凝固而获得铸件的一种方法。离心铸造可获得组织致密、无铸造缺陷的高品质铸件,尤其可大批生产套、管类等中空铸件。

3. 塑性加工

利用金属的塑性,即产生塑性变形的能力,使其在外力作用下成形的一种加工方法称为塑性加工。由于外力通常为压力,故又称为压力加工。常用的塑性加工方法有自由锻、模锻、板料冲压、轧制、挤压、拉拔等。塑性加工不仅广泛应用于各种机械零件、日用产品的生产,也普遍用于各种原材料的制造。

塑性是指材料在外力作用下发生永久变形而不破坏其完整性的能力。材料受到外力作用时总会产生变形,如果撤除外力,总变形的一部分也随之消失,则称此部分变形为弹性变形;而残留部分称为塑性变形。

金属材料通过塑性加工获得优质零件的难易程度称为塑性加工性能。它是金属的塑性和变形抗力的综合性能。塑性越好,变形抗力越小,则金属的塑性加工性能越好。它主要取决于金属的成分、组织和加工条件。

对碳钢而言,含碳量越高,其塑性加工性能越差;纯金属的塑性加工性能比合金好;从金相组织看,单一固溶体的塑性加工性能好,而碳化物的塑性加工性能差。

1)锻造

提高金属的变形温度,可以有效地改善其塑性加工性能。但温度过高会产生过热、过烧、脱碳和严重氧化等缺陷,因此必须严格控制锻造温度;一般情况下,提高变形速度,回复和再结晶来不及进行,不能及时克服加工硬化现象,所以会使金属的塑性下降,而变形抗力增大,塑性加工性能变坏;此外,在加工时,如果能够使材料处于三向受压状态,也可以提高其塑性。

(1)自由锻。

利用自由锻设备的上下砧块或一些简单的通用工具,直接使坯料变形而获得所需的几何形状及内部质量的锻件,这种工艺方法称为自由锻。自由锻工艺简单,通用灵活,适应性强。但由于靠人工操作来控制锻件的形状和尺寸,所以锻件精度低,加工余量大,劳动强度大,生产率不高。因此主要用于单件、小批量生产中。

自由锻过程由一系列变形工序组成。按作用不同,可分为基本工序、辅助工序和修整工序三类。改变坯料的形状和尺寸的工序称为基本工序,包括镦粗、拔长、冲孔、芯轴扩孔、芯轴拔长、弯曲、切割、错移、扭转等;辅助工序是为基本工序操作方便而进行的预先变形工序,如压钳口、倒棱、分段压肩等;修整工序则用来精整锻件的形状和尺寸,清除表面不平和歪扭,如鼓形滚圆、端面平整、弯曲校直等。

(2)模锻。

在模锻设备上利用模具使坯料变形而获得比自由锻质量更高的锻件的锻造方法称为模锻。按照使用设备的不同,主要有锤上模锻、压力机上模锻、水压机上模锻等。

与自由锻相比较,模锻有生产率高、锻件成本低,锻件尺寸精确、表面质量好,可生产形状较复杂的锻件,劳动强度较低等一系列优点。但有设备投资大,模具费用高,工艺不够灵活,生产准备周期长等不足。所以,只有在产品定型后,大批量生产时才采用模锻。

模锻件的生产过程为:

下料→加热→模锻(制坯、预锻、终锻)→切边(或冲孔)→热校正(或精压)→磨毛刺→热处理→清除氧化皮→冷校正(精压)→检验入库。

锤锻模由上下两模块组成,它们分别通过燕尾和楔铁紧固在锤头和模座上,如图 4 – 17 所示。锻模模腔按其作用可分为模锻模腔和制坯模腔两类。

模锻模腔包括终锻模腔和预锻模腔。终锻模腔用于模锻件的最终成形,因此,其形状和尺寸精度决定了锻件的精度和质量。终锻模腔的尺寸按照锻件的尺寸加上收缩量来确定;模腔分模面周围须设置飞边槽,以促使金属充满模腔,并容纳多余金属,同时缓冲锤击;对于带有通孔的锻件,模锻不能直接冲出,孔内留有一层金属称为冲孔连皮。模锻后,应将锻件上的飞边和连皮冲切掉;预锻模腔只用于形状复杂的锻件,以有利于终锻时金属能顺利充满模腔,并减轻终锻模腔的磨损,提高模具的使用寿命。但增加预锻模腔会降低生产效率,恶化锻锤的受力条件,所以尽可能不用。

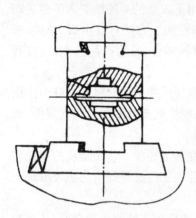

图 4 – 17 锤上锻模

2) 板料冲压

板料冲压是指利用安装在压力机上的冲模对板料加压,使其产生分离或变形,以获得零件的一种工艺方法。分为分离工序和变形工序两类,前者指冲裁,后者包括弯曲、拉深、成形等。

(1) 冲裁。

冲裁是利用凸、凹模使坯料按封闭轮廓分离的工序,如图 4 – 18 所示。当坯料被冲下的部分为成品时,称为落料;当坯料周边为成品时,则是冲孔。

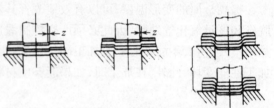

图 4 – 18 冲裁变形过程

冲裁件的质量主要指形状尺寸精度和剪断断面的光洁及垂直程度,而这主要取决于材料本身的塑性好坏和凸、凹模之间的间隙是否合理。对于普通冲裁件,其断面粗糙、存在毛刺、且带有斜度,所以冲后要利用修整模将断面切去薄薄一层进行修整。

(2) 弯曲。

弯曲是将板料、型材或管材在弯矩作用下弯成具有一定圆弧和角度的变形工序。弯曲时,坯料内侧弯曲半径小,并受压缩,外侧弯曲半径大,受拉伸,如图 4 – 19 所示。当外侧拉应力超过材料的抗拉强度时,则坯料弯裂,因此,有最小弯曲半径 r_{min} 存在。

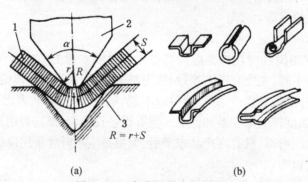

图 4 – 19 弯曲过程中金属变形

1—工件; 2—凸模; 3—凹模

(a)弯曲过程;(b)弯曲零件

由于弯曲时坯料存在弹性变形,当弯曲结束后,零件会产生弹性恢复,使弯曲角自动增大,这一现象称为回弹。因此,在设计模具时,可以预先使模具的角度比零件角度小一个回弹角。

(3)拉深。

拉深是将平板坯料变成空心零件的变形工序,如图4-20所示。

拉深件的主要缺陷有两个,一是起皱,即零件上部出现波浪起伏的现象(图4-21),其原因是坯料凸缘部分周向受压发生了塑性失稳,生产中常采用压边圈来防止起皱;二是圆筒底部与侧壁过渡处易破裂(图4-22),而该处受拉,需采用降低拉应力的措施。

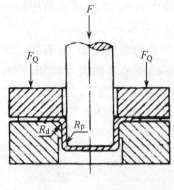  

图4-20 拉深工序　　　　图4-21 起皱拉深件　　　　图4-22 破裂拉深件

4. 焊接

焊接是一种永久性连接金属材料的工艺方法,其实质是通过加热或加压,依靠金属原子的结合与扩散作用,使分离金属材料牢固地连接起来。按照焊接过程的特点可分为三类:

熔化焊　利用某种热源,将被焊金属结合处局部加热到熔化状态,并与熔化的焊条金属混合组成熔池,冷却时在自由状态下凝固结晶,使之焊合在一起。

压力焊　利用加压力(或同时加热),使金属产生一定的塑性变形,实现原子间的接近和相互结合,组成新的晶粒,达到焊接的目的。

钎焊　属于另一类焊接方法,其与熔化焊的区别是被焊金属不熔化,只是作为填充金属的钎料熔化,并通过钎料与被焊金属表面间的相互扩散和溶解作用而形成焊接接头。

焊接在现代工业生产中占有十分重要的地位,如舰船的船体、高炉炉壳、建筑构架、锅炉与压力容器、车厢及家用电器、汽车车身的制造都离不开焊接。

1)电弧焊

电弧焊是利用电弧的热能使金属局部熔化而进行焊接的一种方法,属于熔化焊。它包括手工电弧焊、埋弧焊和气体保护焊三类。

(1)手工电弧焊。

手工电弧焊是利用焊条与工件之间产生电弧热,将工件和焊条熔化而进行焊接。其设备简单、操作灵活、维护容易、适应性广,是生产中应用最广泛的方法。

焊接电弧是在电极与工件之间的气体介质中长时间有力的放电现象,即在局部气体介质中有大量电子流通过的导电现象。如图4-23所示,在焊条与被焊工件之间燃烧的电弧产生电弧热,使工件和焊芯同时熔化形成熔池,同时也使焊条的药皮熔化和分解,并与熔池中的液态金属发生物理化学反应,所形成的熔渣不断浮出熔池;药皮产生的大量保护气体围绕在电弧四周,熔渣和气体能防止空气中氧和氮的侵入,以保护熔池金属。当电弧向前移动时,工件与焊条不断熔化形成新的熔池,而原来的熔池则不断冷却凝固,构成连续的焊缝。

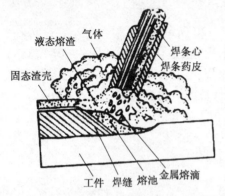

图 4-23 涂料焊条的电弧焊过程

焊接过程是局部加热过程,温度分布极不均匀,在完成一个焊接过程中,焊接接头的组织和性能都要发生变化。在热源的作用下,焊缝两侧发生组织性能变化的区域称为热影响区(HAZ),因此,焊接接头由焊缝区和热影响区组成,如图 4-24 所示。

熔池液态金属冷却结晶为焊缝金属,具有铸态组织的特点,所以一般均能达到所要求的力学性能;而热影响区内靠近焊缝区的熔合区及过热区,加热温度高,所以晶粒粗大,而且成分不均,从而导致其脆性增加,塑性、韧性降低,容易产生裂纹,因此是焊接接头最薄弱的环节。

焊接过程中,对焊件进行不均匀的加热和冷却,会引起焊接应力(残余应力)和焊件的变形。焊接应力使焊件的有效许用应力降低,甚至导致在焊接过程中或使用期间开裂,使整个结构发生破坏而造成灾难。因此,必须采取严格的工艺措施来减少或消除焊接应力。

(2)埋弧焊。

埋弧焊也称焊剂层下焊接,是当今生产效率较高的机械化焊接方法之一。焊接时,焊接机头将光焊丝自动送入电弧区并保持稳定的弧长。电弧在焊剂层下燃烧,焊机带着焊丝均匀地沿坡口移动。在焊丝前方,焊剂从漏斗中不断流出撒在被焊部位。焊接时,部分焊剂熔化形成熔渣覆盖在焊缝表面,大部分焊剂不熔化,可重新回收使用。由于部分焊剂被蒸发形成气泡,使熔化的金属与空气隔离,同时又能防止金属熔滴向外飞溅,所以埋弧焊的焊接质量高而且稳定、生产率高,节约材料,改善了劳动条件。埋弧焊在实际中得到了广泛的应用。

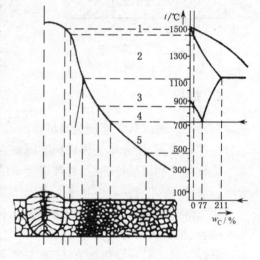

图 4-24 焊接接头的焊缝区和热影响区

(3)气体保护焊。

航天工业的发展,使化学性能活泼的金属材料得到大量应用,如铝、镁、钛及其合金等。这些材料采用原有的焊接方法,则难以保证焊接质量,因此,人们开发了气体保护焊技术。

所谓气体保护焊,就是利用外加气体保护电弧区的熔滴、熔池及焊缝的电弧焊。保护气体有两种,一种为惰性气体(氩气、氦气及与之混合的气体),另一种是活性气体(如 CO_2)。

氩弧焊是以氩气作为保护气体,可保护电极和熔池金属不受空气的有害作用(图 4-25)。在高温下,氩气不与金属发生化学反应,也不溶于金属。因此氩弧焊的焊接质量比较高,易于自动控制。但氩气贵,成本高,所以多用于铝、镁、钛及其合金的焊接。

按所用电极的不同,氩弧焊可分为不熔化极氩弧焊和熔化极氩弧焊两种。不熔化极氩弧焊以高熔点的钨铈棒作为电极,焊接时,钨铈棒不熔化,只起导电与产生电弧的作用。由于电极所能通过的电流有限,所以仅适合于6 mm以下厚度的焊接;熔化极氩弧焊以连续送进的焊丝作为电极,焊丝熔化后进入焊缝中,此时可用较大电流焊接厚度为25 mm以下的工件。

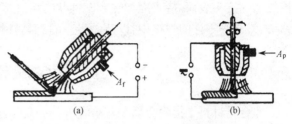

图 4-25　氩弧焊示意图
(a) 不熔化极氩弧焊;(b) 熔化极氩弧焊

为了降低焊接成本,可采用 CO_2 气体代替氩气作为保护气体,称为二氧化碳气体保护焊。它用焊丝作电极,靠焊丝和焊件之间产生的电弧熔化工件金属和焊丝,形成熔池,凝固后成为焊缝。由于 CO_2 是氧化性气体,高温下能分解,引起钢中有用元素烧损,因此需要采取保证焊缝成分的措施。二氧化碳气体保护焊的质量和工艺性不如氩弧焊,故多用于低碳钢和低合金钢的焊接。

2) 电阻焊与摩擦焊

电阻焊与摩擦焊均属于压力焊方法。

(1) 电阻焊。

电阻焊是利用电流通过焊件及其接触部分时产生的电阻热,使焊接区加热到塑性状态或表面局部熔化状态,在压力下焊合的压焊方法,其原理如图 4-26 所示。由于工件的总电阻很小,为使工件在极短时间内迅速加热,必须采用很大的焊接电流(几千到几万安培)。与其他焊接方法相比,电阻焊具有生产率高、焊接变形小、劳动条件好、不需另加焊接材料、操作简便、易实现机械化等优点;但设备较复杂、耗电量大、焊件结构受限制等不足。电阻焊按接头形式分为点焊、缝焊和对焊等几种形式。

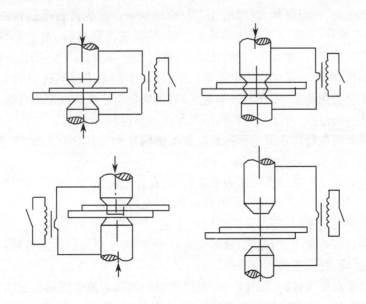

图 4-26　电阻焊示意图

（2）摩擦焊。

摩擦焊是一种比较先进的压力焊方法，它是利用工件间相对的高速旋转运动所产生的摩擦热加热接头表面，待表面加热到塑性状态后迅速加压，使两部分焊合在一起。摩擦焊常用于钻头、刀具等零件的焊接中，以节约贵重的工具材料。

§4-4 非金属材料及其成型

非金属材料是指除金属及其合金外的一切工程材料，主要包括高分子材料、陶瓷和复合材料三大类。

1. 常用高分子材料

高分子材料的主要成分是高分子化合物。它是由许多小分子（或称低分子）化合物通过共价键连接起来形成的大分子有机化合物，具有链状结构，故又称为聚合物或高聚物。而这些聚合成高聚物的小分子化合物称为单体。如聚乙烯是由乙烯聚合而成的，即乙烯是聚乙烯的单体。此外，高聚物还可由两种或两种以上的单体共同聚合而成。

根据性能和用途，常将高分子材料分为塑料、橡胶、纤维、涂料、黏接剂等五大类。

1）塑料

塑料是指以树脂为主要成分的有机高分子固体材料，在一定温度和压力下具有可塑性，能塑制成一定形状的制品，且在常温下能保持形状不变。

塑料具有质量轻、比强度高，耐腐蚀性好，绝缘性能优异，减摩、耐磨及自润滑性能突出，消音吸振性强，易成型加工以及其他特殊性能；但塑料的强度、硬度及刚度远不及金属材料，使用温度低，导热性极差，热膨胀系数较大，易老化、易燃烧、易变形。

塑料主要由合成树脂、填料、固化剂、增塑剂、稳定剂、阻燃剂以及其他一些添加剂组成部分，如润滑剂、着色剂、抗静电剂、发泡剂、溶剂、稀释剂等。合成树脂是塑料的主要组成部分，如酚醛树脂、聚乙烯等，它决定了塑料的基本性能；填料或增强材料，主要起增强作用，并且是塑料改性的重要组成部分，如石墨、二硫化钼、石棉纤维和玻璃纤维等；固化剂的作用是使树脂具有体型网状结构，而成为坚硬和稳定的塑料制品；增塑剂用来提高树脂的可塑性和柔性；稳定剂是为了防止塑料在受热、受光时过早老化；阻燃剂是阻止燃烧或造成自熄。

按树脂受热后的性质，可分为热塑性塑料和热固性塑料。

热塑性塑料是指在特定温度范围内能反复加热软化和冷却固化的塑料，且其化学结构基本不变，如聚乙烯、聚苯乙烯、ABS 塑料、聚酰胺等。

热固性塑料是指在一定温度和压力等条件下，保持一定时间固化，而固化后成为不熔化不溶解的塑料，其再加热时也不软化。如酚醛塑料、环氧树脂等。

根据塑料的使用范围，又可以分成通用塑料、工程塑料和特种塑料。

通用塑料主要指产量大、用途广、成本低的常用塑料，主要包括六大品种：聚乙烯、聚丙烯、聚氯乙烯、聚苯乙烯、酚醛塑料和氨基塑料。

工程塑料通常指强度较高、刚性较大、可以代替钢铁和有色金属材料来制造机械零件或工程结构受力件的塑料。主要品种包括聚酰胺、聚碳酸酯、聚甲醛、聚氯醚、聚砜、有机玻璃、ABS树脂等。

特种塑料主要指耐温或具有特殊用途的塑料。如氟塑料、有机硅树脂、环氧树脂、不饱和聚酯以及离子交换树脂等。

2）橡胶

橡胶也属于高分子材料，但它在室温下处于高弹性状态。橡胶是以生胶为基础加入适量的填加剂组成的高分子弹性体。生胶按来源分天然橡胶和合成橡胶两种。填加剂是为提高和改善橡胶制品的各种性能而加入的物质，包括硫化剂、硫化促进剂、防老剂、软化剂、填充剂、着色剂等。

天然橡胶是从天然植物中采集到的一种聚异戊二烯为主要成分的高聚物。主要用来制造轮胎，也可用作胶带、胶管及各种橡胶制品，如刹车皮碗。天然橡胶综合性能好，但耐油和耐溶剂性差，易老化，不耐高温。

合成橡胶分通用橡胶与特种橡胶。前者的基本性能和用途与天然橡胶相似；后者可用于某些特殊场合，如耐高温、低温的硅橡胶，耐油的聚硫橡胶和丁腈橡胶，特别耐腐蚀的氟橡胶等。

2. 陶瓷

陶瓷是指用各种粉状原料做成一定形状后，在高温窑炉中烧制而成的一种无机非金属固体材料。传统意义上的陶瓷仅指陶器和瓷器两大类产品，后来发展到泛指整个硅酸盐材料（包括陶瓷、玻璃、水泥和耐火材料等），以及氧化物、氮化物、碳化物、硼化物、硅化物、氟化物等特种陶瓷材料。

陶瓷具有硬度高、抗压强度大、耐高温、不怕氧化和腐蚀、隔热绝缘性能好等特性，作为现代结构材料在某些场合是金属和高分子材料无法替代的，而且陶瓷还可用作功能材料。但陶瓷存在脆性大、难修复、成型精度差、装配连接性能差等不足，则限制了其使用范围。

1）普通陶瓷

普通陶瓷是以黏土、长石、石英等天然硅酸盐矿物为原材料，经原料加工→成型→烧结而成，故又称硅酸盐陶瓷。这类陶瓷按其性能、特点和用途又分为日用陶瓷、建筑陶瓷、电绝缘陶瓷和化工陶瓷等。普通陶瓷产量大，具有质地坚硬、不氧化生锈、耐腐蚀、不导电、耐高温、加工成型性好、成本低廉等优点，所以广泛用作建筑、日用、卫生、化工、纺织、高低压电气等行业的结构件和用品。但这类陶瓷抗拉强度较低，抗热冲击性较差，热膨胀系数和导热系数均低于金属。

2）特种陶瓷

特种陶瓷是指采用高纯度人工合成原料制成、并具有特殊物理化学性能的新型陶瓷（包括功能陶瓷）。这类陶瓷除了具有普通陶瓷的性能外，至少还具有一种适应工程上需要的特殊性能。特种陶瓷主要有以下品种：

氧化物陶瓷既可以是单一氧化物，也可以是复合氧化物。目前应用最广的是氧化铝陶瓷，其原料是工业氧化铝，所以成分和杂质含量容易控制。提高 Al_2O_3 的含量，可以增加其抗拉、抗弯和抗压强度。氧化铝陶瓷的强度、硬度比普通陶瓷高，仅次于金刚石、碳化硼、立方氮化硼和碳化硅，具有很好的耐磨性；其耐高温性能好，长期使用温度达 1 600 ℃，且蠕变很小；其电绝缘性（尤其是高温电绝缘性）好。氧化铝陶瓷的主要不足是脆性大、抗热震性差。但目前研制的新型氧化铝陶瓷、微晶刚玉瓷和氧化铝金属瓷的抗热震性和韧性有了显著提高，除可用作金属切削的刀具外,还可用作机械上的耐磨件。

碳化物陶瓷一般具有比氧化物陶瓷更高的熔点。最常用的有 SiC、WC、TiC 等。碳化硅的最大特点是高温强度高,具有良好的导热性、抗氧化性、导电性、高的冲击韧性和抗蠕变性,但不抗强碱。它常用于制造火箭尾喷管的喷嘴,以及其他高温零部件。

氮化物陶瓷中应用最广泛的是 Si_3N_4 陶瓷,其原料来源丰富,加工性能优良,成本较低。氮化硅陶瓷是一种高温强度和硬度高、耐磨、耐腐蚀的陶瓷,其热膨胀系数只有 3%,故其抗高温蠕变性比其他陶瓷好,抗热震性能也好,它还具有优良的电绝缘性和耐辐射性。常用来制造高温轴承、热电偶套管、燃气轮机转子叶片等。

3. 复合材料

复合材料一般是指为了达到某些特殊性能要求而将两种或两种以上物理、化学性质不同的物质,经人工组合而得到的多相固体材料。

1) 复合材料的组成及性能特点

复合材料至少包括两大类相组成:一类是基体相,起黏结、保护纤维并把外加载荷引起的应力传递于纤维上。基体相可由金属、树脂、陶瓷等构成,在承载中,基体所承受的比例不大;另一类为增强相,是主要承载相,并起着提高强度(或韧性)的作用。增强相的形态各异,有细粒状、短纤维、连续纤维、片状等。

复合材料的性能主要取决于基体的类型和性质、增强体的类型和性质、增强体在基体中的含量和分布排列方式、基体与增强体之间的结合性能等四个方面。其性能特点是具有高比强度和比刚度、高的抗疲劳性、高的断裂韧性、强的减震能力、高温性能好、抗蠕变能力强以及优良的减摩性和耐蚀性等特点,它还有良好的工艺性能。

2) 常用复合材料

复合材料的种类很多,按增强相的种类和形状可分为纤维增强复合材料、颗粒增强复合材料、层迭增强复合材料、骨架增强复合材料等。

(1) 纤维增强复合材料。

玻璃纤维复合材料是用树脂和玻璃纤维复合,俗称玻璃钢。其力学性能较高,可制成板、棒、管材等。

碳纤维复合材料有碳纤–树脂、碳纤–金属–树脂、碳纤–陶瓷–树脂等主要复合方式。其比强度高、线膨胀小、耐摩擦、耐磨损。可用来制造压气机叶片、发动机壳体、轴瓦、齿轮等。

晶须复合材料中的增强体是晶须,它是金属或陶瓷自由长大的针状单晶体。因此,几乎不存在晶体缺陷,强度极高。用 Al_2O_3、SiC、AlN 等晶须与环氧树脂制成层压板,可制作涡轮叶片等。

石棉纤维复合材料是用石棉纤维与树脂复合,可作为绝缘材料,也可制成制动件和密封件等。

(2) 颗粒增强复合材料。

金属颗粒与塑料复合可改善塑料的导电、导热性能,降低其线膨胀系数。如铅粉加入氟塑料中,可作为轴承材料。

陶瓷颗粒与金属的复合称为金属陶瓷,氧化物金属陶瓷可用作高速切削刀具材料及高温耐磨材料。

（3）层迭增强复合材料。

钢板上复一层塑料，可提高耐蚀性，常用于化工食品工业。

两层玻璃板夹一层聚乙烯醇缩丁醛可制作安全玻璃。用钢－青铜－塑料三层复合，可制作轴承垫片、球座等耐磨件。

（4）骨架增强复合材料。

夹层结构材料由两层薄而强的面板，中间隔一层轻而弱的芯子做成，其密度小、抗弯强度好，常用于航空、船舶、化工等工业，如飞机、船只的隔板及冷却塔等。

多孔材料浸渍油脂或氟塑料，可制作轴承。浸树脂的石墨可作为抗磨材料。

4. 非金属材料成型简介

金属材料的成型技术对其他各类材料的成型具有相当大的启发和推动作用。非金属材料许多成形方法的工艺实质与前面所介绍的金属材料成型方法是相同或相近的。

1）工程塑料成型

塑料制品的生产主要由成型、机械加工、修配和装配的过程组成。其中成型是塑料制品或原材料生产最重要的基本工序。

（1）注射成型。

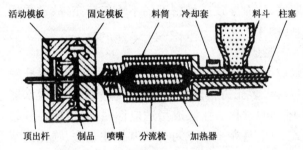

图4-27 注射机和注塑模具剖面图

注射成型也称注塑，是热塑性塑料的重要成型方法之一，某些热固性塑料也可以采用注塑成型。注塑成型产品约占热塑性塑料制品的20%～30%。注塑成型过程如图4-27所示，将粒状或粉状塑料从注塑机的料斗送入加热的料筒，经加热熔化至黏流态后，由柱塞或螺杆推动经喷嘴注入到闭合模具的模腔内，冷却固化后即可保持与模腔一致的形状，最后打开模具顶出制品。

注射成型具有成型周期短、生产率高、能一次成型。形状复杂、尺寸精度高、生产过程易于实现自动化。

（2）挤出成型。

挤出成型又称挤塑，是利用挤出机把热塑性塑料连续加工成各种断面形状制品的方法，如图4-28所示。这种方法主要用于生产塑料板材、片材、棒（管）材、异型材、电缆护层等。目前挤塑产品约占热塑性塑料制品的40%～50%。此外，挤塑还可用于某些热固性塑料及复合材料的成型。

（3）其他成型方法。

借鉴金属材料的成型，工程塑料还有压制成型、吹塑成型、浇注成型、压延成型等。

2）橡胶成型

橡胶成型是用生胶（天然胶、合成胶、

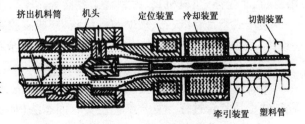

图4-28 挤出成型原理图

再生胶)和各种配合剂(硫化剂、防老化剂、填充剂等)经炼胶机混炼成炼胶(又称胶料),再根据需要加入能保持制品形状和提高强度的各种骨架材料(如天然纤维、化学纤维、玻璃纤维、钢丝等),经混合均匀后放入一定形状的模具中,并在通用或专用设备上经过加热、加压(即硫化处理),获得所需形状和性能的橡胶制品。按照成型方法,可分为压制成型、压铸成型、注射成型和挤出成型等。

3)陶瓷成型

陶瓷制品的生产过程主要包括配料、成型、烧结三个阶段。烧结是通过加热使粉体产生颗粒黏结,经过物质迁移使粉体产生高强度、并导致致密化和再结晶的过程。烧结过程直接影响晶粒尺寸与分布、气孔尺寸与分布等显微组织结构。陶瓷常用的成型方法如下:

(1)压制成型。

压制成型是将含有一定水分的粒状粉料填充到模具中,使其在压力下成为具有一定形状和强度的陶瓷坯体的成型方法。根据含水量的多少,可分成干压成型(含水量<7%)和半干压成型(含水量在7%~15%之间),以及特殊压制成型(如等静压成型)等方法。

由于压制过程中粉末颗粒之间、粉体与冲头、模壁之间存在摩擦,从而导致压坯密度的不均匀分布,故常采用双向压制(图4-29)。

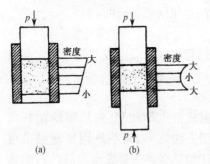

图4-29 粉末压制成型原理图

(2)注浆成型。

注浆成型是指将具有流动性的液态泥浆注入多孔模具内(石膏模、多孔树脂模等),借助于模具的毛细吸水能力,泥浆脱水、硬化,经脱模获得一定形状的坯体的过程。注浆成型适应性强,能得到各种结构、形状的坯体。根据成型的压力大小和方式不同,注浆成型又可分为基体注浆法、强化注浆法、热压铸成型法和流涎法等。

(3)可塑成型。

可塑成型是利用可塑坯料在外力作用下发生塑性变形而制成坯体的方法。可塑成型有旋压成型、滚压成型、塑压成型、注塑成型和轧膜成型等几种类型。

4)复合材料成型

(1)树脂基复合材料成型。

手糊成型是以手工作业为主的成型方法,它是用不饱和聚酯树脂或环氧树脂将增强材料黏结在一起的成型方法,是制造玻璃钢制品最常用和最简单的方法。手糊成型可生产波形瓦、浴缸、汽车壳体、飞机机翼、大型化工容器等。

层压成型是将纸、布、玻璃布等浸胶,制成浸胶布或浸胶纸半成品,然后将一定量的浸胶布(或纸)层叠在一起,使其在一定温度和压力下制成板材的工艺方法。

(2)金属基复合材料成型。

金属基复合材料是以金属为基体,以纤维、晶须、颗粒等为增强体的复合材料。其成型过程往往也是复合过程。复合工艺主要有固态法(如扩散结合、粉末冶金)和液相法(如压铸、精铸、真空吸铸、共喷射等)。由于这类复合材料加工温度高、工艺复杂、界面反应控制困难、成本较高,故应用的熟练程度远不如树脂基复合材料,应用范围小。目前主要应用于航空、航天领域。

（3）陶瓷基复合材料成型。

陶瓷基复合材料成型方法分为两类。一类是针对短纤维、晶须、晶片和颗粒等增强体，基本采用传统的陶瓷成型工艺，即热压烧结和化学气相渗积法；另一类是针对连续纤维增强体，有料浆浸渍后热压烧结法和化学气相渗积法。陶瓷基复合材料也主要用于国防领域。

第五章 工程制图

在社会生活中,人们会遇到各种各样的工业产品。这些产品绝大多数都是以一种社会化的生产方式制造出来的。也就是说一个产品从设计到制造需要很多的人员参与。在这些参与者中需要一种技术交流的手段,而这种进行技术交流的手段就是工程图样被人们喻为工程语言。

工程图样在产品的设计、制造、检验、维修等各个阶段都起着重要的作用,人们也将工程图样用于国际上的技术交流。

工程图样是以投影原理为理论基础,以国家标准为基本规则绘制出来的。本章将重点讨论这两个问题,并在此基础上介绍零件图和装配图。

§5−1 投影法与投影图

物体在光源的照射下会出现影子。投影的方法就是从这一自然现象抽象出来,并随着科学技术的发展而发展起来的。常用的投影法有两大类:中心投影法和平行投影法。

1. 中心投影法

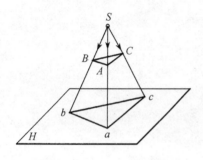

图 5−1 中心投影法

如图 5−1 所示,点 S 称为投射中心,自投射中心 S 引出的射线称为投射线(如 SA,SB,SC);平面 H 称为投影面。投射线 SA、SB、SC 与平面 H 的交点 a、b、c 就是空间点 A、B、C 在投影面 H 上的中心投影。而 $\triangle abc$ 即为 $\triangle ABC$ 在 H 面上的中心投影。规定用大写字母表示空间的点,用同名小写字母表示相应空间点的投影。

在投射中心 S 确定的情况下,空间的一个点在投影面 H 上只存在惟一的投影。

2. 平行投影法

如果把中心投影法中的投影中心移至无穷远处,则各投射线就成为相互平行的,这种投影法就称为平行投影法。在平行投影中,用 S 表示投射方向,只要自空间各点分别引与 S 平行的投射线(S 与投影面 H 不平行),就可以在投影面 H 上得到空间各点的投影,如图 5−2 所示。

显然,在确定的投射方向下,空间的一个点在投影面 H 上的平行投影也是惟一确定的。

如图 5−3 所示,根据投射方向 S 相对于投影面 H 的倾角不同,平行投影法又可以分为以下两种情况:

① 正投影法——投射方向 S 垂直于投影面 H,也称直角投影法;

② 斜投影法——投射方向 S 倾斜于投影面 H。

工程上一般采用正投影的方法。

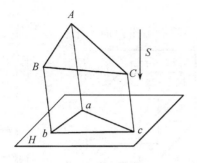

图 5-2　平行投影法

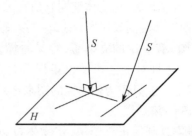

图 5-3　正投影与斜投影

3. 工程上常用的几种投影图

图作为一种工具,对于解决工程及一些科学技术问题起着重要的作用,因此对图就有着严格的要求,一般来说这些要求是:

根据图形应当能完全确定空间形体的真实形状和大小;

图形应当便于阅读;

绘制图形的方法和过程应当简便。

由前述的中心投影法和平行投影法可以看出,不论用哪种投影法,仅仅根据一个投影是确定不了空间形体的形状和位置的。如图 5-4 所示,只凭点的一个投影 a 并不能确定该点的空间位置,因为在同一条投射线上的任何点(如 A_1,A_2,A_3)都投影为 a。又如图 5-5 所示,两个不同形状的物体在 H 面上的投影形状是相同的。因此,为了使投影图达到上面所提出的要求,就必须附加某些条件,根据投影法和附加条件的不同,工程上采用以下四种投影图:正投影图、轴测投影(轴测图)、标高投影和透视投影(透视图)。

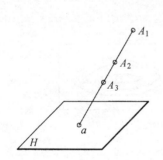

图 5-4　单面投影的不确定性

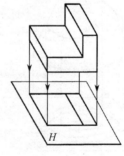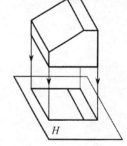

图 5-5　两个不同立体的投影相同

下面分别介绍这四种投影图的主要特点和应用范围。

1) 正投影图

利用正投影的方法,把形体投射到两个或两个以上互相垂直的投影面上(图 5-6(a)),再按一定规律把这些投影面展开成一个平面,便得到正投影图(图 5-6(b))。根据正投影图很容易确定物体的形状和大小,其缺点是直观性较差,但经过一定训练以后就能看懂。正投影图在工程上用得最广,也是本课程学习的重点。

2）轴测投影（轴测图）

利用平行投影法，把物体连同它所在的坐标系一起沿与坐标面不平行的方向投射到一个投影面上，便得到轴测投影图（图5-7）。轴测图（俗称立体图）有一定的立体感，容易看懂，但画起来较麻烦，并且对复杂机件也难以表达清楚，所以在工程上一般只作为辅助性的图来运用。

3）标高投影

标高投影是利用正投影法，将物体投影在一个水平投影面上得到的（图5-8）。为了解决物体高度方向的度量问题，在投影图上画出一系列的等高线，并在等高线上标出高度尺寸（标高）。

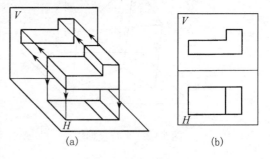

图5-6　正投影图

这种图主要用于地图以及土建工程图中表示土木结构或地形。

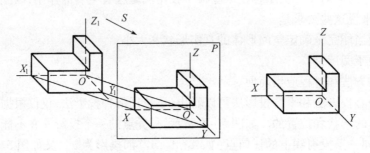

图5-7　轴测投影图

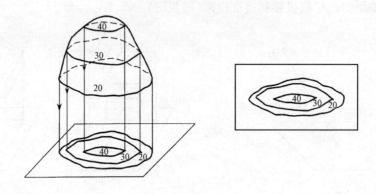

图5-8　标高投影图

4）透视投影（透视图）

透视图是根据中心投影法绘制的，这种图符合人眼的视觉效果，看起来比较自然，尤其是表示庞大的物体时更为优越。但是由于它不能很明显地把真实形状和度量关系表示出来，同时由于作图很复杂，所以目前主要在建筑工程上作辅助性的图使用（图5-9）。随着计算机绘图的发展，透视图在工程上的应用将会增加。

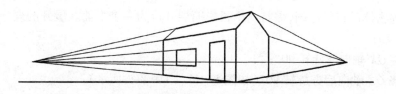

图 5-9　透视投影图

4. 物体的正投影图

1）物体的正投影图

正投影图表示物体至少需要从不同方向画出物体的两个投影。而通常则需要画出三个投影，这就需要三个投影面。采用图 5-10 所示的三个互相垂直的投影面，其中 V 面称为正面投影面，H 面称为水平投影面，W 面称为侧面投影面。两投影面的交线称为投影轴，从图中可以看到 V 面与 H 面交于 OX 轴；H 面与 W 面交于 OY 轴；W 面与 V 面交于 OZ 轴。

在图 5-11 中，(a)图表示一物体向三个投影面进行投影的情况。其中 V 面上的投影称为正面投影，H 面上的投影称为水平投影，W 面上的投影称为侧面投影。

由于物体是由一些表面围成的，所以投影主要是作出组成物体的各表面的投影。画图时尽可能使物体的主要表面平行于投影面，其他表面垂直于投影面（如图 5-11(a)，物体的表面 1,2 和背面平行于 V 面，其他表面都与 V 面垂直），这样才能使一些表面的投影反映实形，而另一些表面的投影有积聚性，从而有助于读图和画图。

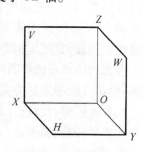

图 5-10　三投影面体系

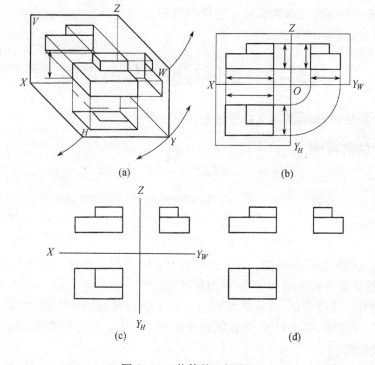

图 5-11　物体的正投影图

为了得到物体的正投影图,需将三个投影面展开成为一个平面。展开的规定如下:

① V 面不动;

② H 面绕 OX 轴向下旋转 $90°$;

③ W 面绕 OZ 轴向后方旋转 $90°$(如图 $5-11$(a)中箭头所示)。

在展开时,OY 轴被拆为两半,在 H 面上的记作 OY_H,在 W 面上的记作 OY_W。图 $5-11$(b)为展开后得到的正投影图。因为在进行投射时,投影面的大小不加任何限制,所以不必画出投影面的边框,如图 $5-11$(c),图 $5-11$(d)是取消投影轴后的情况。

2)物体三投影间的关系

三个投影是从物体的三个方向投射得到的,三个投影之间是有密切的关系的,这主要表现在它们的度量和相互位置上的联系。

每个物体都有长、宽、高三个方向的尺寸,但每个投影只能反映两个方向的尺寸。如图 $5-11$ 所示,V 投影反映长度(X 方向尺寸)和高度(Z 方向尺寸);H 投影反映长度和宽度(Y 方向尺寸);W 投影反映高度和宽度。V 投影和 H 投影都反映同一物体的长度,因此它们的长度应相等;V 投影和 W 投影都反映物体的高度,它们的高度应相等;W 投影和 H 投影都反映物体的宽度,它们的宽度应相等(但要转过 $90°$ 去找相等关系)。

考虑到物体正投影图的形成过程,对它的三个投影之间的相对位置也是有要求的。综合起来,物体三投影间的关系如下:

V、H 两投影:长对正(X 坐标方向);

V、W 两投影:高平齐(Z 坐标方向);

W、H 两投影:宽相等(Y 坐标方向)。

物体的三投影主要是用来表示它的形状和大小,投影轴只能说明物体相对于各投影面的距离,没有投影轴一样能使三投影保持上述投影关系,因此通常不画出投影轴,如图 $5-11$(d)即为常见的物体正投影图的形式。

§5-2 立体与组合体的视图

本节主要介绍绘制、阅读基本立体和组合体的视图。

1. 基本立体的视图

1)基本立体

通常将各种棱柱、棱锥等平面立体和圆柱、圆锥、圆球、圆环等回转曲面立体,称为基本立体,如图 $5-12$ 所示。

2)视图

形体的多面正投影图称为视图。在三面投影体系中可得到物体的三个视图,其中 V 投影称为主视图,H 投影称为俯视图,W 投影称为左视图。

一个形体用几个视图表达,应视需要而定。为了学习视图的作图规律,培养形体想像能力,本节多采用三个视图,即主视图、俯视图和左视图。并规定可见轮廓线用粗实线表示,不可见轮廓线用虚线绘制。

为使图形简明、清晰,在画三视图时,不画投影轴和视图间的投影连线,但主视图与俯视

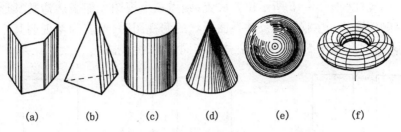

图 5 - 12　基本立体

图应在长度方向对正,主视图与左视图应在高度方向平齐,俯视图与左视图应在宽度方向相等,即:长对正、高平齐、宽相等,称为三视图间的投影规律。图 5 - 13 所示是正五棱柱的三视图。

3）基本立体的视图选择和视图数量

表达一个基本立体,一般需绘制两个或三个视图。如图 5 - 14 中直立放置的正三棱柱、四棱柱、五棱柱、六棱柱、圆柱、圆锥,用两个视图就可以表达清楚。两个视图中,一个视图反映从正面观察立体的形状（主视图）,一个视图反映从顶面观察立体的形状（俯视图）,它们完整地表达了立体的形状特征。

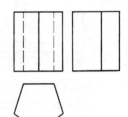
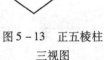

图 5 - 13　正五棱柱三视图

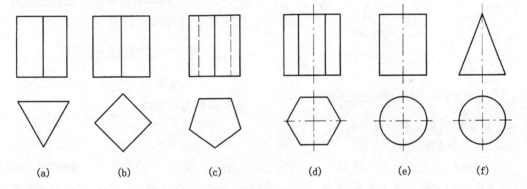

(a)　　　　(b)　　　　(c)　　　　(d)　　　　(e)　　　　(f)

图 5 - 14　基本立体的主、俯视图

若两个视图都反映从侧面观察立体的形状,而无反映从顶面观察立体形状的视图,则用两个视图往往不能清楚地表达立体。如图 5 - 15 所示是六棱柱（图 5 - 15(a)）和圆柱（图 5 - 15(b)）的两个侧面视图,其形状难以理解且不确定。

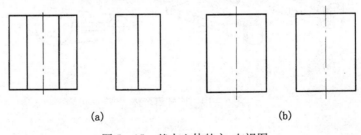

(a)　　　　　　　　　　　(b)

图 5 - 15　基本立体的主、左视图

若将一个四棱柱按图 5 – 16 所示位置放置,则需三个视图才能表达清楚其形状。这是因为若只有反映侧面形状的主视图和反映顶面形状的俯视图时,不能确切说明其立体形状。图 5 – 17 中的两个立体均与图 5 – 16 中的立体有相同的主、俯视图。

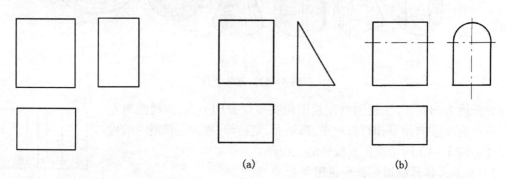

图 5 – 16　长方体的三个视图　　　　　图 5 – 17　与长方体主、俯视图相同的立体

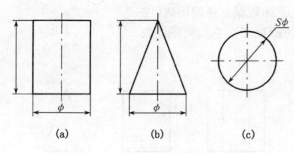

图 5 – 18　带尺寸标注的回转体

综上所述,选择基本立体的视图时,应在完全确切地表达立体形状的前提下采用最少的视图。对于回转体,当标注尺寸之后,仅画出反映界限素线投影的视图就可表达清楚了,如图 5 – 18 所示。

2. 组合体的构成和视图

一些基本立体用切割、堆积等方式构成的整体称为组合体。

1) 组合体的构成和形体分析法

(1) 组合体的构成方式。

组合体的构成方式主要有堆积、切割两种,或综合运用堆积、切割的方式。如图 5 – 19 连杆组合体是由四个简单立体堆积而成。图 5 – 20 所示磁钢组合体是由一个半圆柱经四次切割构成的。

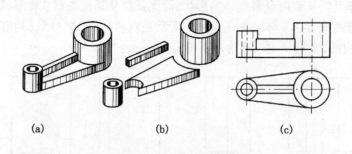

图 5 – 19　连杆组合体

(2) 形体分析法。

按照组合体形状特征,将其分解为若干基本立体或简单立体,并分析其构成方式、相对位

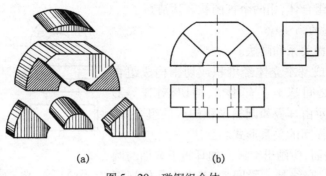

(a)   (b)

图 5-20 磁钢组合体

置的方法称为形体分析法。

如图 5-19(a)连杆组合体,可分解为大圆筒、小圆筒、肋板、连接板四个简单立体(图 5-19(b)),它们的构成方式均为堆积。其中,连接板底面与大、小圆筒底面对齐,侧面相切;肋板左、右端面与大、小圆筒相交,其视图如图 5-19(c)所示。

一个组合体能分为哪些简单立体,如何划分,一方面取决于它自身的形状和结构,另一方面要便于画图和读图。

2) 组合体视图的选择

(1) 主视图的选择。

组合体主视图的选择一般应遵循三个原则:

① 自然放置。按自然稳定或画图简便的位置放置,一般将大平面作为底面;

② 反映特征。选择反映形状及各部分相互关系的特征最多的方向为投射方向;

③ 可见性好。使其他视图中虚线(不可见轮廓)最少。

如图 5-21 所示轴承座,是由轴套、底板、支承板、肋板四个简单立体构成。按自然位置放置,其底面应平行于水平投影面(图 5-21(a))。选择投射方向时应比较 A、B、C、D 四个方向:方向 B、C 均会使组合体的某个视图有较多结构被遮挡,因此不宜作为主视图的投影方向。方向 D 可以反映底板、支承板的特征形状及肋板宽度和它们的相互位置,但形体间的层次不如方向 A 明显;又考虑到便于合理布图,更清楚地展现特征,将尺寸较长的方向作为 X 方向,故综合分析,选择 A 作为主视图的投射方向。

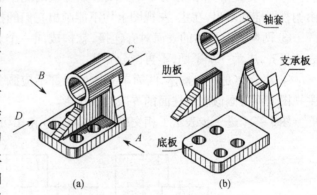

图 5-21 轴承座主视图选择方案

(2) 视图数量的确定。

组合体视图数量的确定,应以能够全部表达各形体间的真实形状和相对位置为原则。如图 5-21 所示轴承座,选定方向 A 作为主视图投射方向后,为了表达支承板的特征形状、肋板厚度以及它们与轴套在前后方向的相互位置需左视图;为了表达底板的两个圆角和四个小孔的位置,俯视图也必不可少;因此该支架需采用三个视图表达。

图 5-22 所示组合体,用两个视图就表达清楚了。

3)组合体视图的画法

组合体相邻表面关系和画法。

一些简单立体或基本立体经堆积或切割构成组合体时,其相邻表面之间基本上有相交、相切、对齐等形式。如图 5-23 所示由耳板和圆筒堆积构成的组合体,分别表现了相邻表面间的关系形式和画法。

① 两相交的表面,应画出交线。如耳板下表面与圆筒的外圆柱面相交,交线是一段圆弧,其实形是俯视图中的虚线弧。

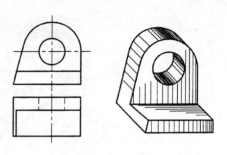

图 5-22　两个视图表达的组合体

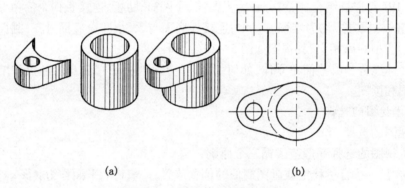

(a)　　　　　　　　　　　　(b)

图 5-23　组合体相邻表面关系

② 两表面相切时,相切处不画线。如耳板的侧平面和圆筒外表面相切,相切处的位置可由俯视图准确求出,在主、左视图上均不能画出它们的投影。

③ 两个简单形体的表面对齐连接,就构成同一个表面了,不画分界线。如耳板和圆筒上表面平齐,成为一个平面,不再画分界线。

④ 组合体是一个整体,两简单立体的内部不应画分界线。如耳板和圆筒已融为一体,在主视图上不再画假想圆柱面的界限素线投影。

图 5-24 进一步表示了相交(图 5-24(a))和相切(图 5-16(b),(c))的画法。

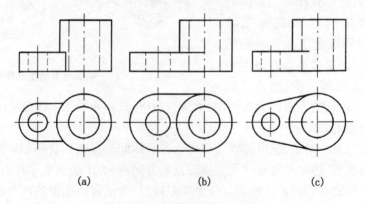

(a)　　　　　　　(b)　　　　　　　(c)

图 5-24　形体表面交线画法

3. 组合体读图

组合体读图是利用正投影原理对给定的视图进行分析、想像出空间物体的整体形状，它是画组合体视图的逆过程。读图中常用形体分析法和线面投影分析法。

1）形体分析读图法

组合体画图和读图都采用形体分析法。画图时将组合体进行形体分解，而读图则是在视图上进行图形分割。首先将一个视图按照轮廓线构成的线框分割成几个平面图形，它们通常是各简单立体表面的投影；然后按照投影规律找出它们在其他视图上对应的图形，从而想像出各简单立体的形状；同时根据图形特点分析出各简单立体间的相对位置及堆积、切割等组成方式，综合想像出整体形状。

如图 5－25 所示两个立体的俯视图相同，可分割成三个封闭图形，中间是矩形，两边是半圆，矩形的宽度等于半圆的直径。3 个图形分别对应着主视图上 3 段水平直线，由于主视图只有一个封闭线框，则想像出该组合体中间是一个长立方体（四棱柱），两侧是与其相切的半圆柱体。图 5－25（a）中间四棱柱体凸，图 5－25（b）中间四棱柱凹。

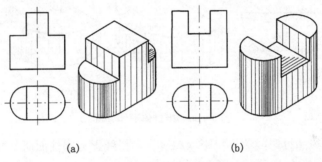

(a)   (b)

图 5－25　形体分析读图

如图 5－26（a）所示三视图，可将主视图分割为上下两个封闭图形。由上边的图形与另两个视图相对应可以想像出其立体形状如图 5－26（b）；下边的图形与另两个视图的对应部分及其立体形状如图 5－26（c）；整体形状如图 5－26（d）。上下两形体后侧面对齐，左右对称分布。其中上图形中的圆形对应着俯、左视图中的虚线，故是孔；若对应的是矩形实线框，就是向前凸起的圆柱。这说明立体的形状通常需要几个视图一起阅读才能确定。

2）线面投影分析读图法

根据视图上的图线和线框，分析所表达的线、面空间形状和位置，以想像立体形状的方法称为线面投影分析法。

（1）视图上图线的含义。

如图 5－27 主视图上各种图线可能表示：

① 表面的积聚性投影。如图线 V，对应着左视图上水平线和俯视图上右边第二个线框，它是水平面的积聚投影。如直线 I 是一条斜线，对应着左、俯视图上的相仿形，所以它是正垂面积聚性投影。图线 II 为圆柱的积聚性投影。

② 表面交线的投影。如图线 III 是两圆柱相贯线的投影。有时可能是两斜面或平面和曲面交线的投影等。

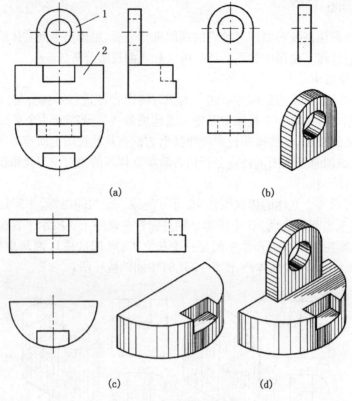

(a)   (b)

(c)   (d)

图 5 - 26   组合体形体分析

③ 曲面界限素线的投影或曲面投影轮廓线。如图线Ⅳ为圆柱面对 V 面界限素线的投影。

（2）视图上线框的含义。

如图 5 - 27 左视图上的线框可能表示：

① 平面的投影，如线框 1 为正垂面的投影。

② 曲面的投影，如线框 2 为圆柱面的投影。

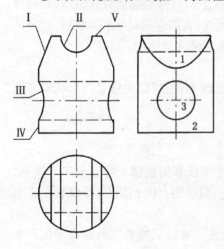

图 5 - 27   组合体线面分析

③ 孔洞的投影，如线框 3 表示通孔。

④ 两相切表面的投影，如图 5 - 25 的主视图只有一个线框，它是平面与圆柱面相切的投影。

凡图形上两相邻的线框，其分界线两侧必定表示不同情况，可有高、低、平、斜、空、实的差别。读图时应对照其他视图，借助投影关系，判断它们的空间状况，切忌仅从一个视图孤立地想像立体形状，必须几个视图联系起来分析。例如图 5 - 27 的俯视图中有五个实线框，当找出它们在主视图上的相应投影后，方能判定两侧的线框为斜面的投影，中间的线框为圆柱面的投影，余下的两个线框则为水平面投影等。

3）组合体读图举例

[**例**] 已知组合体的主、俯视图（图 5 - 28(a)），添

画左视图。

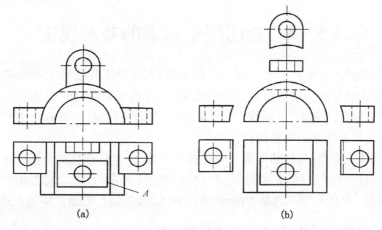

(a)   (b)

图 5 - 28　组合体的两个视图

　　分析：由主、俯视图可以看出，该组合体主要是由堆积方式构成的。对于以堆积方式为主构成的组合体，一般以形体分析法为主想像主体形状，有些细部形状辅以线面投影分析法。

　　读图步骤：

　　（1）分割图形。

　　因一般在主视图上反映特征较多，所以通常首先在主视图上作图形分割。如图 5 - 28（a）所示将主视图分割为五个实线框。

　　（2）形体分析。

　　利用投影关系，把俯视图上与主视图中五个图形对应的投影图形分解出来（图 5 - 28（b）），然后分别想像各部分的立体形状。

　　（3）线面投影分析。

　　当某些部位的形状不易确认时，可辅以线面投影分析。如图 5 - 28（a）中俯视图上的线框 A，是平面还是曲面的投影呢？经分析，它对应着主视图上一段水平虚线投影，则可确定它是凹槽底面（水平面）的投影，其左、右边界直线是水平面与大圆柱面产生的截交线。

　　（4）综合想像。

　　在想出各组成部分的立体形状后，综合出组合体的整体形状（图 5 - 29）。

　　（5）添画左视图。

　　运用投影规律画出左视图（图 5 - 30）。

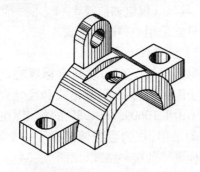

图 5 - 29　组合体的立体图

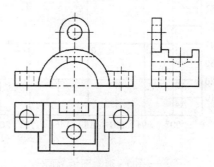

图 5 - 30　组合体的三视图

119

§5－3　制图国家标准的基本规定

工程图样是现代工业生产中必不可少的技术资料,每个工程技术人员均应熟悉和掌握有关制图的基本知识和技能。本节将着重介绍国家标准《技术制图》和《机械制图》中关于"图纸幅面和格式"、"比例"、"字体"、"图线"、"尺寸标注"等有关规定,并简略介绍平面图形的基本作法、尺寸标注及平面图形的构型设计。

为了适应现代化生产、管理的需要和便于技术交流,国家标准机构依据国际标准化组织制定的国际标准,制订并颁布了《技术制图》和《机械制图》国家标准,简称"国标",代号"GB"。本节摘录了"国标"中有关绘图的基本规定,在绘制工程图样时,必须严格遵守这些规定。

1. 图纸幅面和图框格式(GB/T 14689—1993)

1)图纸幅面

绘制图样时,应优先采用表5－1中规定的图纸幅面尺寸。图幅代号分别为 A0、A1、A2、A3、A4 五种。

表 5－1　图纸幅面

幅面代号	A0	A1	A2	A3	A4
$B \times L$	841×1189	594×841	420×594	297×420	210×297
e	20			10	
c	10			5	
a	25				

必要时,可以按规定加长图纸的幅面。幅面的尺寸由基本幅面的短边成整数倍增加后得出,见图5－31。虚线为加长后的图纸幅面。

2)图框格式

在图纸上必须用粗实线画出图框,图样必须绘制在图框内部。其格式分为留有装订边和不留装订边两种,见图5－32 和图5－33,其尺寸规定如前表5－1。同一产品的图样只能采用一种图框格式。

3)标题栏

每张图纸上都必须画有标题栏。标题栏位于图纸的右下角,其格式和尺寸要遵守国标 GB/T 10609.1—1989 的规定,在该标准的附录中,作为参考件列举了一个图例,作为标题栏的统一格式,见图5－34。

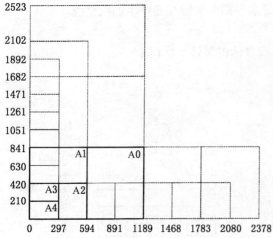

图 5－31　图纸幅面

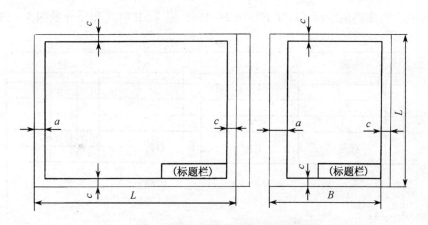

图 5－32　留装订边的图框格式

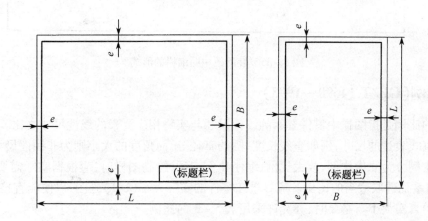

图 5－33　不留装订边的图框格式

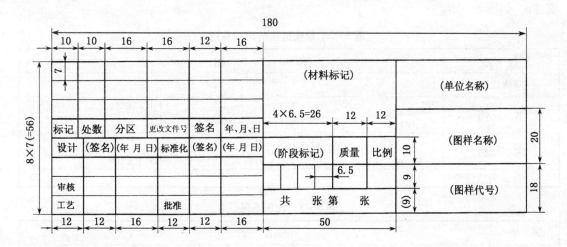

图 5－34　标题栏的形式

装配图中的明细栏由国标 GB/T 10609.2—1989 规定,其格式和尺寸见图 5-35。

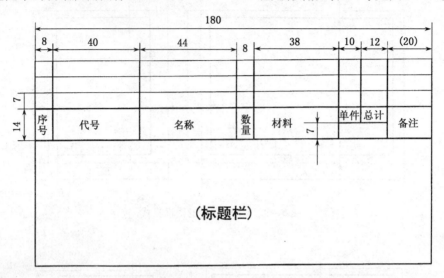

图 5-35　装配图中明细栏的形式

2. 比例(GB/T 14690—1993)

图样的比例是指图样中零件要素的线性尺寸与实物相应要素的线性尺寸之比。线性尺寸是指能用直线表达的尺寸,例如直线长度、圆的直径等,而角度的大小则为非线性尺寸。

图样比例分为原值比例、放大比例、缩小比例三种,绘制图样时,应根据实际需要按表 5-2 中规定的系列选取适当的比例。应尽量按零件的实际大小(1:1)画图,以便能直接从图样上看出零件的真实大小。必要时,亦允许采用表 5-3 的比例。

绘制同一零件的各个视图应采用相同的比例,并在标题栏的比例一栏中标明。当某个视图需要采用不同的比例时,必须另行标注。应注意,不论采用何种比例绘图,尺寸数值均按原值注出,如图 5-36。

表 5-2　优先选用的比例系列

种　类	比　例		
原值比例	1:1		
放大比例	2:1 $2 \times 10^n:1$	5:1 $5 \times 10^n:1$	$1 \times 10^n:1$
缩小比例	1:2 $1:2 \times 10^n$	1:5 $1:5 \times 10^n$	1:10 $1:1 \times 10^n$
注:n 为正整数			

表 5-3　比例系列

种　类	比　例					
放大比例	4:1		$4 \times 10^n:1$		2.5:1	$2.5 \times 10^n:1$
缩小比例	1:3	$1:3 \times 10^n$	1:4	$1:4 \times 10^n$	1:6	$1:6 \times 10^n$
注:n 为正整数						

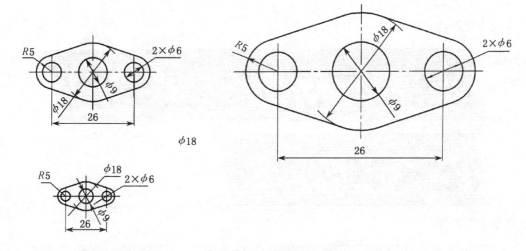

图 5 – 36 比例

3. 字体（GB/T 14691—1993）

图样中的字体书写必须做到:字体工整、笔画清楚、间隔均匀、排列整齐。

字体高度（用 h 表示,单位为 mm）的公称尺寸系列为:

| 1.8 | 2.5 | 3.5 | 5 | 7 | 10 | 14 | 20 |

如需书写更大的字,其字体高度应按 $1:\sqrt{2}$ 的比率递增,字体高度代表字的号数。

1）汉字

汉字应写成长仿宋体字,并采用中华人民共和国国务院正式公布推行的《汉字简化方案》中规定的简化字。汉字的高度 h 不应小于 3.5 mm,其字宽一般为 $h/\sqrt{2}$。

2）数字和字母

数字和字母分为 A 型和 B 型。A 型字体的笔划宽度（d）为字高（h）的十四分之一;B 型字体的笔划宽度 d 为字高 h 的十分之一。数字和字母均可写成斜体或直体,斜体字字头向右倾斜,与水平线成约 75°角。在同一张图样上,只允许选用一种型式的字体。

阿拉伯数字书写示例:

A 型斜体

罗马数字书写示例:

B 型直体

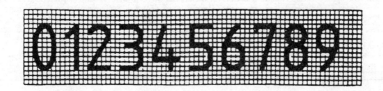

字母书写示例：

A 型小写斜体

B 型大写斜体

4. 图线（GB/T 17450—1998）

国家标准规定了技术制图所用图线的名称、型式、结构、标记及画法规则。它适用于各种技术图样，如机械、电气、土木工程图样等。

1）线型

国家标准规定了绘制各种技术图样的 15 种基本线型，以及线型的变形和相互组合。

表 5-4 和图 5-37 给出了机械制图中常用的几种线型的名称、画法和应用。

表 5-4 线型

线型名称和表示	应 用
细实线	尺寸线、尺寸界线、指引线、剖面线等
粗实线	可见轮廓线、螺纹牙顶线、螺纹终止线、剖切符号用线等
细虚线	不可见轮廓线
粗虚线	允许表面处理的表示线
细点画线	中心线、对称线、分度圆线等
粗点画线	限定范围表示线
细双点画线	假想轮廓线、极限位置轮廓线等
波浪线	断裂边界线

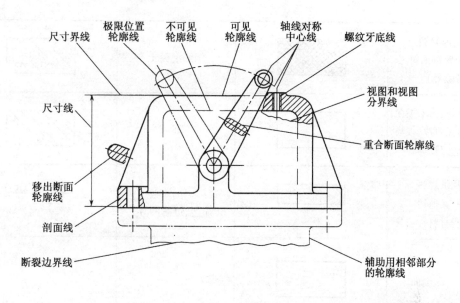

图 5-37 各种线型的应用

2）图线宽度（d）

国家标准规定了 9 种图线宽度。绘制工程图样时所有线型宽度应在下面系列中选择：

0.13，0.18，0.25，0.35，0.5，0.7，1，1.4，2 mm。

同一张图样中，相同线型的宽度应一致，如有特殊需要，线宽应按 $\sqrt{2}$ 的级数派生。

国家标准规定图线宽度的比率为：

粗线：中粗线：细线 =4：2：1

机械制图当中采用两种线宽，其比例关系为2：1。

5. 剖面符号（GB/T 4457.5—1984）

在剖视图和剖面图中，应根据零件的不同材料，采用表 5-5 中所规定的剖面符号。

表 5-5　剖面符号

金属材料 （已有规定剖面符号 者除外）		木质胶合板 （不分层数）	
线圈绕组元件		基础周围的泥土	
转子、电枢、变压器 和电抗器等迭钢片		混凝土	

非金属材料 （已有规定剖面符号 者除外）		钢筋混凝土	
型砂、填砂、粉末冶金 砂轮、陶瓷刀片、硬质 合金刀片等		砖	
璃及供观察 用的其他透 明材料		格网 （筛网、过滤网等）	
木材	纵剖面	液　体	
	横剖面		

（1）剖面符号仅表示材料类别，材料的名称和代号必须另行注明。

（2）迭钢片的剖面线方向，应与束装中迭钢片的方向一致。

（3）液面用细实线绘制。

6. 尺寸注法

在图样中，除需表达零件的结构形状外，还需标注尺寸，以确定零件的大小。因此，尺寸也是图样的重要组成部分，尺寸标注是否正确、合理，会直接影响图样的质量。为了便于交流，国家标准 GB 4458.4—1984 对尺寸标注的基本方法做了一系列规定，在绘图过程中必须严格遵守。

1）基本规则

（1）图样中（包括技术要求和其他说明）的尺寸，以毫米为单位时，不需标注计量单位的名称或符号；如采用其他单位，则必须注明相应计量单位的名称或符号，如 30 m,35°等。

（2）图样上所注尺寸数值为零件的真实大小，与图形的大小和绘图的准确度无关。

（3）零件的每一个尺寸，在图样中一般只标注一次。

（4）图样中所注的尺寸，为该零件的最后完工尺寸，否则应另加说明。

2）尺寸要素

（1）尺寸界线。

尺寸界线表示所注尺寸的起止范围，用细实线绘制，并由图形的轮廓线、轴线或对称中心线引出。也可以直接利用轮廓线、轴线或对称中心线作为尺寸界线,如图 5 - 38(a)所示。尺寸界线应超出尺寸线约 2 ~ 3 mm。尺寸界线一般应与尺寸线垂直,必要时才允许倾斜。

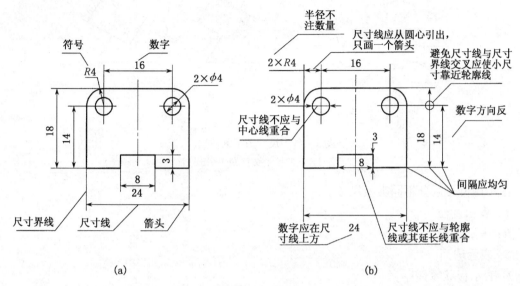

图 5 - 38　尺寸注法

(2)尺寸线。

尺寸线用细实线绘制。标注线性尺寸时,尺寸线必须与所标注的线段平行,相同方向的各尺寸线之间的距离要均匀,间隔应大于 5 mm。尺寸线不能用图上的其他线所代替,也不能与其他图线重合或在其延长线上,并应尽量避免与其他的尺寸线或尺寸界线相交叉。如图 5 - 38(b)的标注。

尺寸线终端可以有以下两种形式:

箭头:箭头的形式如图 5 - 39(a)所示,适用于各种类型的图样。箭头尖端与尺寸界线接触,不得超出或离开,如图 5 - 39(b)、(c)所示。

斜线:斜线用细实线绘制。其画法如图 5 - 40 所示。

当尺寸线的终端采用斜线时,尺寸线与尺寸界线必须垂直。

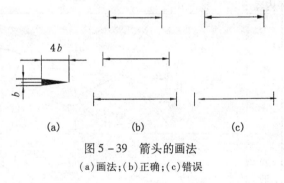

图 5 - 39　箭头的画法
(a)画法;(b)正确;(c)错误

当尺寸线与尺寸界线相互垂直时,同一张图样中只能采用一种尺寸线终端形式。当采用箭头时,在位置不够的情况下,允许用圆点或斜线代替箭头,如表 5 - 6 所示"狭小部位"的示例。

(3)尺寸数字。

线性尺寸的数字一般注写在尺寸线的上方。也允许注写在尺寸线的中断处。线性尺寸数字的书写方向应按图 5 - 41(a)所示进行注写,并尽可能避免在图示 30°范围内注写尺寸,无法避免时,可按图 5 - 41(b)的形式标注。

图 5 - 40　尺寸线终端的画法

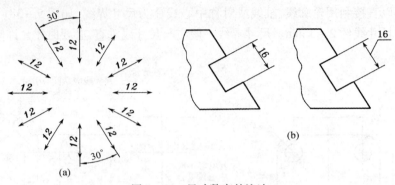

图 5-41　尺寸数字的注法

（a）各种方向的尺寸数字；（b）引出注法

图中用符号区分不同类型尺寸。

ϕ：表示直径

R：表示半径

S：表示球面

t：表示板状零件厚度

L：表示斜度

×：连字符

3）标注示例

表 5-6 列出国标规定的尺寸标注的范例。

表 5-6　尺寸标注示例

标注内容	图　　例	说　　明
角度		1）角度尺寸界线沿径向引出 2）角度尺寸线画成圆弧，圆心是该角顶点 3）角度尺寸数字一律写成水平方向
圆的直径		1）直径尺寸应在尺寸数字前加注符号"ϕ" 2）尺寸线应通过圆心，尺寸线终端画成箭头 3）整圆或大于半圆注直径
大圆弧		当圆弧半径过大在图纸范围内无法标出圆心位置按左图形式标注；若不需标出圆心位置按右图形式标注

128

标注内容	图 例	说 明
圆弧半径	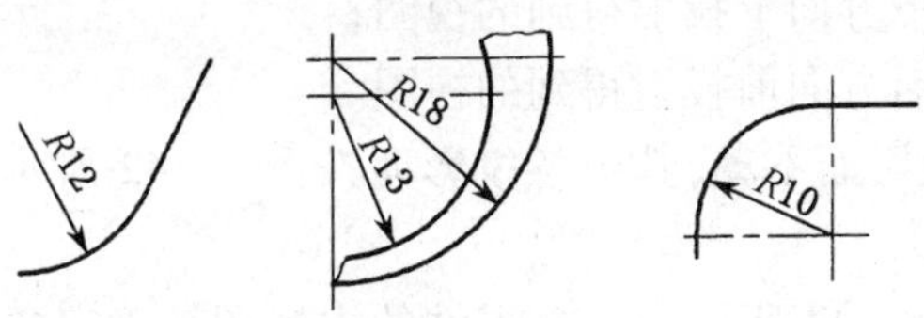	1)半径尺寸数字前加注符号"R" 2)半径尺寸必须注在投影为圆弧的图形上,且尺寸线应通过圆心 3)半圆或小于半圆的圆弧标注半径尺寸
狭小部位	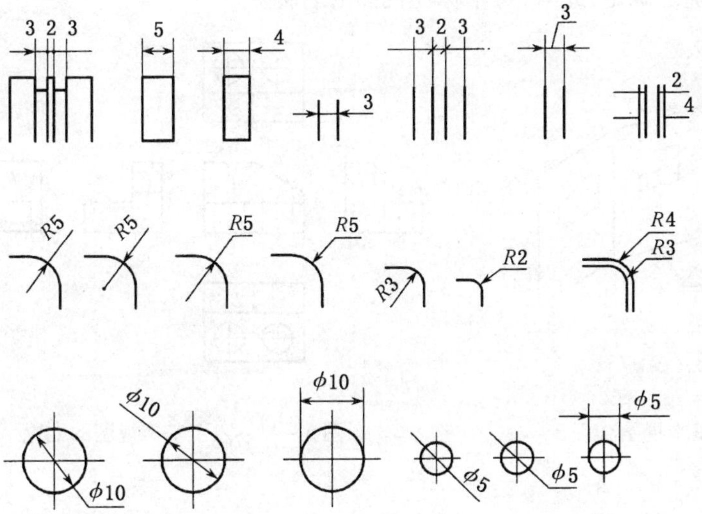	在没有足够位置画箭头或注写数字时,可按左图的形式标注

§5-4 图样画法

在生产实际中,由于零件的作用不同,结构形状是多种多样的。为了正确、完整、清晰地表达零件内部和外部的结构形状,《技术制图》国家标准 GB/T 17451~3—1998《图样画法》中规定了绘制图样的基本方法。

本节将介绍视图、剖视图、断面图、局部放大图以及其他规定画法和简化画法。

1. 视图

视图主要用于表达零件的外部结构和形状。为了便于看图,视图一般只画出零件的可见部分,必要时才用虚线表达其不可见部分。

视图的种类有基本视图、向视图、局部视图和斜视图。

1)基本视图

为了分别表达零件上下、左右、前后六个方向的结构形状,标准中规定:用正六面体的六个面作为六个投影面,称为基本投影面。将零件置于六面体中间,分别向各投影面进行正投射,得到六个基本视图:

主视图(A 视图)——由物体的前方向后投射得到的视图;

俯视图（*B* 视图）——由物体的上方向下投射得到的视图；

左视图（*C* 视图）——由物体的左方向右投射得到的视图；

右视图（*D* 视图）——由物体的右方向左投射得到的视图；

仰视图（*E* 视图）——由物体的下方向上投射得到的视图；

后视图（*F* 视图）——由物体的后方向前投射得到的视图。

六个投影面展开时，规定正立投影面不动，其余各投影面按图 5 – 42 所示的方向，展开到正立投影面所在的平面上。

六个基本视图的配置关系如图 5 – 43 所示。一旦零件的主视图被确定之后，其他基本视图与主视图的配置关系也随之确定，此时，可不标注视图的名称。

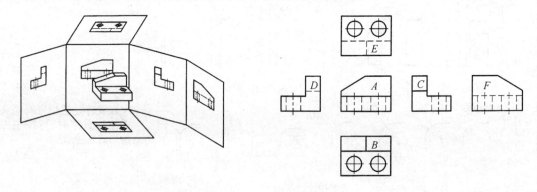

图 5 – 42   六个基本视图   图 5 – 43   六个基本视图的配置

2）向视图

向视图是可以自由配置的视图。其表达方式如图 5 – 44 所示。在向视图的上方标注"×"（"×"为大写拉丁字母）；在相应视图的附近用箭头指明投射方向，并标注相同的字母。

3）局部视图

当零件在平行于某基本投影面的方向上仅有某局部结构形状需要表达，而又没有必要画出其完整的基本视图时，可将零件的局部结构形状向基本投影面投射，这样得到的视图，称为局部视图，如图 5 – 45 所示。

局部视图的画法和标注应符合如下规定：

（1）局部视图的断裂边界应以波浪线或双折线表示，如图 5 – 45（a）中的 *A* 视图及 5 – 45（b）。

（2）当表示的局部结构外形轮廓线呈完整封闭图形时，波浪线可省略不画，如图 5 – 45（a）中的 *B* 视图。

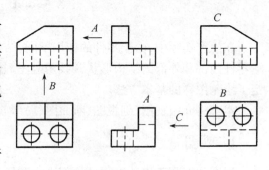

图 5 – 44   向视图

4）斜视图

当零件具有倾斜结构，如图 5 – 46（a），其倾斜表面在基本视图上既不反映实形，又不便于标注尺寸。为了表达倾斜部分的真实形状，可按换面法的原理，选择一个与零件倾斜部分平行，并垂直于一个基本投影面的辅助投影面，将该倾斜部分的结构形状向辅助投影面投影，这样得到的视图称为斜视图，如图 5 – 46（b）的 *A* 视图。

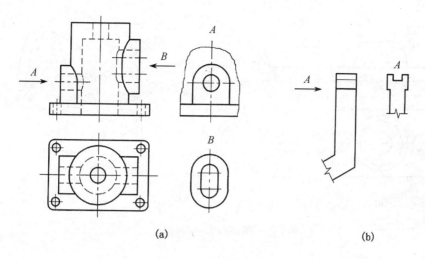

(a)   (b)

图 5 – 45　局部视图

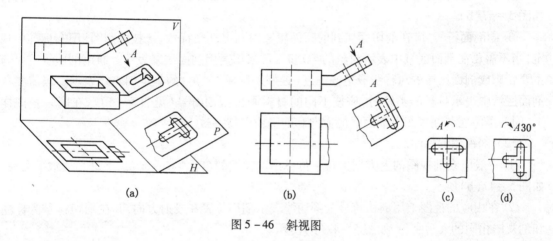

(a)   (b)   (c)   (d)

图 5 – 46　斜视图

斜视图上反映零件倾斜部分的实形,而不需表达的部分,可省略不画,用波浪线或双折线断开,如图 5 – 46(b)的 A 视图。

2. 剖视图

如前所述,零件上不可见的结构形状,规定用虚线表示,如图 5 – 47(a)所示。当零件内部形状较复杂时,则视图上虚线过多,给读图和标注尺寸增加困难,为了清晰地表达零件内部形状,国家标准规定采用剖视图来表达。

1) 剖视的基本概念和剖视图的画法

如图 5 – 47(c)所示,假想用剖切面剖开机件,将位于观察者和剖切面之间的部分移去,而将其余部分向投影面投射所得的图形称为剖视图。如图 5 – 47(b)中的主视图。

(1) 剖视图的画法:

① 确定剖切面的位置,一般常用平面作为剖切面(也可用柱面)。画剖视图时,首先要选择恰当的剖切位置。为了表达零件内部的真实形状,剖切平面一般应通过零件内部结构的对称平面或孔的轴线,并平行于相应的投影面,如图 5 – 47(c),剖切面为正平面且通过零件的前

131

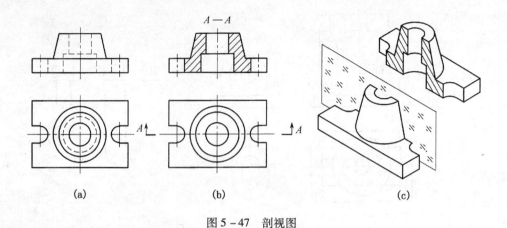

图 5 - 47　剖视图

后对称平面。

②　画剖视图,剖切平面剖切到的零件断面轮廓和其后面的可见轮廓线,都用粗实线画出,如图 5 - 47(b)。

③　画剖面符号,应在剖切面切到的断面轮廓内画出剖面符号。《技术制图》国家标准中规定,当不需要在剖面区域中表示材料的类别时,可采用通用剖面线来表示。通用剖面线应以与主要轮廓或剖面区域的对称线成适当角度(最好采用成45°角)的等距细实线表示。当需要在剖面区域中表示材料的类别时,应按不同的材料画出剖面符号(见表 5 - 5)。在同一张图样上,同一零件在各剖视图上剖面线的方向和间隔应保持一致。

(2) 剖视图的标注。

①　一般应在剖视图的上方用大写字母标出剖视图的名称"×—×"。字母必须水平书写,如图 5 - 47(b)所示。

②　在相应的视图上用剖切符号及剖切线表示剖切位置和投射方向,并在剖切符号旁标注和剖视图相同的大写字母,如图 5 - 47(b)所示。

(3) 画剖视图应注意的问题。

①　假想剖切。剖视图是假想把零件剖切后画出的投影,目的是清晰地表达零件的内部结构,仅是一种表达手段,其他未取剖视的视图应按完整的零件画出,如图 5 - 48(b)中的俯视图。

②　虚线处理。为了使剖视图清晰,凡是其他视图上已经表达清楚的结构形状,其虚线省略不画。

③　剖视图中不要漏线,剖切平面后的可见轮廓线应画出。

2) 剖视图的种类和应用

《技术制图》国家标准 GB/T 17452—1998 中规定:剖视图可分为全剖视图、半剖视图和局部剖视图。

(1) 全剖视图。

用剖切面将零件完全剖开后所得的剖视图称为全剖视图,如图 5 - 48 所示。

全剖视图主要用于表达内部形状比较复杂的零件,如图 5 - 48(b)中的俯视图、图 5 - 47(b)中的主视图。

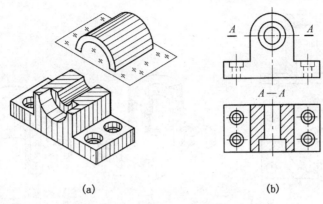

(a)   (b)

图 5 – 48　全剖视图

（2）半剖视图。

当零件具有对称平面时，在垂直于对称平面的投影面上的投影所得的图形，可以对称中心线为分界，一半画成剖视图以表达内形，另一半画成视图以表达外形，称为半剖视图，如图 5 – 49 所示。

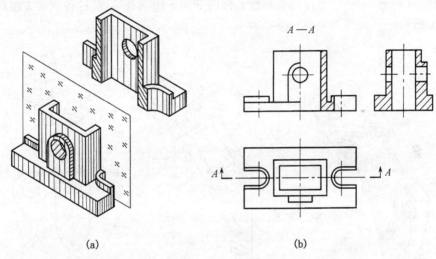

(a)   (b)

图 5 – 49　半剖视图

半剖视图主要用于内、外形状都需要表示的对称零件。有时，零件的形状接近于对称，且不对称部分已另有图形表达清楚时，也可画成半剖视图，以便将零件的内外形状结构简明地表达出来。

（3）局部剖视图。

用剖切面将零件局部剖开，并通常用波浪线表示剖切范围，所得的剖视图称为局部剖视图，如图 5 – 50（b）的主视图。

3）剖切面的种类

根据物体的结构特点，GB/T 17452—1998 中规定可选择以下三种剖切面剖开零件以获得上述三种剖视图。

（1）单一剖切面。

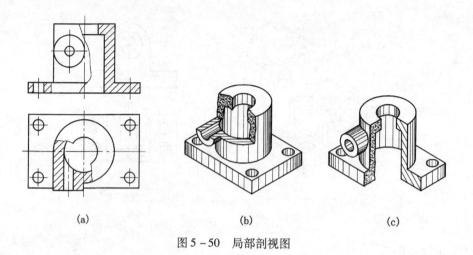

图 5-50 局部剖视图

单一剖切平面有两种情况:

一种是用一个平行于某基本投影面的平面作为剖切平面。这种剖切形式应用较多,如上述的全剖视图、半剖视图、局部剖视图都是采用这种剖切平面剖切的。

另一种是用一个不平行于任何基本投影面的剖切平面剖开零件,这种剖切方法称为斜剖,如图 5-51 所示。

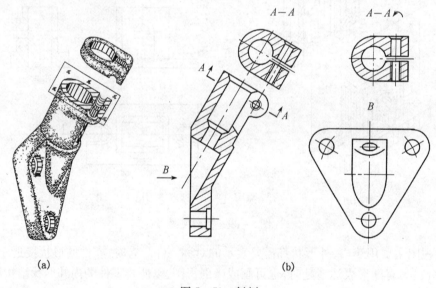

图 5-51 斜剖

(2)几个平行的剖切平面。

几个平行的剖切平面可能是两个或两个以上,各剖切位置符号的转折处必须是直角。用几个平行的剖切平面剖开零件的方法通常称为阶梯剖。

阶梯剖适用于表达零件内形层次较多,用一个剖切平面不能同时剖到几个内形结构的情况,如图 5-52 所示零件就采用了两个互相平行的剖切平面剖开零件,这样就可把零件的内部结构都表达清楚。

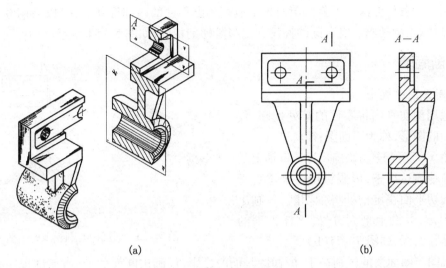

(a)   (b)

图 5 - 52 几个平行的剖切面

采用阶梯剖画剖视图时,虽然各平行的剖切平面不在一个平面上,但剖切后所得到的剖视图应看作是一个完整的图形,在剖视图中,不能画出各剖切平面的分界线。同时,要正确选择剖切平面的位置,在图形内不应出现不完整的要素。

(3)几个相交的剖切面。

几个相交的剖切面必须保证其交线垂直于某一基本投影面,如图 5 - 53 所示。

① 两相交的剖切平面。用两相交的剖切平面剖开零件的方法通常称之为旋转剖,如图 5 - 53。

采用这种剖切方法画剖视图时,先假想按剖切位置剖开零件,然后将被剖切面剖开的结构及有关部分旋转到与选定的投影面平行后再进行投影。在剖切平面后的其他结构一般应按原来的位置投影(图 5 - 53 中的油孔)。

旋转剖可用于表达轮、盘类零件上的一些孔、槽等结构,也可用于表达具有公共轴线的非回转体零件。

② 几个相交的剖切平面和柱面。将用几个相交的剖切平面和柱面剖开零件的方法通常称为复合剖,如图 5 - 54 所示。

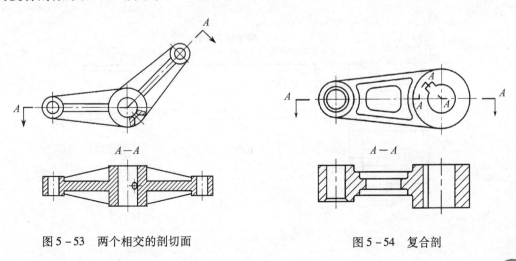

图 5 - 53 两个相交的剖切面   图 5 - 54 复合剖

当用以上各种方法都不能简单而集中地表示出零件的内部形状时,可以采用复合剖剖开零件,然后画出剖视图。复合剖的标注规定与阶梯剖相同,如图 5 - 54 所示。

3. 断面图

1) 断面图的概念

假想用剖切平面将零件的某处切断,仅画出断面的图形,称为断面图,简称断面。

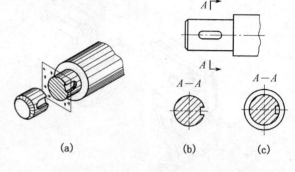

如图 5 - 55(a) 所示的轴,为了将轴上的键槽清晰地表达出来,可假想用一个垂直于轴线的剖切平面在键槽处将轴切断,只画出断面的图形,并画上剖面符号,这样得到的图形就是断面,如图 5 - 55(b) 所示。

剖视图与断面图的区别在于:断面图是面的投影,仅画出断面的形状;而剖视图是体的投影,要将剖切面之后结构的投影画出,如图 5 - 55(c) 所示。

图 5 - 55　断面图与剖视图的区别

2) 断面图的种类

断面图可分为移出断面图和重合断面图两种。

(1) 移出断面图。

画在视图之外的断面图称为移出断面图。移出断面图的轮廓线用粗实线绘制,如图 5 - 56(b) 所示。

移出断面图应尽量配置在剖切面迹线或剖切符号的延长线上,如图 5 - 56(a)、(b) 所示。也可以配置在其他适当的位置,如图 5 - 55(b) 所示。

(2) 重合断面图。

画在视图之内的断面图称为重合断面图。

重合断面图的轮廓线用细实线绘制。当视图中轮廓线与重合断面图的图形重叠时,视图中的轮廓线仍应连续画出,不可间断,如图 5 - 57(b)、(c)。

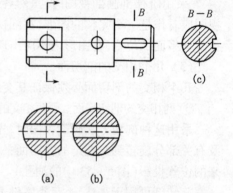

图 5 - 56　移出断面图

为了得到断面的真实形状,剖切平面一般应垂直于零件上被剖切部分的轮廓线,如图 5 - 57(a)。

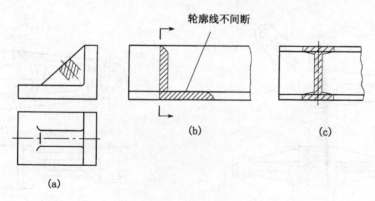

图 5 - 57　重合断面图

4. 局部放大图

为了把零件上某些结构在视图上表达清楚,可以将这些结构用大于原图形所采用的比例画出,这种图形称为局部放大图,如图5－58所示。

局部放大图可画成视图、剖视图、断面图,它与被放大部分的表达方式无关。当零件上某些细小结构在原图形中表达不清或不便于标注尺寸时,就可采用局部放大图。

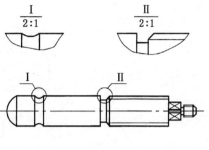

绘制局部放大图时,应用细实线圆或长圆来圈出被放大的部位,并应尽量把局部放大图配置在被放大部位的附近。当同一零件上有几个被放大的部位时,必须用罗马数字依次标明被放大的部位,并在局部放大图的上方标注出相应的大写罗马数字和采用的比例,如图5－58。当零件上被放大的部位仅一个时,在局部放大图的上方只需注明所采用的比例。

图5－58 局部放大图

5. 简化画法

简化画法是在不妨碍将零件的形状和结构表达完整、清晰的前提下,力求制图简便、看图方便而制定的,以减少绘图工作量,提高设计效率及图样的清晰度,加快设计进程。

简化画法的应用比较广泛,现将一些比较常用的介绍如下:

(1)对于零件上的肋、轮辐及薄壁等,如按纵向(剖切平面平行于它们的厚度方向)剖切时,这些结构都不画剖面符号,而且用粗实线将它与其相邻部分分开,如图5－59(b)的左视图及图5－60中主视图上的肋。

但若按横向(剖切平面垂直于肋、轮辐及薄壁厚度方向)剖切时,这些结构应按规定画出剖面符号,如图5－59(b)的俯视图。

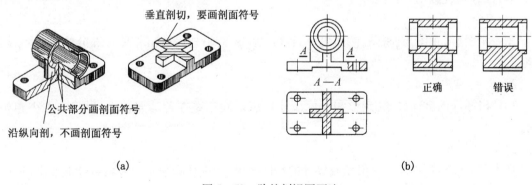

图5－59 肋的剖视图画法

(2)当零件回转体上均匀分布的肋、轮辐和孔等结构不处于剖切平面上时,可将这些结构旋转到剖切平面上按对称形式画出,如图5－60(a)所示。注意图5－60(b)是错误的。

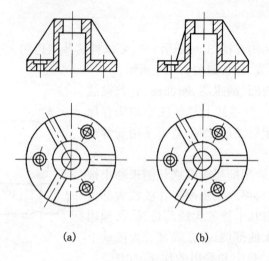

(a)   (b)

图 5 – 60 均匀分布的孔、肋的剖视图画法

§5 – 5 零件图

任何机器或部件都由零件装配而成。表达单个零件的图样称为零件图,它是制造和检验零件的主要依据,是设计和生产过程中的主要技术资料。

本节介绍阅读零件图的方法,包括零件的表达方法、尺寸注法及技术要求。

1. 零件图的内容

图 5 – 61 所示为曲轴的零件图。

零件图一般包括下列内容:

1）图形

用一组图形（视图、剖视图、断面图等）正确、完整、清晰地表达出零件各部分的内、外结构形状。

2）尺寸

标注出零件的全部尺寸（定形和定位尺寸）,用以确定零件各部分结构、形状的大小和相对位置。

3）技术要求

技术要求包括对零件几何形状及尺寸的精度要求、表面质量要求以及材料性能要求等,如尺寸公差、形状和位置公差、表面粗糙度、热处理、表面处理以及其他制造、检验、试验等方面的要求,一般应采用规定的代号、符号、数字和字母等标注在图上。需用文字说明的,可在图样右下方空白处注写。

4）标题栏

标题栏画在图框的右下角,需填写零件名称、材料、数量、比例、编号、制图和审核者的姓名、日期等。

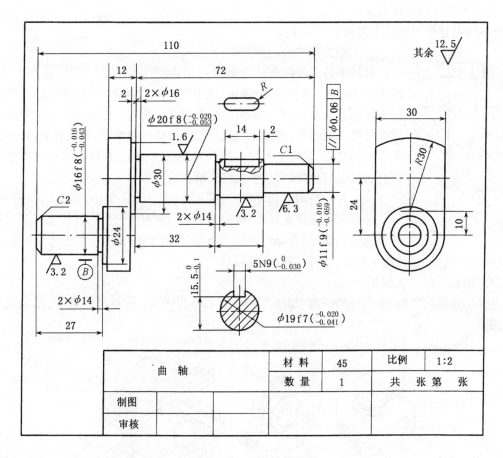

图 5-61 曲轴的零件图

2. 零件的合理结构

在阅读零件图时,应首先了解零件在部件中的功能和相邻零件的关系;从而想像出该零件是由什么几何形体构成的,在主要分析几何形状的过程中同时分析考虑尺寸、工艺结构、材料等。

1) 保证零件的功能

部件有着确定的功能和性能指标,而零件是组成部件的基本单元,所以每个零件都有一定的作用。例如具有支撑、传动、连接、定位、密封等一项或几项功能。

零件的功能是确定零件主体结构形状的主要依据之一。如图 5-62 所示轴承底座零件,一般应具有支撑整个部件,并通过它将部件安装在机器上的作用。由此要求底座应有足够的底面,以使整个部件的重心落在底面之内,获得平衡稳定,如果采用螺栓连接,应有一组供螺栓穿过的孔,这样,底座底板部分的主体结构形状就基本确定了。

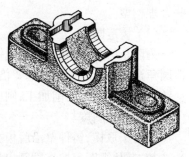

图 5-62 轴承底座

2）考虑整体相关的关系

整体相关包括下列几个方面：

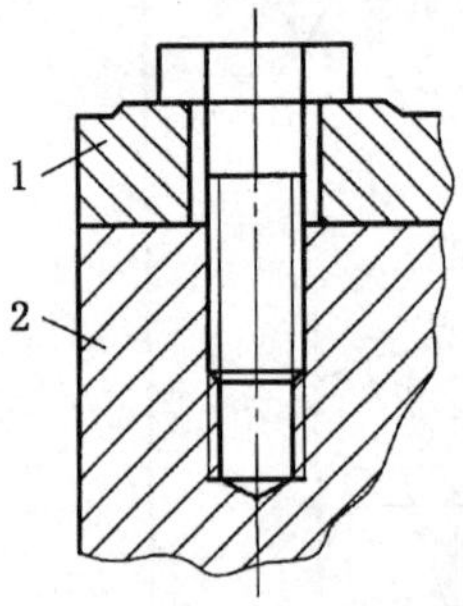

（1）相关零件的结合方式。

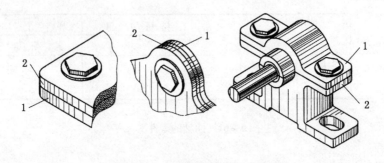

部件中各零件间按确定的方式结合起来，应结合可靠，拆装方便。两零件的结合可能是相对静止，也可能是相对运动的；相邻零件某些部位要求相互靠紧，另有些部位则必须留有空隙等。因此零件上需要有相应的结构。如图 5-63 所示螺钉连接，为使连接牢固，端面靠紧，且便于调整和拆装，应在件 1 上做出凸台并经切削加工，在件 1 上还必须做出通孔，以供螺钉穿过和调整用的足够大的空隙。

（2）外形与内形相呼应。

图 5-63　螺钉连接

零件间往往存在包容、被包容关系，若内形为柱面，外形也应是相应的柱面或柱面的一部分；内形为方形，外形也应是相应的方形。一般应内外相应，且壁厚均匀，便于制造、节省材料、减轻重量。

（3）相邻零件形状相互协调。

尤其是外部的零件，形状应当一致，如图 5-64 所示零件 1、2。这样外观统一，给人以整体美感。

图 5-64　相邻零件形状相互协调

3）符合工艺要求的结构

确定了零件的主体结构之后，考虑到制造、装配、使用等问题，零件的细部构型也必须合理。一般地说，工艺要求是确定零件局部结构型式的主要依据之一。以下是零件上常用的一些合理构型。

（1）铸造圆角。

为防止铸造砂型落砂，避免铸件冷却时产生裂纹，两铸造表面相交处均应以圆角过渡。铸造圆角半径一般取壁厚的 0.2 倍~0.4 倍。同一铸件上的圆角半径种类应尽可能减少。两相交铸造表面之一经切削加工，则应画成尖角如图 5-65 所示。

（2）起模斜度。

为便于取模，铸件壁沿脱模方向应设计出起模斜度。斜度不大的结构，如在一视图中已表达清楚，其他视图可按小端画出如图 5-66 所示。

（3）壁厚均匀。

为避免铸件冷却时产生内应力而造成裂纹或缩孔，铸件壁厚应尽量均匀一致，不同壁厚间应均匀过渡如图 5-67 所示。

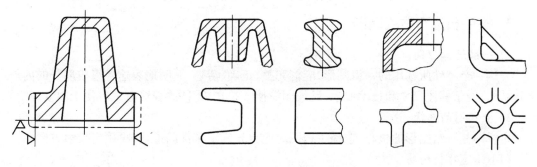

图 5 – 65　铸造圆角　　　　　图 5 – 66　起模斜度　　　　　图 5 – 67　壁厚均匀

（4）凹槽和凸台。

为了保证加工表面的质量，节省材料，降低制造费用，应尽量减少加工面。常在零件上设计出凸台、凹槽、凹坑或沉孔如图 5 – 68 所示。

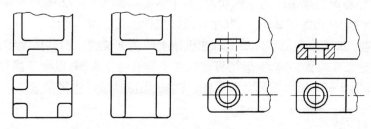

图 5 – 68　凹槽和凸台

（5）倒角。

为便于装配，且保护零件表面不受损伤，一般在轴端、孔口、台肩和拐角处加工出倒角如图 5 – 69 所示。

（6）退刀槽与砂轮越程槽。

为在加工时便于退刀，且在装配时与相邻零件保证靠紧，在轴肩处应加工出退刀槽或砂轮越程槽如图 5 – 70 所示。

（7）钻孔。

应使钻头轴线垂直于零件表面，以保证钻孔精度，避免钻头折断。在曲面、斜面上钻孔时，一般应在孔端做出凸台、凹坑或平面如图 5 – 71 所示。

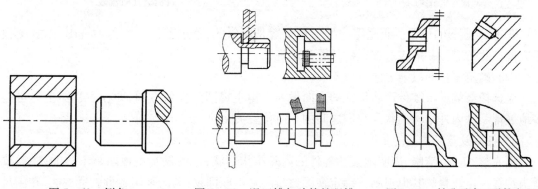

图 5 – 69　倒角　　　　图 5 – 70　退刀槽与砂轮越程槽　　　　图 5 – 71　钻孔垂直于零件表面

3. 零件表达方案的选择

1) 一般选择原则

表达一个零件所选用的一组图形,应能完整、正确、清晰、简明地表达各组成部分的内外形状和结构,便于标注尺寸和技术要求,且绘图简便。总之,零件的表达方案应便于阅读和绘制。

2) 主视图的选择

主视图是一组图形的核心,选择主视图时应首先确定零件的位置,再确定投射方向。

(1) 确定零件位置。

在一般情况下,确定零件位置的原则是:回转体类(如:轴类、盘盖类)零件,主视图应选加工位置;非回转体类零件(如箱体类、叉架类等加工方法和加工位置多样的零件),主视图应选工作位置;倾斜安装的零件,为便于画图、主视图应选放正的位置。

① 工作位置。工作位置是零件在机器中的安装和工作时的位置。主视图的位置和工作位置一致,能较容易地想像零件的工作状况,便于阅读。如图5-72所示起重机吊钩(图5-72(a))和汽车前拖钩(图5-72(b)),其主视图按工作位置绘制。

② 加工位置。加工位置是零件加工时在机床上的装夹位置。回转体类零件,主要在车床上加工,因此不论工作位置如何,一般均将轴线水平放置画主视图,以便于操作者在加工时图物直接对照。如图5-73所示轴和盘盖零件,其主视图应选轴线水平位置。

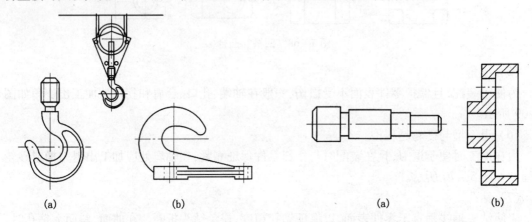

(a)	(b)	(a)	(b)

图5-72 主视图的位置应和工作位置一致　　　　图5-73 主视图的位置应和加工位置一致
　　(a)起重机吊钩;(b)汽车前拖钩　　　　　　　　　　(a)轴;(b)盘盖

③ 便于画图的位置。有些零件的工作位置是倾斜的,若选工作位置为主视图,则画图很不方便。此类零件一般应选放正的位置为主视图。

(2) 确定零件的投射方向。

应选择最能反映零件形体特征的方向做为获得主视图的投射方向,即在主视图上尽可能多地展现零件内外结构形状及它们之间的相对位置关系。

3) 视图数量

要完整、正确、清晰、简明地表达零件的内外结构形状,一般仅有主视图是不够的,还需要适当选择一定数量的其他视图。确定视图数量的基本原则是:灵活采用各种表达方法,在满足完整、正确、清晰地表达零件的前提下,使视图(图形)数量尽可能少。

零件的结构形状多种多样,但大体可分为回转体和非回转体两大类。

（1）回转体类零件。

回转体类零件一般指轴、套、轮、盘等。在主视图上将主体轴线水平放置（加工位置），必要时再用一些断面图、局部剖视图、局部放大图等辅助图形表达局部结构形状。

图5－74所示轴零件,除主视图外,又采用了断面图、局部放大图、局部剖视图以表达键槽、销孔、退刀槽等局部结构。

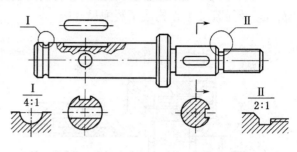

图5－74　轴零件

（2）非回转体类零件。

非回转体类零件一般指叉架、箱体等。此类零件结构形状一般都较复杂,加工表面及其加工方法也较多,其主视图一般选择工作位置或选放正的位置。另外再选用两、三个或更多的基本视图及辅助图形表示。

图5－75所示拨叉零件采用了主、俯两个基本视图表达主要形体。为表达内部形状,主视图画成全剖视图。此外,还采用了"$A－A$"断面图 、"B"向视图两个辅助图形表达其局部结构。

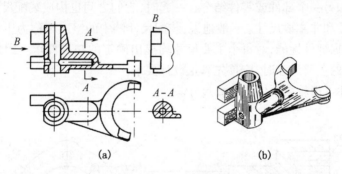

（a）　　　　　　　　　　　　　（b）

图5－75　拨叉零件

4. 零件图的尺寸标注

在零件构型分析的基础上标注尺寸,除要求尺寸完整、布置清晰,并符合国家标准中尺寸注法的规定外,还要求标注合理,即一方面符合设计要求,另一方面还应便于制造、测量、检验和装配。

合理标注尺寸的内容包括如何处理设计与工艺要求的关系,怎样选择尺寸基准,以及按照什么原则和方法标注主要尺寸和非主要尺寸等。

这里仅介绍一些基本的原则和方法。

1）装配尺寸链、主要尺寸

（1）装配尺寸链。

图5－76为齿轮泵的装配示意图（局部）。为了清楚表达各零件间的尺寸关系,将垫片厚度 A_1 和轴向间隙 ΔA 等夸张画出。沿轴线方向上的尺寸 A_1、A_2、A_3 和间隙尺寸 ΔA,首尾呈链状相接,它们反映着齿轮、泵体、垫片、泵盖各零件间在轴线方向上的联系。这种确定着部件中各相关零件间相互位置关系的一组尺寸,称做装配尺寸链。其中尺寸 A_1、A_2、A_3 称组成环,间隙尺寸 ΔA 称封闭环。

部件中凡是相互结合的一组零件间都构成装配尺寸链。如图 5-77 所示轴、孔结合,尺寸 ϕ_1、ϕ_2 及间隙尺寸 Δ 构成了装配尺寸链。

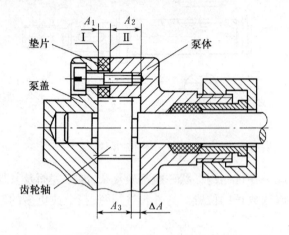

图 5-76　齿轮泵的装配示意图(局部)　　　　图 5-77　轴、孔结合

当一个部件和另一个部件或零件结合在一起时,它们之间也构成装配尺寸链。

(2) 主要尺寸和非主要尺寸。一般地说,装配尺寸链中的组成环称为主要尺寸,它直接影响着部件性能,根据部件性能,对每个主要尺寸均提出确定的精度要求。因此,为了保证部件性能,在标注零件的主要尺寸时,应首先满足设计要求。

图 5-78 标注了齿轮泵泵体的主要尺寸。

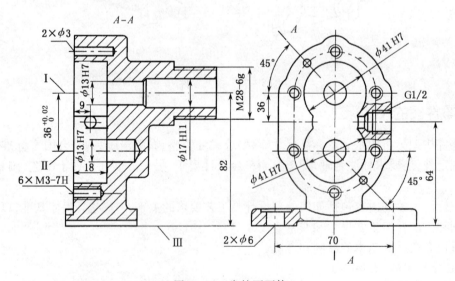

图 5-78　齿轮泵泵体

零件上那些不直接影响部件主要性能的尺寸为非主要尺寸,这些尺寸一般不是装配尺寸链中的组成环,通常按工艺要求和形体分析进行标注。

2) 合理标注尺寸的一些原则

(1) 主要尺寸应直接标注。

144

为保证设计的精度要求,应将主要尺寸直接标注在零件图上。如图5-79所示各零件上均直接注出了沿轴线方向上的主要尺寸(没注写数值)。

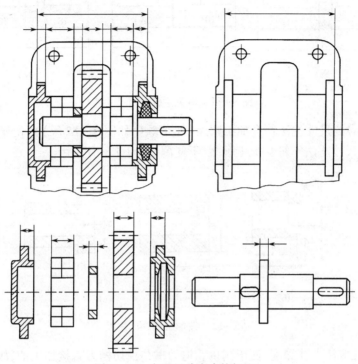

图5-79 主要尺寸应直接标注

(2)相关尺寸的基准和注法应一致。

如图5-80所示尾架和导板,它们的凸台和凹槽(尺寸40)是相互配合的。装配后要求尾架体和导板的右端有刻度线的面A对齐,为此,在尾架体和导板的零件图上,均应以右端面为基准,尺寸注法应相同(如图5-80(a)基准一致,合理);若分别以左、右端面为基准,且尺寸注法不一致(如图5-80(b)基准不同,不合理),装配后两零件右端面可能会出现较大偏移。

(3)避免注成封闭尺寸链。

零件图上一组相关尺寸构成零件尺寸链,如图5-81(a)所示轴的尺寸A_1、A_2、A_3和A_4。标注尺寸时,应将要求不高的一个尺寸空下来不注,如图5-81(b)没有标注轴肩尺寸A_2,这样将加工误差累积到这个尺寸上,以保证精度要求较高的尺寸$26^{+0.210}$和$50^{+0.250}$。若注成封闭形式(图5-81(c)),就必须提高对尺寸18和6的加工精度,使生产成本增加,甚而造成废品。

(4)符合加工顺序和便于测量。

按加工顺序标注尺寸,便于看图、测量,且易保证加工精度,如图5-82所示零

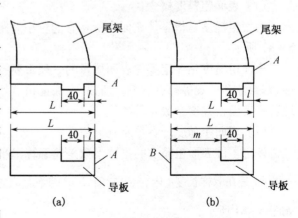

图5-80 尾架和导板的凸台和凹槽

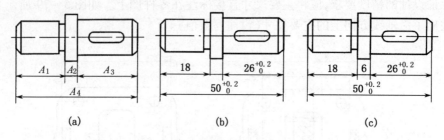

图 5 - 81　避免注成封闭尺寸链

件。图 5 - 82(a)的尺寸注法符合加工顺序(加工顺序如图 5 - 82(c)),便于测量,是合理的。图 5 - 82(b)的尺寸注法不符合加工顺序,不便测量,因此不宜采用。

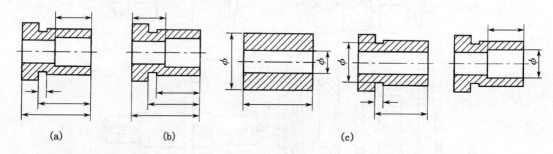

图 5 - 82　按加工顺序标注尺寸

图中台阶孔应注大孔深度,便于测量。退刀槽是由切槽刀直接加工的,故应直接标注退刀槽宽度。

5. 零件图的技术要求

零件图的技术要求一般包括:表面粗糙度、尺寸公差、形状和位置公差、热处理和表面镀涂层及零件制造检验、试验的要求等。上述要求应依照有关国家标准规定正确书写。

这里主要介绍表面粗糙度、尺寸公差的基本知识。

1)表面粗糙度代号及其注法(GB/T 3505—2000)

(1)表面粗糙度概念。

表面粗糙度是指零件表面上所具有的较小间距的峰谷所组成的微观几何形状特征,如图 5 - 83 所示。

表面粗糙度是评定零件表面质量的一项重要技术指标。它对零件的配合、耐磨性、抗腐蚀性、密封性和外观等都有影响。所以,在保证机器性能的前提下,应根据零件不同的作用,恰当地选择表面粗糙度参数及其数值。

(2)表面粗糙度的参数及其数值。

评定零件表面粗糙度的主要参数是轮廓算术平均偏差 Ra。

Ra 是在取样长度 l 内,纵坐标值 $Z(x)$ 的绝对值的算术平均值。其值为 $Ra = \dfrac{1}{l}\int |Z(x)| \, \mathrm{d}x$ 如图 5 - 84 所示。

146

图 5 – 83　表面粗糙度概念

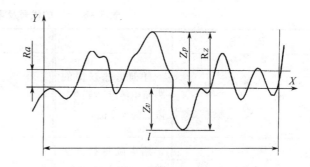

图 5 – 84　表面粗糙度参数

表 5 – 7 给出常用 Ra 数值及其相应的加工方法及应用。

表 5 – 7　表面粗糙度数值对应加工方法

$Ra/\mu m$	加工方法	应用举例
50	粗车、粗铣、粗刨、钻孔等	不重要的接触面或不接触面,如凸台顶面、轴的端面、倒角、穿入螺纹紧固件的光孔表面
25		
12.5		
6.3	精车、精铣、精刨、铰孔等	较重要的接触面,转动和滑动速度不高的配合面和接触面,如轴套、齿轮端面、键及键槽工作面
3.2		
1.6		
0.8	精铰、磨削、抛光等	要求较高的接触面、转动和滑动速度较高的配合面和接触面,如齿轮工作面、导轨表面、主轴轴颈表面、销孔表面
0.4		
0.2		
0.1	研磨、超级精密加工等	要求密封性能较好的表面,转动和滑动速度极高的表面,如精密量具表面,气缸内表面及活塞环表面,精密机床主轴轴颈表面等
0.05		
0.025		
0.012		
0.008		

（3）表面粗糙度代号的意义。

在表面粗糙度符号中,按功能要求加注一项或几项有关规定后,称表面粗糙度代号。

国标规定当在符号中标注一个参数值时,为该表面粗糙度的上限值;当标注两个参数值时,一个为上限值,另一个为下限值;当要表示最大允许值或最小允许值时,应在参数值后加注符号"max"或"min",见表 5 – 8。

表 5-8 *Ra* 的代号及意义

代　号	意　义	代　号	意　义
3.2	任何方法获得的表面粗糙度，*Ra* 的上限值为 3.2 μm	3.2max	用任何方法获得的表面粗糙度，*Ra* 的最大值为 3.2 μm
3.2	用去除材料方法获得的表面粗糙度，*Ra* 的上限值为 3.2 μm	3.2max	用去除材料方法获得的表面粗糙度，*Ra* 的最大值为 3.2 μm
3.2	用不去除材料方法获得的表面粗糙度，*Ra* 的上限值为 3.2 μm	3.2max	用不去除材料方法获得的表面粗糙度，*Ra* 的最大值为 3.2 μm
3.2 1.6	用去除材料方法获得的表面粗糙度，*Ra* 的上限值为 3.2 μm，*Ra* 的下限值为 1.6 μm	3.2max 1.6min	用去除材料方法获得的表面粗糙度，*Ra* 的最大值为 3.2 μm，*Ra* 的最小值为 1.6 μm

（4）表面粗糙度标注方法：

① 标注规则：

ⓐ 在同一张图样上，每一表面一般只标注一次代（符）号，并按规定分别注在可见轮廓线、尺寸界线、尺寸线和其延长线上。

ⓑ 符号尖端必须从材料外指向加工表面。

ⓒ 代号不带横线时，粗糙度参数值的方向与尺寸数字方向一致。

② 标注示例。有关标注方法的图例见表 5-9。

表 5-9 粗糙度标注图例

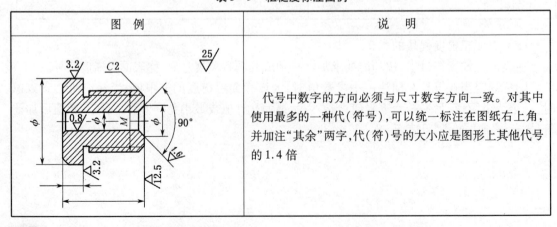

图　例	说　明
	代号中数字的方向必须与尺寸数字方向一致。对其中使用最多的一种代（符）号，可以统一标注在图纸右上角，并加注"其余"两字，代（符）号的大小应是图形上其他代号的 1.4 倍

图 例	说 明
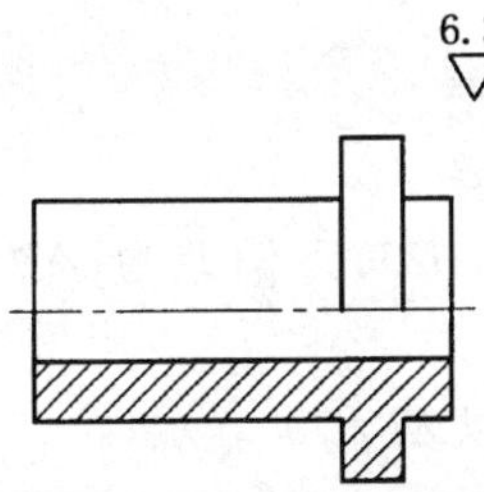 6.3	当零件所有表面为同一代(符)号时,可在图形右上角统一标注,其代(符)号应比图形上的代(符)号大1.4倍
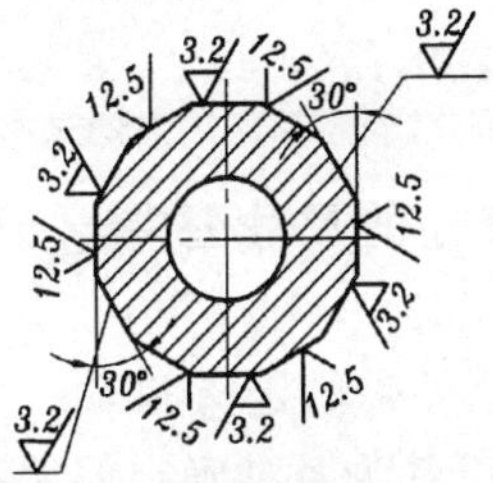 3.2 12.5 12.5 30° 3.2 12.5 3.2 12.5 3.2 30° 12.5 3.2	各倾斜表面粗糙度代号的注法
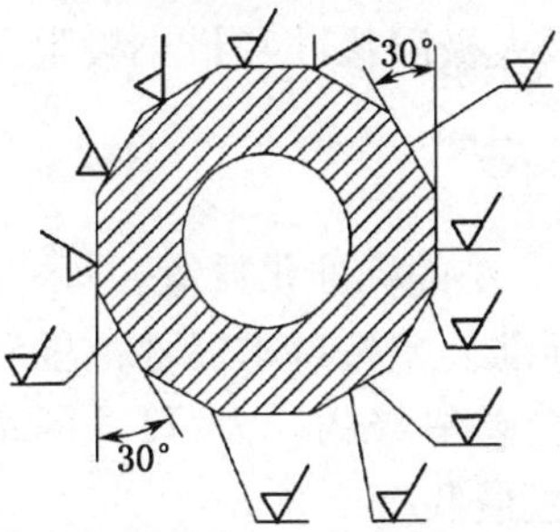 30° 30°	在指引线上标注表面粗糙度代(符)号时,均按水平方向标注

2)极限与配合

在成批或大量生产中,要求零件具有互换性,即当装配一台机器或部件时,只要在一批相同规格的零件中任取一件装配到机器或部件上,不需修配加工就能满足性能要求。零件在制造过程中其尺寸不可能做得绝对准确,只能根据尺寸的重要程度对其规定允许的误差范围即公差要求。互换性原则在机器制造中的应用,大大地简化了零件、部件的制造和装配过程,使产品的生产周期显著缩短,不但提高了劳动生产力,降低了生产成本,便于维修,而且保证了产品质量的稳定性。

(1)公差的有关术语和定义(GB/T 1800.2—1998)。

以图5-85销轴为例。

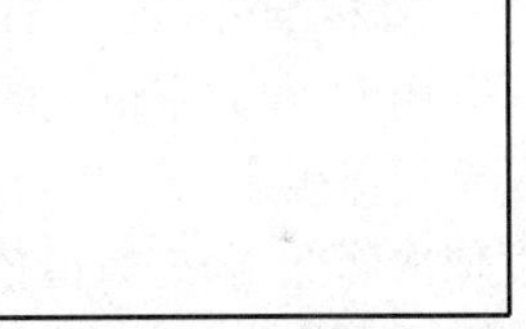

① 基本尺寸——零件设计时,根据性能和工艺要求,通过必要的计算和实验确定的尺寸。如图5-85中销轴直径$\phi20$,长度40。

② 实际尺寸——加工后实际测量获得的尺寸。

③ 极限尺寸——允许的零件实际尺寸变化的两个极限值。实际尺寸应位于其中,也可达到极限尺寸。两个极限值中,大的一个称最大极限尺寸,小的一个称最小极限尺寸,如图5-85中销轴的最大极

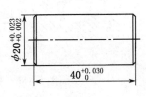

$\phi20^{+0.023}_{+0.002}$

$40^{+0.030}_{0}$

图5-85 销轴尺寸
公差标注

限尺寸为 $\phi20.023$。最小极限尺寸为 $\phi20.002$。

④ 尺寸偏差(简称偏差)——某一尺寸(实际尺寸、极限尺寸等)减去基本尺寸所得的代数差。其中

$$最大极限尺寸 - 基本尺寸 = 上偏差$$
$$最小极限尺寸 - 基本尺寸 = 下偏差$$

如图 5 - 85 中销轴直径的上偏差为: $\phi20.023 - \phi20 = +0.023$,下偏差为: $\phi20.002 - \phi20 = +0.002$。

孔和轴的上偏差分别以 ES 和 es 表示;孔和轴的下偏差分别以 EI 和 ei 表示。

需要指出:偏差可能是正的,也可能是负的,甚至可能是零。

⑤ 尺寸公差(简称公差)——允许尺寸的变动量,可用下式表示:

尺寸公差 = 最大极限尺寸 - 最小极限尺寸。

尺寸公差是一个没有符号的绝对值。图 5 - 85 中销轴直径的尺寸公差 = $\phi20.023 - \phi20.002 = 0.021$。

⑥ 公差带。图 5 - 86 为极限与配合的示意图,图中零线及公差带的定义如下:

零线——在极限与配合图解中,表示基本尺寸的一条直线,以其为基准确定偏差和公差。

公差带——在公差带图解中,由代表上偏差和下偏差或最大极限尺寸和最小极限尺寸的两条直线所限定的一个区域。

公差带示意图如图 5 - 87 所示。

⑦ 标准公差——标准公差是国标规定的用来确定公差带大小的标准化数值。

由 IT 和数字组成的代号为标准公差等级代号,如 IT7。标准公差按基本尺寸范围和标准公差等级确定,分 20 个级别,即 IT01、TI0、IT1 至 IT18。随着公差等级的增大,尺寸的精确程度依次降低,公差数值依次增大,其中 IT01 级精度最高,IT18 级最低。

需要指出:对一定的基本尺寸而言,公差等级越高,公差数值越小,尺寸精度越高。属于同一公差等级的公差数值,基本尺寸越大,对应的公差数值越大,但被认为具有同等的精确程度。

⑧ 基本偏差。基本偏差是确定公差带相对零线位置的那个极限偏差,它可以是上偏差或下偏差。一般指靠近零线的那个偏差。当公差带在零线上方时,基本偏差为下偏差;反之,则为上偏差。

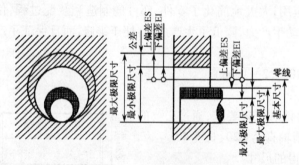

图 5 - 86　极限与配合示意图

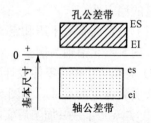

图 5 - 87　公差带示意图

国标规定了孔、轴基本偏差代号各有 28 个。大写字母代表孔的基本偏差代号,A - H 为下偏差,J - Zc 为上偏差,JS 对称于零线,其基本偏差为(+IT/2)或(-IT/2);小写字母代表轴

的基本偏差代号,a－h 为上偏差,j－zc 为下偏差,js 对称于零线,其基本偏差为(＋IT/2)或
(－IT/2),如图 5－88 所示。

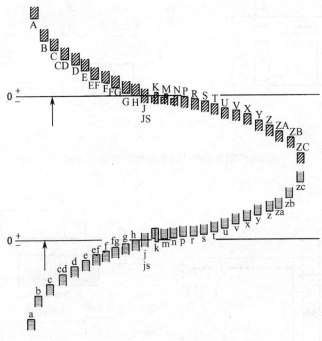

图 5－88　基本偏差系列

　　图 5－88 中每个公差带都没有封口,是由于基本偏差仅确定了公差带相对零线的位置,而
一个基本尺寸的某种基本偏差还对应着 20 种(20 个公差等级)公差带的大小。其中,基本偏
差代号为 H 和 h 时,它们的基本偏差均为零。

　　⑨ 公差带代号。公差带代号由基本偏差代号和公差等级组成。

　　如:H8——表示基本偏差代号为 H,公差等级为 8 级的孔公差带代号。

　　f 7——表示基本偏差代号为 f,公差等级为 7 级的轴公差带代号。

　　当基本尺寸和公差带代号确定时,可根据附录"孔、轴极限偏差"表查得极限偏差值。

　　(2) 配合与基准制:

　　① 配合。配合是基本尺寸相同,相互结合的孔、轴公差带之间的关系。根据使用要求不
同,孔和轴装配可能出现不同的松紧程度。

　　国家标准将配合分为三类:

　　ⓐ 间隙配合——任取一对基本尺寸相同的轴和孔相配,当孔的尺寸减轴的尺寸为正或零
时称间隙配合。此时孔的公差带在轴的公差带之上,如图 5－89 所示。

　　ⓑ 过盈配合——任取一对基本尺寸相同的轴和孔相配,当孔的尺寸减轴的尺寸为负或零
时称过盈配合。此时轴的公差带在孔的公差带之上,如图 5－90 所示。

　　ⓒ 过渡配合——任取一对基本尺寸相同的轴和孔相配,当孔的尺寸减轴的尺寸可能为正
也可能为负时称过渡配合。此时孔的公差带和轴的公差带相互重叠,如图 5－91 所示。

　　② 配合制。在制造配合的零件时,如果孔和轴两者都可以任意变动,则情况变化极多,不
便于零件的设计和制造。我们使其中一种零件作为基准件,它的基本偏差固定,通过改变另一

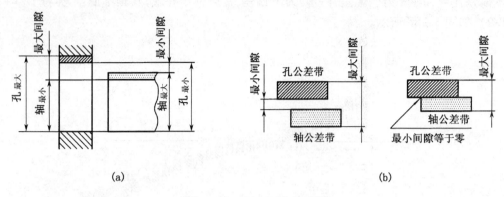

(a)   (b)

图 5 - 89　间隙配合公差带

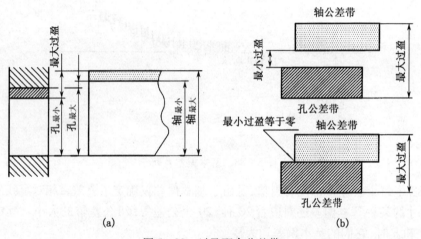

(a)   (b)

图 5 - 90　过盈配合公差带

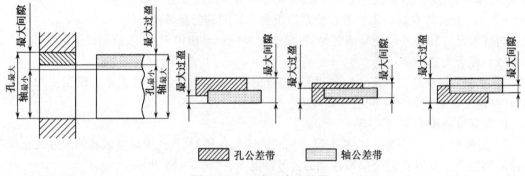

▨▨▨ 孔公差带　　　▦▦▦ 轴公差带

图 5 - 91　过度配合公差带

种非基准件的基本偏差来获得各种不同性质配合的制度称为配合制。

国家标准规定配合制度有基孔制配合和基轴制配合。

ⓐ 基孔制配合——基本偏差为一定的孔公差带与不同基本偏差的轴公差带构成的各种配合称基孔制配合,如图 5 - 92 所示。

基孔制配合中的孔称基准孔,用基本偏差代号"H"表示,其下偏差为零。

基孔制配合中的轴称配合件。如轴承内孔与轴的配合就属于基孔制。

ⓑ 基轴制配合——基本偏差为一定的轴公差带与不同基本偏差的孔公差带构成的各种配合称基轴制配合,如图 5－93 所示。

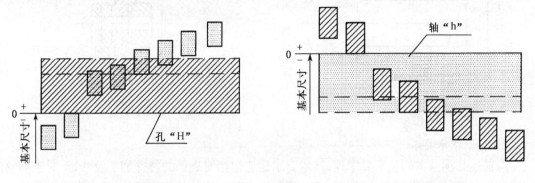

图 5－92　基孔制配合　　　　　　图 5－93　基轴制配合

基轴制配合中的轴称基准轴,用基本偏差代号"h"表示,其上偏差为零。

基轴制配合中的孔称配合件。如轴承外圈直径与箱体孔的配合就属于基轴制配合。

③ 配合代号。配合代号用孔、轴公差带代号组成的分数式表示,分子表示孔的公差带代号,分母表示轴的公差带代号。

如:H8f7、H9h9、P7h6 等,也可写成:H8/f7、H9/h9、P7/h6 的形式。

显而易见,在配合代号中有"H"者为基孔制配合;有"h"者为基轴制配合。

（3） 公差与配合标注法

① 零件图上注法。零件图上通常只标注公差,不标注配合代号。可按下列三种形式之一标注,如图 5－94 所示。

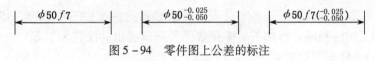

图 5－94　零件图上公差的标注

ⓐ 在基本尺寸后面注出公差带代号,如:$\phi50f7$。

ⓑ 在基本尺寸后面注出极限偏差数值,如:$\phi50\left(^{-0.025}_{-0.050}\right)$。

ⓒ 两者同时注出,如:$\phi50f7\left(^{-0.025}_{-0.050}\right)$。

② 装配图中注法。装配图中只注配合代号,不注公差。装配图中配合代号以孔、轴公差带代号的分数形式注出,如 H8f7 或 H8/f7,分子表示孔的公差带代号,分母表示轴的公差带代号。

其一般形式如下:

ⓐ 基孔制配合的标注方法:

$$基本尺寸 = \frac{基准孔代号（H）公差等级}{轴的基本偏差代号公差等级},如图 5－95 所示。$$

ⓑ 基轴制配合的标注方式

$$基本尺寸 = \frac{孔的基本偏差代号公差等级}{基本轴代号（h）公差等级},如图 5－96 所示。$$

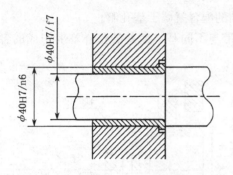

图 5-95　基孔制配合的标注

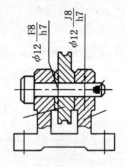

图 5-96　基轴制配合的标注

3）其他技术要求

除前述几项基本的技术要求外，技术要求还应包括对表面的特殊加工及修饰、对表面缺陷的限制、对材料性能的要求，对加工方法、检验和实验方法的具体指示等，其中有些项目可单独写成技术文件。

（1）零件毛坯的要求。

对于铸造或锻造的毛坯零件，应有必要的技术说明。如铸件的圆角、气孔及缩孔、裂纹等影响零件使用性能的现象应有具体的限制。再如锻件去除氧化皮等。

（2）热处理要求。

热处理对于金属材料的机械性能的改善与提高有显著作用，因此在设计机器零件时常提出热处理要求。如：轴类零件的调质处理、齿轮轮齿的淬火等。

热处理要求一般是写在技术要求条目中，对于表面渗碳及局部热处理要求也可直接标注在视图上。

（3）对表面涂层、修饰的要求。

根据零件用途的不同，常对一些零件表面提出必要的特殊加工和修饰。如为防止零件表面生锈，对非加工面应喷漆。再如工具手把表面为防滑提出的滚花加工等。

（4）对试验条件与方法的要求。

为保证部件的安全使用，常需提出试验条件等要求。如化工容器中的压力试验、强度试验。再如齿轮泵的密封要求等。

§5-6　装　配　图

装配图是用来表达部件或机器的一种图样，是进行设计、装配、检验、安装、调试和维修时所必需的技术文件。本节介绍装配图的内容、画法、读装配图。

1. 装配图的内容

在设计部件或机器时，一般先画出装配图，然后根据装配图拆画零件图，因此要求在装配图中，充分反映设计的意图，表达出部件或机器的工作原理，性能结构，零件之间的装配关系，以及必要的技术数据。现以球阀的装配图（图 5-97）为例说明装配图一般应包括的内容：

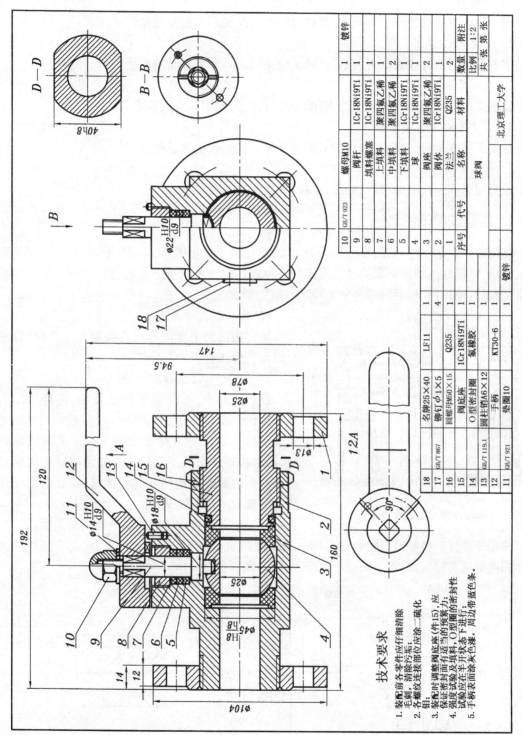

图 5-97　球阀

D—D				

φ40h8

B—B

技术要求

1. 装配前各零件应存细清除毛刺，清除污垢；
2. 各螺纹连接部应应涂二硫化钼；
3. 装配时调整阀底座（件15），应保证密封面有适当的预紧力；
4. 强度及试验在O型圈的密封性试验应在开状态下进行；
5. 手柄表面涂灰色漆，周边带蓝色条。

18		名牌25×40	LF11	1	
17	GB/T 867	铆钉φ1×5		4	
16		圆螺母M50×15	Q235	1	
15		阀底座	1Cr18Ni9Ti	1	
14		O型密封圈	氟橡胶	1	
13	GB/T 119.1	圆柱销6×12		1	
12		手柄	KT30-6	1	
11	GB/T 921	垫圈10		1	

10	GB/T 923	螺母M10		1	镀锌
9		阀杆	1Cr18Ni9Ti	1	
8		填料螺塞	1Cr18Ni9Ti	1	
7		上填料	聚四氟乙稀	1	
6		中填料	聚四氟乙稀	2	
5		下填料	1Cr18Ni9Ti	1	
4		球	1Cr18Ni9Ti	1	
3		阀座	聚四氟乙稀	2	
2		阀体	1Cr18Ni9Ti	1	
1		法兰	Q235	2	镀锌
序号	代号	名称	材料	数量	附注
		球阀		比例 1:2	共 张 第 张
				北京理工大学	

1）一组图形

表达出机器或部件的工作原理、零件之间的装配关系和主要结构形状。

2）必要的尺寸

主要是指与部件或机器有关的规格,装配,安装,外形等方面的尺寸。

3）技术要求

提出与部件或机器有关的性能,装配,检验,试验,使用等方面的要求。

4）零件的编号和明细栏

说明部件或机器的组成情况,如零件的代号、名称、数量和材料等。

5）标题栏

填写图名、图号、设计单位,制图、审核、日期和比例等。

2. 部件或机器的表达

装配图以表达工作原理,装配关系为主,力求做到表达正确、完整、清晰和简练。为了达到以上要求,需很好地掌握国家标准所规定的各种表达方法和视图方案的选择问题。先选主视图,再考虑其他视图,然后再综合分析确定一组图形。

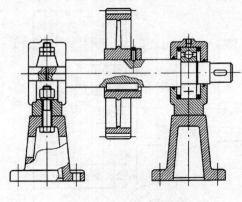

图 5-98 实心件的画法

1）装配图图样画法

图样画法的主要内容已在前面作了介绍,这里介绍与装配图有关的部分内容。

（1）实心零件的画法。

在装配图中,对于紧固件以及轴、连杆、球、钩子、键、销等实心零件,若按纵向剖切,且剖切平面通过其对称平面或与对称平面相平行的平面或轴线时,则这些零件均按不剖绘制。如需要特别表明这些零件上的局部结构,如凹槽、键槽、销孔等则可用局部剖视表示(图 5-98)。

（2）相邻零件的轮廓线和剖面线的画法。

两相邻零件的接触面或配合面只用一条轮廓线表示(图 5-99(a),(b)),而未接触的两表面用两条轮廓线表示,若空隙很小可夸大表示(图 5-99(a))。

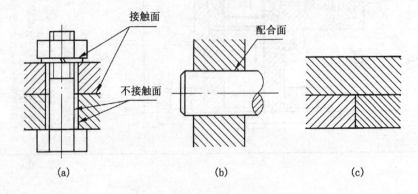

图 5-99 相邻零件的轮廓线和剖面线画法

相邻的两个(或两个以上)金属零件,剖面线的倾斜方向应相反,或者方向一致而间隔不等以示区别(图5-99(c))。同一零件在不同视图中的剖面线方向和间隔必须一致。

(3)拆卸画法。

在装配图中可假想沿某些零件的结合面剖切,或当某些零件遮住必须表示的装配关系时,可将某些零件拆卸后绘制(图5-100)。

(4)相邻辅助零件的表示法。

相邻辅助零、部件用双点画线绘制,一般不应遮盖其后面的零(部)件(图5-101)。

(5)简化画法:

① 对于装配图中若干相同的零件组如螺栓连接等,可仅详细地画出一组或几组,其余只需用点画线表示装配位置(如图5-102)。

② 在装配图中,零件的工艺结构如小圆角、倒角、退刀槽等可不画出(图5-102)。

③ 在装配图中,当剖切平面通过的某个部件为标准化产品或该部件已由其他图形表示清楚时,可按不剖绘制(图5-100中的油杯)。

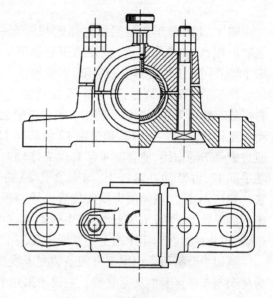

图5-100 油杯轴承拆卸画法

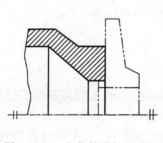

图5-101 相邻辅助件的画法

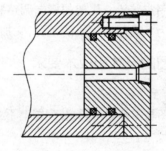

图5-102 简化画法

2)装配图的视图选择

首先选主视图,同时兼顾其他视图,通过综合分析对比后确定一组图形。

(1)选择主视图。

选主视图时,应充分表达部件或机器的主要装配干线,并尽可能反映部件或机器的工作位置。如在图5-97中,按球阀的工作位置,在主视图中阀体的轴线画成水平位置,同时采用剖视图表达球阀的水平和垂直两个方向的装配干线,这样可将右阀底座15、左阀体件2、球件4、密封圈件7、阀杆件9、压盖螺母10以及手柄件12等主要零件的装配关系,连接方式,相互位置,防松及密封装置表达得比较清楚。

(2)选择其他图形。

除主视图外,还应选用适当的其他视图及相应的表达方法,以确定一个完整的视图方案。

如图5-97中球阀的左视图为半剖视图,主要表达球件4上的开槽情况以及用螺栓连接阀体与压盖的情况。俯视图表达了手柄活动的极限位置及尺寸。装配图中是将零件形状的表达放在次要地位。一般情况下,每个零件应至少在某一个视图中出现一次,以便于了解其所在的位置和进行编号。对某些影响部件或机器工作性能的重要零件,必要时应将其形状表达清楚。

图 5-103 是车床尾架的立体图和图 5-104 是尾架装配图,它装在车床上,主要功用是靠顶尖件 5 与车床主轴共同对工件进行中心定位,以便加工。

尾架的主要结构是:顶尖 5 装在套筒 4 中,套筒 4 右端装有螺母 7 并用螺钉 8 防松。滑键 3 限制套筒 4 转动。工作时,转动手轮 13,通过键 12 使螺杆 11 旋转,再通过螺母 7 的作用,使套筒 4 带着顶尖作轴向移动。转动手柄 17,可带动夹紧杆 19 与夹紧套 20 将套筒 4 锁紧。螺钉 21 用来调整顶尖横向位置。导向板 1 放置在

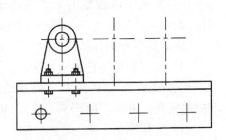

图 5-103 尾架立体图

床身的导轨上,并可沿床身滑动,手柄 27 偏心轴件 30 转动,带动拉杆件 26 和压板件 24 上下运动,可将尾架在车床床面上夹紧或松开。

从以上分析可看出尾架有四条装配干线:套筒及顶尖移动部分;套筒夹紧部分;横向调整为尾架与车床床身的夹紧装置。主视图采用了沿套筒轴线剖切的全剖视图,表达尾架的主装配线(套筒、顶头的移动部分)和横向调整的矩形导轨 40H7/h6,同时反映尾架的工作位置。左视图采用了两处局部剖视图,上半部 A—A 剖视反映套筒的夹紧部分,下半部 B—B 剖反映尾架与车床的固定装置。尾架的横向调整装置在主视图上没有表达清楚,因此又选择了 C—C 剖视图表示。为了表示出刻线的情况,又加选了局部视图(D)。

3. 装配图的尺寸和技术要求

1) 尺寸标注

由于装配图与零件图不同,装配图上不必注出全部结构尺寸,而仅需要标注以下几类尺寸:

(1) 规格尺寸。

也叫性能尺寸,它反映了该部件或机器的规格和工作性能,这类尺寸在设计时要首先确定,如球阀(图 5-97)的孔径 φ50。

(2) 装配尺寸。

表示零件间的装配关系和重要的相对位置,用以保证部件或机器的工作精度和性能要求的尺寸,如球阀(图 5-97)中的 φ18G7/h6、φ32H7/g6、φ22F7/h6 等。

(3) 外形尺寸。

表示部件或机器的总长、总宽和总高,以便于装箱运输和安装时掌握其总体大小,如球阀(图 5-97)中的外形尺寸为 304(长),262(宽),250(高)。

(4) 安装尺寸。

将部件或机器安装到其他部件、机器或地基上所需要的尺寸。如球阀(图 5-97)的安装尺寸为 φ110(凸缘上四个安装孔所在的定位圆直径),φ8(安装孔的直径)。

(5) 其他重要尺寸。

除以上四类尺寸外,在装配图上有时还需要注出一些其他重要尺寸,如装配时的加工尺寸,设计时的计算尺寸(为保证强度、刚度的重要结构尺寸)等。

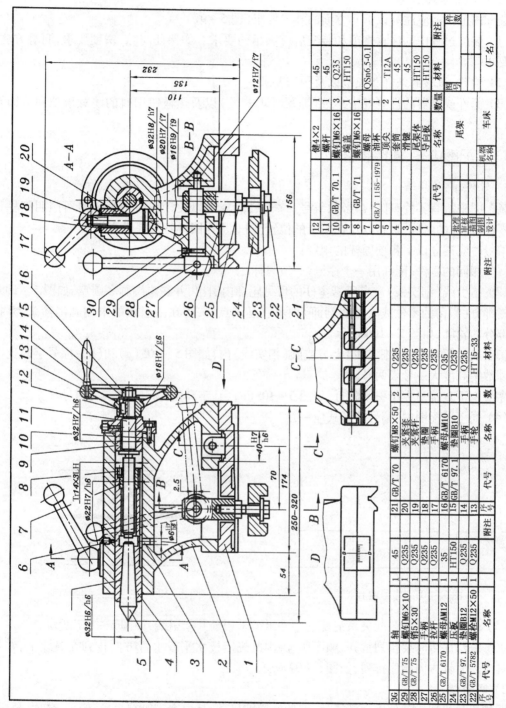

图 5-104 尾架装配图

2）技术要求的注写

装配图上一般应注写以下几方面的技术要求（图5-97）。

（1）装配过程中的注意事项和装配后应满足的要求。如保证间隙，精度要求，润滑方法，密封要求等。

（2）检验、试验的条件和规范以及操作要求。

（3）部件或机器的性能规格参数（非尺寸形式的）以及运输使用时的注意事项和涂饰要求等。

4. 装配图中零、部件序号

1）零件、部件序号

装配图中所有零件、部件都必须编号（序号或代号），以便读图时根据编号对照明细栏找出各零件、部件的名称、材料以及在图上的位置，同时也为图样管理提供方便。

编号时应遵守以下各项国标的规定：

（1）相同的零件、部件用一个序号，一般只标注一次。

（2）指引线（细实线）应自所指零件的可见轮廓内引出，并在末端画一圆点，如图5-105。若所指部分（很薄的零件或涂黑的剖面）内不宜画圆点时，可在指引线的末端画出箭头，并指向该部分的轮廓，如图5-106所示。

（3）序号写在横线（细实线）上方或圆（细实线）内，如图5-105（a）和（b）；序号字高比图中尺寸数字高度大一号或两号。

序号也可直接写在指引线附近，如图5-105（c），其字高则比尺寸数字大两号。

（4）同一装配图中，编号的形式应一致。

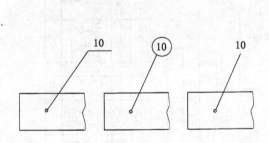

图5-105　序号的形式

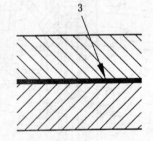

图5-106　指引线末端画箭头

（5）一组紧固件或装配关系清楚的零件组可采用公共指引线，如图5-107所示。

（6）编写序号时要排列整齐、顺序明确，因此规定按水平或垂直方向排列在直线上，并依顺时针或逆时针方向顺序排列，如图5-97所示。

2）明细栏

明细栏是机器或部件中全部零件、部件的详细目录，其内容一般有序号、代号、名称、数量、材料以及备注等项目。应注意明细栏中序号必须与图中所注的序号一致。

明细栏一般配置在装配图中标题栏的上方，按自下而上的顺序填写，如图5-97所示。当由下而上延伸位置不够时，可紧靠在标题栏的左边再由下向上延续，注意必须要有表头。

特殊情况下，明细栏不画在图上时，可作为装配图的续页按A4幅面单独给出。

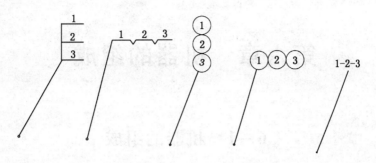

图 5 - 107　公共指引线

　　备注项内,可填写有关的工艺说明,如发蓝、渗碳等;也可注明该零件、部件的来源如外购件等;对齿轮一类的零件,还可注明必要的参数,如模数、齿数等。

第六章 机器的组成

§6-1 机器的组成

在工程领域和人类生活领域,机器无时不在。汽车、火车、拖拉机、起重机、坦克、飞机、车床、铣床、刨床、机器人、传真机、打印机等都是机器。不同的机器实现不同的功能目标,在发展国民经济中发挥不同的作用。图6-1为一些典型机器示例。

(a) (b) (c) (d)

图6-1 机器

(a) 坦克;(b) 汽车;(c) 直升机;(d) 机器人

机器是执行机械运动的装置,用来变换或传递能量、物料与信息。

机器必须是执行机械运动的装置。电视机不是机器,因其不是靠机械运动工作的。录像机是机器,其录放像的动作是通过机械装置的运动来实现信息(视频新号与音频信号)的传递。

机器由一些能完成既定运动的机械装置和控制系统组成。图6-2为电动大门示意图。动力源为三相交流异步电动机,CD 为大门,铰链安装在门柱 D 处。大门的开启速度较低,开启时间约为 $5°/s \sim 10°/s$,而作为原动机的电动机转数很高,所以动力要经过减速器传递到大门的启闭装置上。铰链四杆机构 $ABCD$ 为大门启闭装置,或称为工作执行机构。

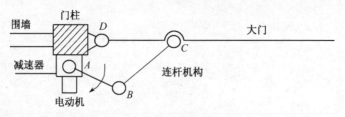

图6-2 电动大门示意图

通过对各类机器的对比与分析可以知道,机器由原动机、机械运动系统和控制系统组成,其组成框图如图6-3所示。以下就机器的组成部分作简要介绍。

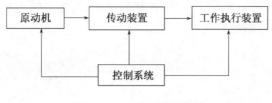

图 6-3　机器组成示意图

1. 原动机

原动机是把其他形式的能量转化为机械能的机器,为机器的运转提供动力。按原动机转换能量的方式可将其分为三大类。

1) 电动机

把电能转换为机械能的机器,常用的电动机有三相交流异步电动机,单相交流异步电动机,直流电动机、交流和直流伺服电动机以及步进电动机等。三相交流异步电动机和较大型直流电动机常用于工业生产领域,单相交流异步电动机常用于家用电器,交流和直流伺服电动机以及步进电动机常用于自动化程度较高的可控领域。电动机是在固定设备中应用最广泛的原动机。

2) 内燃机

把热能转换为机械能的机器,常用的内燃机主要有汽油机和柴油机,用于活动范围很大的各类机械中。中小型车辆中常用汽油机为原动机,大型车辆,如各类工程机械、内燃机车、装甲车辆、舰船等机械常用柴油机作为原动机。随着石油资源的消耗和空气污染的加剧,人们正在积极探索能代替石油产品的新兴能源,如从水中分解出氢气做燃料的燃氢发动机已处于实验阶段。

3) 一次能源型原动机

一次能源型原动机指直接利用地球上的能源转换为机械能的机器。常用的一次能源型原动机主要有水轮机、风力机、太阳能发电机等。上述电动机和内燃机的原料都是二次能源,电能来自水力发电、火力发电、地热发电、潮汐发电、风力发电、原子能发电等二次加工;内燃机用的汽油或柴油也是由开采的石油冶炼出的二次能源。其缺点是受地球上的资源储存量的限制及价格较贵。因此开发利用水力、风力、太阳能、地热能、潮汐能等一次能源,是21世纪动力工程的一项艰巨任务。

2. 机械运动系统

机器的传动系统和工作执行系统统称机械的运动系统。以内燃机和交流电动机为原动机时,其转数较高,不能满足工作执行机构的低速、高速或变速要求,在原动机输出端往往要连接传动系统。一般常用的传动系统有齿轮传动、带传动、链条传动等。有时,传动系统的目的是为了改变运动方向或运动条件,如汽车变速箱的输出轴与后桥输入轴不在一个平面中,而且相距较远,万向联轴器就能满足这种传动要求。机械传动系统形式比较单一,设计难度不是很大。而机器的工作执行系统则要复杂得多,不同机器的工作执行系统决然不同,但其传动形式却可相同。例如,一般汽车和汽车吊的传动形式一样,都是由连接内燃机的变速箱、万向轴和后桥组成。而汽车的工作执行系统由车轮、车厢等组成,汽车吊的工作执行系统由车轮及吊车组成。图6-4为汽车和汽车吊对比图。

(a)   (b)

图6-4 汽车和汽车吊对比图
(a)汽车;(b)汽车吊

3. 机械的控制系统

机械设备中的控制系统所应用的控制方法很多,有机械控制、电气控制、液压控制、气动控制及综合控制。其中以电气控制应用最为广泛,与其他控制形式相比有很多优点。控制系统在机械中的作用越来越突出,传统的手工操作正在被自动化的控制手段所代替,而且向智能化方向发展。

电气控制系统体积小,操作方便,无污染,安全可靠,可进行远距离控制。通过不同的传感器可把位移、速度、加速度、温度、压力、色彩、气味等物理量的变化转变为电量的变化,然后由控制系统的微计算机进行处理。

1)电气控制系统的基本要求

(1)满足机械的动作要求或工艺条件。

(2)电器、电子元件合理,工作安全可靠。

(3)停机时,控制系统的电子元器件不应长期带电。

(4)有较强的抗干扰能力,避免误操作现象发生。

(5)便于维护与管理,经济指标好。

(6)使用寿命长。

(7)自动控制系统中应设置紧急手动控制装置。

2)控制对象

(1)对原动机进行控制。

电动机的结构简单、维修方便、价格低廉,是应用最为广泛的动力机。对交流电机的控制主要是开、关、停与正反转的控制,对直流电机与步进电机的控制主要是开、关、停、正反转及其调速的控制。图6-5是常见的三相交流异步电动机的控制电路原理图。可实现开、关、停、正反转的工作要求,如再安装限位开关,还可以方便地进行机械的位置控制。

图6-6是直流电机控制电路原理图,左半部是三相半控桥式整流电路。可控硅整流是一个可调直流电源,通过改变控制信号来改变触发脉冲的相位,以改变加在直流电机两端的整流电压,达到无级调速的目的。右半部为通过改变直流励磁绕组的电流方向实现正反控制的原理图。

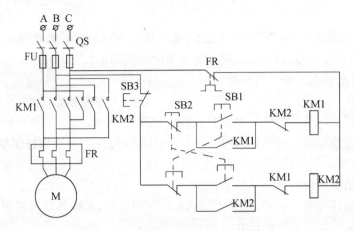

图 6-5   三相异步电机控制电路原理图

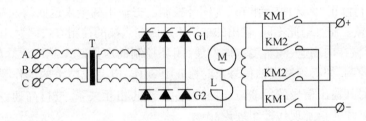

图 6-6   直流电机的控制电路原理图

（2）对电磁铁的控制。

电磁铁是重要的开关元件,接触器、继电器、各类电磁阀、电磁开关都是按电磁转换的道理实现接通与断开的动作。从而实现控制机械中执行机构的各种不同动作。

3）控制系统的发展趋势

由于计算机技术和自动控制技术的发展,现代机械的控制系统更加先进,也更加复杂,可靠性也大大增加。可对运动时间、运动方向与位置、速度等参数进行准确的控制。如对伺服电机进行控制时,可以采取模拟伺服控制、数字伺服控制、软件伺服控制等多种控制方式。图6-7是软件伺服控制的原理图。

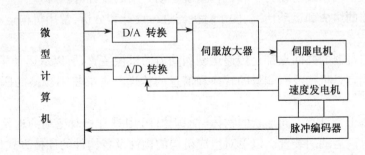

图 6-7   软件伺服控制原理框图

把脉冲编码器与速度发电机检测的电机转角与速度信号送入微计算机,用预先输入计算机中的程序按采样周期对上述信号进行运算处理,再由微机发出驱动信号,使电机按规定的要求运转。

现代控制系统的设计不仅需要微机技术、接口技术、模拟电路、数字电路、传感器技术、软件设计、电力拖动等方面的知识，还需要一定的生产工艺知识。

一般说来，可把控制对象分为两类。

第一类是以位移、速度、加速度、温度、压力等数量的大小为控制对象，并按表示数量信号的种类分为模拟控制与数字控制。把位移、速度、加速度、温度、压力的大小转换为对应的电压或电流信号称之为模拟量。对模拟信号进行处理称为模拟控制。模拟控制精度不高，但控制电路简单，使用方便。把位移、速度、加速度、温度、压力的大小转换为对应的数字信号称之为数字量。对数字信号进行处理称为数字控制。

第二类是以物体的有、无、动、停等逻辑状态为控制对象，并称为逻辑控制。逻辑控制可用两值'0'、'1'的逻辑控制信号来表示。

以数量的大小、精度的高低为对象的控制系统中，经常检测输出的结果与输入指令的误差，并对误差随时进行修正，称这种控制方式为闭环控制。把输出的结果返回输入端与输入指令比较的过程称为反馈控制。与此不同，输出的结果不返回输入端的控制方式称为开环控制。

由于现代机械在向高速、高精度方向发展，闭环控制的应用越来越广泛。如机械手、机器人运动的点、位控制，都必须按反馈信号及时修正其动作，以完成精密的工作要求。在反馈控制过程中，通过对其输出信号的反馈，及时捕捉各参数的相互关系，进行高速、高精度的控制。在此基础上，发展和完善了现代控制理论。

综上所述，现代机械的控制系统集计算机、传感器、接口电路、电器元件、电子元件、光电元件、电磁元件等硬件环境及软件环境为一体。且在向自动化、精密化、高速化、智能化的方向发展，其安全性、可靠性的程度不断提高。在机电一体化机械中，机械的控制系统将起更加重要的作用。

§6–2 机构的运动简图

机构是机器中执行机械运动的装置，用来传递运动或动力，是组成机器的主体，所以在机械工程专业中专门开设一门课程——机械原理，其研究重点为机构的结构分析、机构的运动分析、机构的设计、机构系统的动力学和机构系统运动方案的设计等内容。

为表明机器的组成和运动情况，便于对机器进行设计和分析，常用机构运动简图来表示具体的机器。

由于机构与机器的共同点都是传递运动和动力的机械装置，所以从运动学的观点看，两者是一样的。不同点是机构没有能量的转换和信息的传递。本书将不严格的区别机构与机器，并统称为机械。

机构是由若干个具有不同形状的物体（简称构件）用具有相对运动的连接组合在一起，并能实现一定的机械运动的装置。以下对组成机构的构件及各构件的连接方式作简单介绍。

1. 构件的基本概念

1）零件

零件是指组成机器的最小制造单元。如一个螺钉，一个螺母是经过机械加工直接得到的，都是机器零件。

2）构件

构件是指组成机器的最小运动单元。构件可能是一个零件,也可能是几个零件的刚性组合。

内燃机主体机构中的连杆作为一个运动单元作平面运动,是一个构件。但却由几个零件刚性组合在一起,各零件无相对运动。图6-8（b）为内燃机连杆构件示意图。

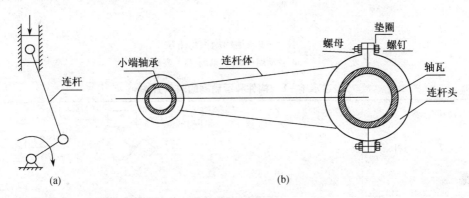

图6-8　构件
（a）内燃机主体机构简图；（b）内燃机连杆

2. 运动副的基本概念

1）运动副定义

两构件之间的可动连接,叫做运动副。

2）运动副分类

两构件既然连接,就要接触;既然可动,就有相对运动。因此可按运动副的接触方式和相对运动方式进行分类。

（1）按接触方式分类:

低副:两构件之间以面接触形式形成的运动副,称为低副。图6-9(a)、(b)所示为低副。

高副:两构件之间以点或线形式接触而形成的运动副,称为高副。图6-9(c)所示为高副。

（2）按两构件之间的相对运动方式分类:

转动副:两构件之间的相对运动为转动,称为转动副。图6-9(a)所示为转动副。

移动副:两构件之间的相对运动为移动,称为移动副。图6-9(b)所示为移动副。

3）运动副元素

形成运动副的点、线、面部分,称为运动副元素。

4）运动副的代表符号

在绘制机构运动简图时,常用圆圈表示转动副,方块表示移动副,两曲线表示高副。运动副的代表符号参见图6-9和表6-1。其中带有斜线的构件表示固定构件。

构件及运动副的代表符号见表6-1。

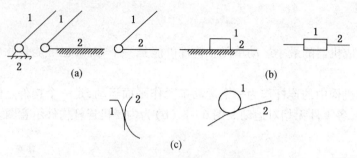

图 6-9　运动副表示方法

(a) 转动副;(b) 移动副;(c) 高副

表 6-1　构件和运动副的表示方法

构件	双 副 杆	
	三 副 杆	
转动副	两构件为活动构件	
	有一个构件固定	
移动副	两构件为活动构件	
	有一个构件固定	

168

| 高 | 齿轮的轮齿
与轮齿接触 | 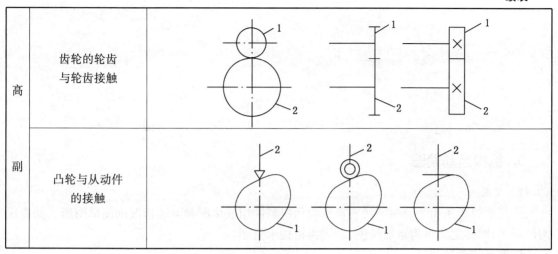 |
| 副 | 凸轮与从动件
的接触 | |

3. 运动链

1）运动链定义

若干构件通过运动副相连接后组成的可动系统。

2）运动链分类

（1）按构件间的相对运动方式分类：

平面运动链：各构件在一个平面或平行平面内运动的运动链,称为平面运动链。

空间运动链：各构件不在一个平面或平行平面内运动的运动链,称为空间运动链。

（2）按各个构件是否封闭分类：

闭链：各构件首尾封闭的运动链,称为闭链。

开链：各构件首尾不封闭的运动链,称为开链。

图 6-10 为运动链示意图。

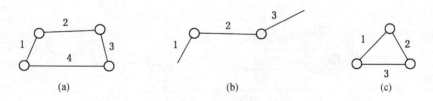

图 6-10　运动链表示方法

（a）闭链；（b）开链；（c）桁架（不是运动链）

4. 机构

机构是具有一个固定构件的可动运动链。

图 6-11（a）中,固定构件4,可得到闭链机构；图 6-11（b）中,固定构件1 可得到开链机构。

开链机构广泛应用在机械手和机器人机构中。

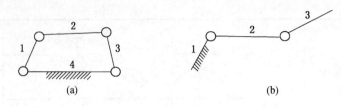

图 6-11　机构

（a）闭链机构；（b）开链机构

5. 机构运动简图

1）定义

用简单的线条和运动副的代表符号表示机器的组成情况和运动情况的简单图形。如按比例尺画出，则称之为机构运动简图；否则为机构示意图。

比例尺的含义如下：

$$\text{长度比例尺或} \mu_l = \frac{\text{实际尺寸（mm）}}{\text{图中尺寸（mm）}}$$

2）画法

（1）找出原动件和从动件。

（2）使机构缓缓运动，观察其组成情况和运动情况。

（3）沿主–从动件的传递路线找出构件数目和运动副的数目与种类。

（4）选择大多数构件所在平面为投影面。

（5）测量各运动副之间的尺寸，用运动副表示各构件的连接，选比例尺画出各构件，从而完成机构运动简图的绘制。

3）实例

画出图 6-12 所示颚式破碎机的机构运动简图。

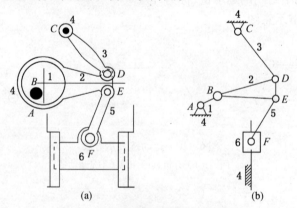

图 6-12　颚式破碎机机构运动简图

（a）颚式破碎机；（b）机构运动简图

偏心盘 1 与机架 4 在 A 点用转动副连接，偏心盘 1 与构件 2 在 B 点用转动副连接，AB 为构件 1，代表偏心盘 1。

构件 2 与构件 3 在 D 点用转动副连接，构件 2 与构件 5 在 E 点用转动副连接，DEB 为构件 2,代表颚式破碎机的连杆 2。

同理可按比例尺画出其机构运动简图,图 6 - 12(b)为颚式破碎机的机构运动简图。

6. 平面机构自由度的计算

图 6 - 13 所示为物体在平面坐标系中的运动情况。

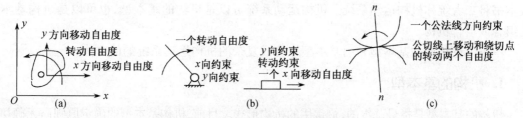

图 6 - 13 物体在平面坐标系中的运动

(a) 构件在平面中的自由度;(b) 低副的约束与自由度;(c) 高副中的约束与自由度

图 6 - 13(a)中,自由构件在平面内有三个自由度,n 个构件有 $3n$ 个自由度,与其他构件连接后就受到约束。

图 6 - 13(b)中,一个平面低副提供 2 个约束,P_1 个低副提供 $2P_1$ 个约束。

图 6 - 13(c)中,一个平面高副提供 1 个约束,P_h 个高副提供 P_h 个约束。则机构自由度为:

$$F = 3n - 2P_L - P_h$$

式中,n 为机构中活动构件的数目。

7. 机构具有确定运动的条件

机构的自由度等于机构的原动件数目,机构具有确定的运动。机构的自由度由机构的属性决定,而机构的原动件由人来确定。

在图 6 - 14(a)中,$F = 1$,有一个原动件即有确定的运动。图 6 - 14(b)中,$F = 2$,有两个原动件即有确定的运动。如给定一个原动件(如构件 1),则机构无确定运动,如图示 $ABCDE$ 和 $ABC'D'E$。

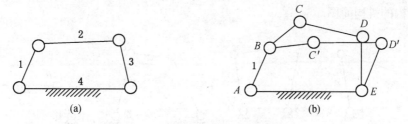

图 6 - 14 机构具有确定运动的条件

(a) 四杆机构;(b) 五杆机构

在机械设计过程中,必须注意机构的自由度数与原动件的关系。一般情况下,原动件数与动力源数相等。

§6-3　机构的基本类型及其组合

机械运动系统主要指机械中的传动机构和工作执行机构,从机构学的角度看问题,二者是相同的,只不过是在机械中所起的作用不同。有些机械中有时很难分清传动机构和执行机构,故本书将二者统称机构运动系统。机构运动系统可以是机构的基本型,也可以是机构基本型的组合或组合机构。

本节讨论机构的基本型和由基本型组合成复杂的机构运动系统的的方法。

1. 机构的基本型

机构的基本型是指最基本的、最常用的机构形式。目前,机构基本型的确定原则尚无确切说明,本书把最简单的机构称为机构的基本型,也可称为最简单的机构或基本机构,供学习时参考。

由于机构种类繁多,这里仅仅讨论一些工程中最常用的机构的基本形式。

1) 连杆机构的基本型

连杆机构由于结构简单、制造与安装容易、成本低廉、可以实现较远距离的传动、其运动规律多样化,因而在工程中获得广泛应用。其中,由四个杆件组成的连杆机构是最基本的,其他多杆机构可以看作是由四杆机构组合而成的机构系统。

(1) 铰链四杆机构的基本型。

铰链四杆机构中,所有运动副均为转动副。在铰链四杆机构中,把与机架相连接的杆件称作连架杆,不与机架相连接、仅与连架杆相连接的杆件称为连杆。图6-15中,杆件 AD 固定为机架,则与机架 AD 相连接的杆件 AB 与 CD 为连架杆。如果连架杆能作整周运动,该连架杆称作曲柄,不能作整周运动的连架杆称为摇杆。(a)图中,连架杆 AB 能作整周转动,故为曲柄。另一个连架杆 CD 不能作整周转动,只能作往复摆动,故为摇杆,该机构称为曲柄摇杆机构。(b)图中,连架杆 AB 与 CD 均能作整周转动,该机构称为双曲柄机构。(c)图中,两个连架杆 AB 与 CD 都不能作整周转动,该机构称为双摇杆机构。如果(b)图中的两个曲柄长度相等且平行,连杆与机架相等且平行,则该机构演化为(d)图所示的平行四边形机构。

铰链四杆机构的基本型为曲柄摇杆机构、双曲柄机构、双摇杆机构。图6-15所示机构为铰链四杆机构的机构简图。

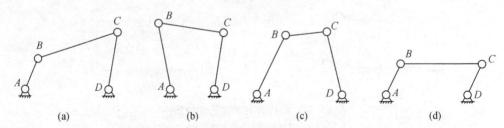

图6-15　铰链四杆机构的基本型
(a) 曲柄滑块机构;(b) 双曲柄机构;(c) 双摇杆机构;(d) 平行四边形机构

(2) 含有一个移动副四杆机构的基本型。

在平面四杆机构中,如果含有一个移动副,则该机构称为含有一个移动副的四杆机构。含有一个移动副四杆机构的基本型有曲柄滑块机构,转动导杆机构,移动导杆机构、曲柄摇块机构、摆动导杆机构。图 6 - 16 为含有一个移动副的四杆机构的基本型简图。

图 6 - 16(a)所示机构为曲柄滑块机构,(b)图所示机构为转动导杆机构,(c)图所示机构为摆动导杆机构,其中 AB 为曲柄。(d)图所示机构为移动导杆机构,(e)图所示机构为曲柄摇块机构,AB 为曲柄。

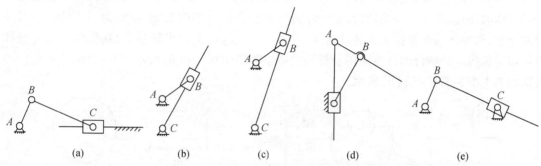

图 6 - 16　含有一个移动副四杆机构的基本型
(a) 曲柄滑块机构;(b) 转动导杆机构;(c) 摆动导杆机构;(d) 移动导杆机构;(e) 曲柄摇块机构

2) 齿轮机构

齿轮是圆周上带有牙齿的轮子,由主动齿轮的牙齿依次拨动从动齿轮的牙齿实现运动和动力的传递。因其体积小、结构紧凑、传动比稳定、效率高、寿命长,是应用最广泛的一种传动,按两齿轮轴线位置的不同,可分为平行轴传动、相交轴传动和交错轴传动,其种类较多,图 6 - 17 列出

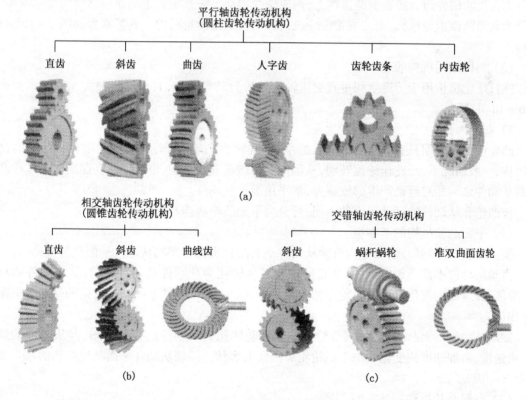

图 6 - 17　齿轮传动机构的种类

典型的齿轮传动机构示意图。

（1）圆柱齿轮传动机构的基本型。

圆柱齿轮传动机构可分为外啮合圆柱齿轮传动机构和内啮合圆柱齿轮传动机构,按其轮齿走向的不同又可分为直齿圆柱齿轮传动机构、斜齿圆柱齿轮传动机构、人字齿圆柱齿轮传动机构。其齿形曲线可采用渐开线齿形,也可用摆线齿形和圆弧齿齿形。如果齿轮的轮齿分布在圆柱体的外表面,称为外齿轮,齿轮的轮齿分布在圆柱体的内表面,则称为内齿轮。一对外齿轮啮合,称为外啮合圆柱齿轮传动机构,一个外齿轮与一个内齿轮啮合,则称为内啮合圆柱齿轮传动机构。外啮合圆柱齿轮传动机构的基本型如图 6 – 18(a)所示,内啮合圆柱齿轮传动机构的基本型如图 6 – 18(b)所示。

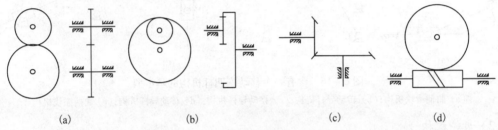

图 6 – 18　齿轮机构的基本型
(a) 外啮合圆柱齿轮机构;(b) 内啮合圆柱齿轮机构;(c) 圆锥齿轮机构;(d) 蜗轮蜗杆机构

（2）圆锥齿轮传动机构的基本型。

圆锥齿轮的轮齿分布在截圆锥体上,两轮轴线相交。按其轮齿走向相对轴线的变化情况,可分为直齿圆锥齿轮机构、斜齿圆锥齿轮机构和曲齿圆锥齿轮机构。其基本型如图 6 – 18(c)所示。

（3）蜗杆蜗轮机构的基本型。

蜗杆蜗轮机构用于传递空间垂直交错轴之间的运动与动力,其传动比很大。其基本型如图 6 – 18(d)所示。

3）凸轮机构

凸轮机构是利用具有复杂轮廓形状的主动件(称为凸轮)驱动从动件完成各种运动的高副机构,一般情况下,凸轮作等速转动,从动件可作往复直线移动,也可作往复摆动。为减小凸轮和从动件之间相对运动产生的摩擦力,常采用滚子从动件。

按凸轮和从动件的运动平面的不同,可分为平面凸轮机构和空间凸轮机构。

（1）平面凸轮机构的基本型。

按从动件的运动形式,又分为直动从动件平面凸轮机构和摆动从动件平面凸轮机构。

直动从动件平面凸轮机构中,凸轮的定轴转动转化为从动件的往复移动,其从动件的位移、速度、加速度的变化取决于凸轮轮廓曲线的形状。直动从动件平面凸轮机构的基本型见图 6 – 19(a)。

摆动从动件平面凸轮机构中,凸轮的定轴转动转化为从动件的往复摆动,其从动件的摆角、角速度、角加速度的变化取决于凸轮轮廓曲线的形状。摆动从动件平面凸轮机构的基本型见图 6 – 19(b)。

（2）空间凸轮机构的基本型。

空间凸轮机构中的凸轮形状有圆柱凸轮和圆锥状凸轮,这里仅讨论圆柱凸轮机构。一般

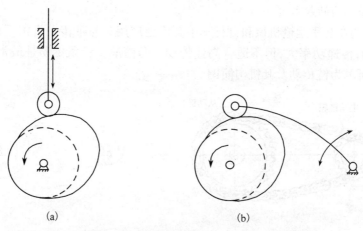

图 6-19　平面凸轮机构的基本型

（a）直动从动件平面凸轮机构；（b）摆动从动件平面凸轮机构

情况下,圆柱凸轮作等速转动,从动件可作往复直线移动,也可作往复摆动。空间凸轮机构的基本型如图 6-20(a)、(b)所示。

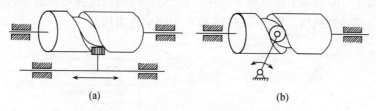

图 6-20　圆柱凸轮机构的基本型

（a）移动从动件圆柱凸轮机构；（b）摆动从动件圆柱凸轮机构

4）带传动机构的基本型

主动轮和从动轮之间缠绕挠性带,靠带与带轮之间的摩擦力驱动从动轮的转动。带传动可实现较远距离的传动,是一种常见的传动机构。根据带的形状,可分为平带传动、V 带传动、圆带传动、活络带传动、同步齿形带传动,其基本型的简图形式相同,带传动见图 6-21(a)所示,机构简图如图 6-21(b)所示。

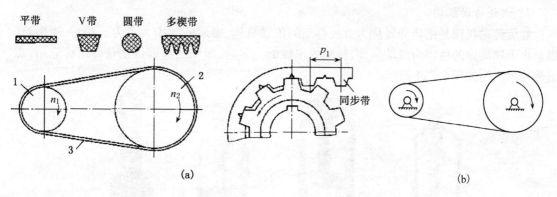

图 6-21　带传动机构

（a）带传动；（b）带传动简图

5) 链传动机构的基本型

链传动机构在起重运输机械和自行车中有广泛应用。与带传动机构不同,链传动机构是一种啮合传动,传递功率大,但不适合高速传动。套筒滚子链条传动是最常用的链条传动机构,图6-22所示为链传动及其机构简图。

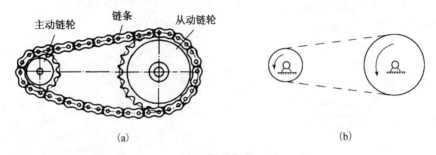

(a)   (b)

图6-22   链传动机构
(a) 链传动;(b) 链传动简图

6) 液、气传动机构的基本型

液压传动和气压传动在工程机械中应用广泛,这类机构的缸体可以固定,也可以摆动。图6-23(a)所示为摆动缸机构。图6-23(b)所示为固定缸机构。

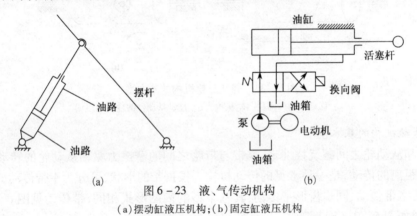

(a)   (b)

图6-23   液、气传动机构
(a)摆动缸液压机构;(b)固定缸液压机构

7) 螺旋传动机构

螺旋传动机构是把转动转化为直线移动的传动机构,螺旋的牙齿大多为三角形、矩形、梯形。由于螺旋副的摩擦为滑动摩擦,机械效率较低。目前,滚珠式螺旋传动获得广泛应用,螺旋传动示意图如图6-24所示。

图6-24   螺旋传动机构

8）电磁传动机构

电磁传动机构是利用电磁转换的原理实现小位移的机械运动装置，在开关电路中应用甚广。图 6－25 所示为电话机中的电磁机构示意图。

9）间歇运动机构

间歇运动机构是指把连续转动转化为另一个构件的间歇运动的机构，种类很多。工程中常用的间歇运动机构主要有棘轮机构和槽轮机构。图 6－26(a)、(b)、(c)为不同的外棘轮机构，(d)图为内棘轮机构。图 6－27 为槽轮机构，(a)图为外槽轮机构，(b)图为内槽轮机构。

图 6－25　电话机电磁机构

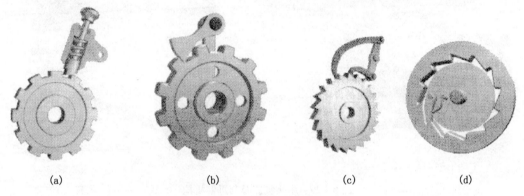

| (a) | (b) | (c) | (d) |

图 6－26　棘轮机构
(a)外棘轮机构；(b)外棘轮机构；(c)外棘轮机构；(d)内棘轮机构

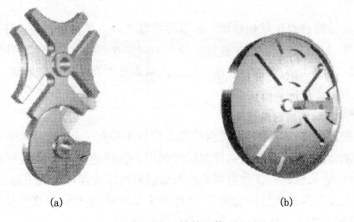

(a)　　　　　　　　　　　(b)

图 6－27　槽轮机构
(a)外槽轮机构；(b)内槽轮机构

图 6－28 所示机构为外棘轮机构和外槽轮机构的机构简图。

图 6－29(a)所示机械是牛头刨床，(b)图所示为其进给机构示意图，是基本机构组合为机构系统的具体应用。显然，该进给系统是由齿轮机构、连杆机构、棘轮机构和螺旋机构(图中未画出)组成的。

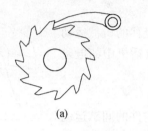
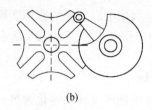

图 6-28　间歇运动机构的基本型

（a）棘轮机构；（b）槽轮机构

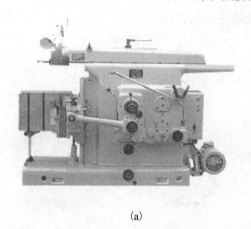

图 6-29　牛头刨床及其进给机构

（a）牛头刨床；（b）牛头刨床进给机构系统

2. 机构的组合

各种机构的巧妙组合是机械创新设计的重要手段之一。其组合方法可分为各类基本机构的串联、并联、混联、封闭式连接、叠加连接五种。不同的连接方式所产生的机构系统不同，串行连接、并行连接、混合连接、叠加连接所组成的机构系统称为机构组合系统，封闭式连接所组成的机构系统称为组合机构系统。

1）机构的串联组合

前一个机构的输出构件与后一个机构的输入构件连接在一起，称之为串联组合。起主要作用的机构称为基础机构，另一个机构称为附加机构。其特征是基础机构和附加机构都是单自由度机构，组合后各机构的特征保持不变。根据前后两机构连接点的不同，可分为两种串联组合方法。连接点选在作简单运动的构件上，称为 Ⅰ 型串联，连接点选在作复杂平面运动的构件上，称为 Ⅱ 型串联。图 6-30 为机构的串联组合示意图。

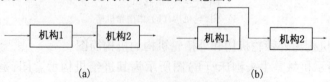

图 6-30　机构的串联组合框图

（a）Ⅰ型串联；（b）Ⅱ型串联

串联组合中的各机构可以是同类型机构,也可以是不同类型机构。首先选择的机构为基础机构,其他则为附加机构,串行连接中,基础机构和附加机构没有严格区别,按工作需要选择即可。

图 6-31(a)中,齿轮 z_1 与 z_2 组成的齿轮机构为附加机构,连杆机构 ABCD 为基础机构。附加齿轮机构中的输出齿轮 2 与基础连杆机构输入件 AB 固接,形成Ⅰ型串联机构。

图 6-31(b)中,齿轮 z_1、z_2 和系杆 OA 组成的行星轮系机构为基础机构,滑块机构 ABC 为附加机构。曲柄 AB 与作复杂平面运动的行星轮固接,称为Ⅱ型串联机构。

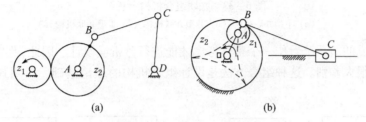

图 6-31　串联机构示意图

(a) Ⅰ型串联机构;(b) Ⅱ型串联机构

2) 机构的并联组合

若干个单自由度的基本机构的输入构件连接在一起,保留各自的输出运动;或若干个单自由度机构的输出构件连接在一起,保留各自的输入运动;或有共同的输入构件与输出构件的连接,称为并行连接。其特征是各基本机构具有相同的自由度,且各机构特征不变。

根据并联机构输入与输出特性的不同,分为三种并联组合方法。各机构有共同的输入件,保留各自输出运动的连接方式,称为Ⅰ型并联;各机构有不同的输入件,保留共同输出运动的连接方式,称为Ⅱ型并联;各机构有共同的输入运动和共同的输出运动的连接方式,称为Ⅲ型并联。图 6-32 所示为机构的并联组合示意图,其传动路线可逆。并联组合的各机构可以是同类型机构,也可以是不同类型机构。

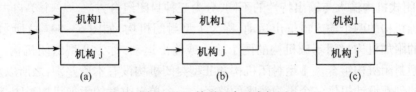

图 6-32　并联组合示意框图

(a) Ⅰ型并联;(b) Ⅱ型并联;(c) Ⅲ型并联

图 6-33(a)所示机构中,共同的输入构件为 AB,滑块 C 完成两路输出运动,该机构为Ⅰ型并联机构。该并联机构可平衡机构 ABC 的惯性力。(b)图所示机构中,四个滑块驱动一个输出曲柄转动。该机构为Ⅱ型并联机构,是设计多缸发动机的理论基础。(c)图所示机构为Ⅲ型并联机构,Ⅲ型并联机构常用于压力机的设计。

3) 机构的封闭式连接组合

一个两自由度机构中的两个输入构件或两个输出构件用单自由度的机构连接起来,形成一个单自由度的机构系统,称为封闭式连接。将两自由度的机构称为基础机构,单自由度机构称为附加机构,或称封闭机构。封闭组合形成的机构系统中,不能按原来单个机构进行分析或

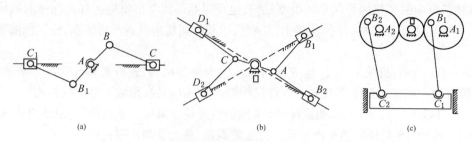

图 6-33　并联组合机构示意图

(a) Ⅰ型并联机构；(b) Ⅱ型并联机构；(c) Ⅲ型并联机构

设计,必须把组成的新系统看作一个整体考虑才能进行分析或设计。因此,此类组合称为组合机构,与前者有很大差别。这种组合方法是设计组合机构的理论基础。封闭式组合示意框图参见图 6-34。

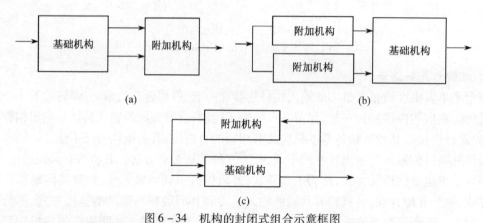

图 6-34　机构的封闭式组合示意框图

(a) Ⅰ型封闭组合机构；(b) Ⅱ型封闭组合机构；(c) Ⅲ型封闭组合机构

　　根据封闭式机构输入与输出特性的不同,分为三种封闭组合方法。一个单自由度的附加机构封闭基础机构的两个输入或输出运动,称为Ⅰ型封闭机构,如图 6-34(a)所示框图。两个单自由度的附加机构封闭基础机构的两个输入或输出运动,称为Ⅱ型封闭机构。(b)图所示框图为Ⅱ型封闭机构组合。Ⅰ型封闭机构和Ⅱ型封闭机构没有本质差别,之所以加以区别,只是为机构的创新设计提供一个更为清晰的路径。一个单自由度的附加机构封闭基础机构的一个输入和输出运动,称为Ⅲ型封闭组合机构,如(c)图所示框图。

　　图 6-35(a)所示机构中。差动轮系为基础机构,四杆机构为附加机构。差动轮系的系杆与四杆机构的曲柄固接,差动轮系的行星轮与四杆机构的连杆固接,形成Ⅰ型齿轮连杆封闭组合机构。

　　图 6-35(b)所示机构中,差动轮系为基础机构,四杆机构 $OACD$ 和由齿轮 z_1、z_4 组成的定轴齿轮机构为两个附加机构。形成Ⅱ型齿轮连杆封闭组合机构。

　　图 6-35(c)所示机构中。五杆机构 $OABCD$ 为基础机构,凸轮机构为封闭机构。五杆机构的两个连架杆分别被凸轮和推杆固接,形成Ⅰ型凸轮连杆封闭组合机构。

　　机构经封闭式连接后得到的机构系统称为组合机构,组合机构可实现优良的运动特性,但是有时会产生机构内部的封闭功率流,降低了机械效率。所以,传力封闭组合机构要进行封闭功率的判别。

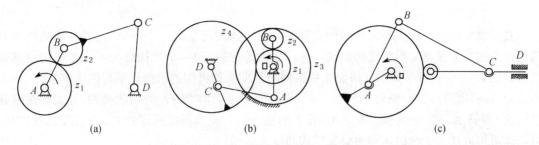

图 6-35 封闭组合机构示意图

（a）Ⅰ型封闭机构；（b）Ⅱ型封闭机构；（c）Ⅰ型封闭机构

4）机构叠加组合

机构叠加是指在一个机构的可动构件上再安装一个或一个以上的机构的组合方式。把支撑其他机构的机构称为基础机构,安装在基础机构可动构件上面的机构称为附加机构。机构叠加组合方法有三种。图 6-36 所示框图为机构的叠加组合示意图。并分别称为Ⅰ型叠加机构、Ⅱ型叠加机构、Ⅲ型叠加机构。以下分别进行讨论。

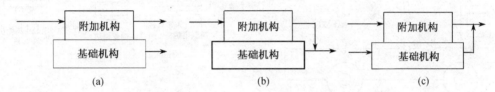

图 6-36 机构的叠加组合

（a）Ⅰ型叠加机构；（b）Ⅱ型叠加机构；（c）Ⅲ型叠加机构

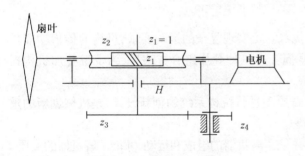

图 6-37 Ⅰ型叠加机构

（1）Ⅰ型叠加机构。

图 6-37 中的叠加机构中,蜗杆传动机构为附加机构,行星轮系机构为基础机构。蜗杆传动机构安装在行星轮系机构的系杆 H 上,由蜗轮给行星轮提供输入运动,带动系杆缓慢转动。附加机构驱动扇叶转动,又可通过基础机构的运动实现附加机构的全方位慢速转动,该机构可设计出理想的电风扇。扇叶转数可通过电机调速调整。

（2）Ⅱ型叠加机构。

图 6-38 所示叠加机构中,由蜗杆机构和齿轮机构组成的轮系机构为附加机构,四杆机构 $ABCD$ 为基础机构。附加轮系机构设置在基础机构的连架杆 1 上。附加机构的输出齿轮与基础机构的连杆 BC 固接,实现附加机构与基础机构的运动传递。这样四杆机构的两个连架杆都可实现变速运动。通过对连杆机构的尺寸选择,可实现基础机构的复杂低速运动。

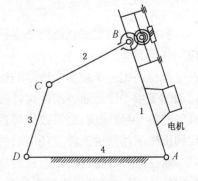

图 6-38 Ⅱ型叠加机构

（3）Ⅲ型叠加机构。

Ⅲ型叠加机构的特点是附加机构安装在基础机构的可动构件上，再由设置在基础机构可动构件上的动力源驱动附加机构运动。进行多次叠加时，前一个机构即为后一个机构的基础机构。图 6-39(a)所示的户外摄影车机构即为Ⅲ型叠加机构的示例。平行四边形机构 *ABCD* 为基础机构，由液压缸 1 驱动 *BD* 杆运动。平行四边形机构 *CDFE* 为附加机构，并安装在基础机构的 *CD* 杆上。安装在基础机构 *AC* 杆上的液压缸 2 驱动附加机构的 *CE* 杆，使附加机构相对基础机构运动。平台的运动为叠加机构的复合运动。

Ⅲ型叠加机构在各种机器人和机械手机构中得到了非常广泛的应用。图 6-39(b)所示的机械手就是按Ⅲ型叠加原理设计的叠加机构。

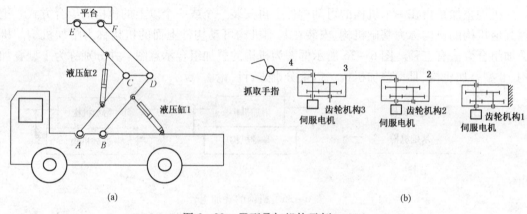

图 6-39 Ⅲ型叠加机构示例
(a) 户外摄影车机构；(b) 机械手机构

机构叠加组合而成的新机构具有很多优点。可实现复杂的运动要求，机构的传力功能较好，减小传动功率；但设计构思难度较大。掌握上述三种叠加组合方法后，为了解叠加机构提供了理论基础。

在机构基本型的基础上，利用机构的组合原理进行机构系统的创新设计，是机械创新的重要途径，也是机械工程设计领域中的重要问题。

在机械工程概论课程中，只有了解机构，才能了解机器的组成和运动，才能了解机器的实质。

§6-4 机构在机器中的应用

前面内容对组成机器的基本机构及其机构的组合作了简单介绍，这里对机构在机器中的应用作简要介绍。

机构是把一个或多个物体的运动变换为其他物体所需运动的装置。在传统的机构学中，运动的变换手段是通过刚性构件的机械运动来实现的，在现代机构学中，可以通过电磁变换、液气变换、温度效应、磁滞效应等多种非机械手段执行所需的机械运动。目前大部分机器中的机构仍然采用机械手段实现运动的变换或传递，所以本书仍然重点介绍传统机构的应用。

通过对各种各样机器组成的分析可以看出，机构是机器的主要组成部分。简单机器中的机构较少，复杂机器中的机构较多。例如，人工送料的冲床就是由一个曲柄滑块机构组成的；

内燃机则由曲柄滑块机构、配气凸轮机构和正时齿轮机构组成;牛头刨床中含有带传动机构、齿轮机构、连杆机构、间歇运动机构、螺旋运动机构组成。机器越是复杂,所含机构的种类和机构数目就越多。随着机电一体化技术和控制技术的快速发展,机器中所含机构的种类和数目有下降趋势。从提高机械运动精度的观点看,在实现既定运动的前提下,机器中的机构越少越好。但无论机器如何改进,机构仍然是组成机器的主体,机构在机器中仍然起决定性的作用。以下重点介绍常用机构在机器中的作用和应用。

1. 齿轮机构的应用

齿轮传动机构是靠主动轮的轮齿依次拨动从动轮的轮齿来传递运动和动力的。具有尺寸小、结构紧凑,传动比稳定、承载能力高、效率高、寿命长等优点,是应用最广泛的一种机械传动装置。

齿轮传动的种类很多,有外啮合的圆柱齿轮传动、内啮合的圆柱齿轮传动、齿轮齿条传动,有圆锥齿轮传动,还有蜗杆蜗轮传动。在各类机器中,齿轮传动一般用作减速传动或变速传动。图6-40所示装置为齿轮减速箱示意图。图6-41所示装置为齿轮变速箱示意图。在含有齿轮传动的机器中,轮齿突然的断裂,可能会引起重大事故。

图6-41 齿轮变速箱

图6-40 齿轮减速箱

2. 凸轮机构的应用

凸轮机构从动件的运动规律取决于凸轮的轮廓曲线,只要合理设计凸轮的廓线,就可以实现从动件的任意运动规律。因此,凸轮机构在包装机械、印刷机械、纺织机械等自动机械中有广泛应用。图6-42所示装置为包装机械示意图。图6-43所示装置为印刷机械示意图。图6-44所示装置为纺织机械示意图。

在使用过程中,有时因设计或制造的原因,可能导致从动件的运动规律不能满足工作性能或出现较大振动与噪音,磨损也是影响凸轮机构寿命的重要原因。

图6-42 包装机械

图 6-43　印刷机械

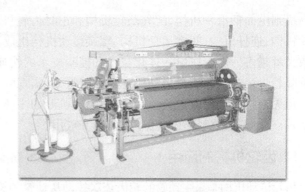

图 6-44　纺织机械

3. 连杆机构的应用

连杆机构是低副机构,运动副为低副,接触面大,压强小,承载能力高;由于杆件尺寸较长,传递的运动范围大,同时连杆机构可以实现复杂的运动轨迹。另外,连杆机构还具有结构简单、制作容易、成本低廉、维修方便等优点。所以在机械工程中,许多机械中的工作执行机构都采用了连杆机构。图 6-45 所示的机械手、图 6-46 所示的机械运动参数测量实验台和图 6-47 所示的工程机械都使用了连杆机构。

图 6-45　机械手

图 6-46　机械运动参数测量实验台

图 6-47　工程机械

4. 间歇机构的应用

间歇运动机构能把一个构件的连续转动转化为一个构件的间歇转动或间歇移动,在自动机床和自动化生产线领域获得广泛应用。图 6-48 所示的电影放映机和图 6-49 所示的牛头刨床中均使用了间歇运动机构。

图 6-48　电影放映机

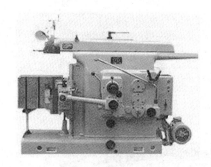

图 6-49　牛头刨床

5. 螺旋机构的应用

由于螺旋机构能把一个构件的转动转化为一个构件的移动,而且具有自锁特点,在机械中有独特作用。图 6-50 所示的夹紧台钳和图 6-51 所示的冷压机床中都使用了螺旋传动。

图 6-50　夹紧台钳

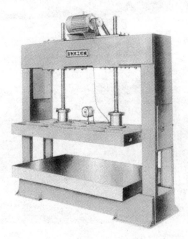

图 6-51　冷压机床

6. 带传动机构的应用

带传动机构是实现长距离传动的一种挠性摩擦传动机构,一般把高速转动转化为低速转动。机械中采用平带传动和 V 带传动居多。图 6-52 所示的钻铣床和图 6-53 所示的抽油机中均有带传动。

7. 链传动机构的应用

链传动机构也是实现长距离传动的一种挠性啮合传动机构,与带传动相比,可传递更大的功率。图 6-54 所示的自行车和图 6-55 所示的叉车中均包含链传动。

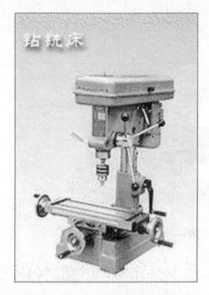

图6-52 钻铣床

图6-53 油梁式抽油机

图6-54 自行车

图6-55 叉车

8. 液气机构的应用

由于液压机构的工作介质是液压油,气动机构的工作介质是空气。二者工作原理基本相同。不同点是液体介质不可压缩,空气介质可以压缩。液压传动无噪音,气压传动噪音大。由于液压传动可提供强大的动力,许多大功率机械中,大都采用液压传动。图6-56所示装置为液压挖掘机示意图。液压传动的漏油引起的事故和污染问题随着制造精度的提高正在得到改善。

图6-56 液压挖掘机

9. 电磁机构的应用

通过电磁效应完成一定的机械运动是电磁机构的特点,但电磁机构的位移一般很小,因此电磁机构常用于接触器、继电器、电磁振动器和电磁开关中。图6-57所示装置为电磁开关示意图。图6-58所示装置为电磁振动器示意图。

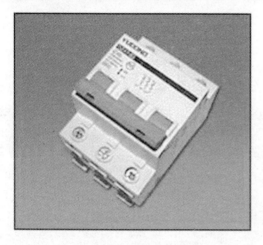

图6-57 电磁开关

图6-58 电磁振动器

10. 机器人机构的应用

串联机构与并联机构在机器人机构中得到广泛应用。图6-59所示装置为串联机器人示意图。图6-60所示装置为并联机器人示意图。

图6-59 串联机器人

图6-60 并联机器人

11. 其他机构的应用

由于机构种类很多,在机器中应用范围也有很大不同。如摩擦轮传动可以应用在小型仪器仪表中;磁致伸缩机构、热变形机构等可以应用在微位移机构中;空间机构的应用也越来越广泛。

综上所述,机构在机器中有重要作用,机构的优劣决定机器的品质。了解机构就基本了解机器。通过本章的学习,从理论上了解机器的组成情况和运动情况,是机械工程领域中的重要理论常识。

第七章　机械设计综述

§7−1　机械设计的主要内容及基本要求

在现代生产和日常生活中,有各种类型的机器,如汽车、机床、起重机、机器人以及缝纫机、洗衣机等。虽然它们的用途、功能不同,工作条件各异,但无论哪一种机器,其基本组成要素都是机械零件。

机械中的零件可分为两大类。一类是通用零件,它在各种类型的机械中都可能用到,如螺栓、轴、齿轮、弹簧等;另一类是专用零件,只用于某些类型的机械中,如电动机中的转子、涡轮机的叶片、内燃机中的曲轴等。此外,机械设计还把为完成同一使命、彼此协同工作的一组零件所组成的独立制造或独立装配的组合体称为部件,如减速器、联轴器等。机器在工作时,其中的每个零件都在为完成机器的功能而发挥各自的作用。因此任何机器性能的好坏,都取决于其主要零件或某些关键零件的综合性能。

1. 机械设计的主要内容

机械设计工作的主要内容有以下几个方面。

1)机械工作原理的选择

机械的工作原理是机械实现预期功能的基本依据,实现同一预期功能的机器可以选择不同的工作原理。例如,设计齿轮机床时,可以选用成形法加工齿轮,也可以选用范成法来加工齿轮。显然,工作原理不同,设计出的机床也不同,前者为普通铣床,后者则为滚齿机或插齿机。

2)机械的运动设计

工作原理选定后,即可根据工作原理的要求,确定机械执行部分所需的运动及动力条件,然后再结合预定选用的原动机类型及性能参数进行机械的运动设计,即妥善选择与设计机械的传动部分,把原动机的运动转变为机械执行部分预期的机械运动。

3)机械的动力设计

初定了机械的执行部分和传动部分后,即可根据机器的运动特性、执行部分的工作阻力、工作速度和传动部分的总效率等,算出机械所需的驱动功率,并结合机器的具体情况,选定一台(或几台)适用的原动机进行驱动。

4)零部件工作能力设计

对于一般机械,在选定了原动机后,即可根据功率、运动特性和各个零部件的具体工作情况,计算出作用于任一零部件上的载荷。然后,从机械的全局出发,考虑各个零部件所需的工作能力(强度、刚度、寿命)。

2. 机械设计的基本要求

机械设计的基本要求主要有以下几个方面:

1）实现预期功能的要求

设计机械时,首先应满足的就是要能实现机械的预定功能,且在预定的工作期限内和预定的环境条件下能可靠地工作。

2）经济性要求

经济性是一个综合性指标,它要求机械的设计、制造成本低,使用这台机械时生产率高,能源、材料耗费少,维护管理费用低。

3）操作方便与工作安全的要求

机械的操纵系统应简便可靠,有利于减轻操作人员的劳动强度,对机械中容易造成危害工人安全的部分,应装防护罩,并采用各种可靠的安全保险装置,以消除由于不正确操作而引起的危险。

4）造型美化和减轻对环境污染的要求

设计机械时,应从工业美学角度出发,考虑机械的外形和色彩以美化工作环境,并尽可能降低机械的噪声,以减轻对环境的污染。

5）其他特殊要求

如巨型机器应便于安装、拆卸和运输;机床能长期保持精度;食品、纺织、造纸机械不得污染产品等。

§7–2　机械零件的主要失效形式及设计准则

1. 机械零件的主要失效形式

机械产品的主要质量标志是:功能、寿命、重量/容量比、经济、安全和外观,其中功能是首要的。一般说来,机械零件丧失工作能力或达不到设计要求的性能时称为失效。在不发生失效的条件下,零件所能安全工作的限度称为工作能力。机械零件常见的失效形式主要有:

1）断裂

这是由于零件体积应力过大而造成的破坏使其无法继续工作,也称为体积失效。断裂又可分为过载断裂和疲劳断裂,前者的断口通常为具有残余变形(对塑性材料)的断面或呈粗糙表面的断面(对脆性材料)。

2）变形过大

当零件由于弹性变形过大并超过了许用值时,就会导致机器不能正常工作。当零件过载时,塑性材料还会发生塑性变形,致使零件尺寸和形状发生变化。

3）振动过大

当零件振动过大,特别是发生共振时,致使振幅超过了许用值而失效。

4）表面失效

在过大的表面接触应力作用下,可能造成胶合、点蚀、磨损和塑性变形等失效。在化学腐蚀物质的接触和作用下,则可能造成表面腐蚀失效。

2. 机械零件的设计准则

针对各种不同的失效形式,列出判定零件工作能力的条件,就成为机械零件的设计准则。

这些准则主要有强度、刚度、耐磨性、耐热性以及振动稳定性等。下面主要讨论零件的强度、刚度条件。

1）强度

（1）名义载荷与计算载荷。

根据名义功率用力学公式计算出作用在零件上的载荷称为名义载荷，它是机器在理想平稳的工作条件下作用在零件上的载荷。计算载荷是考虑实际载荷随时间作用的不均匀性、载荷在零件上分布的不均匀性以及其他因素的影响而得的载荷。机械零件的设计计算一般按计算载荷进行。

（2）强度条件。

强度条件是机械零件最基本的计算准则。如果零件强度不足，工作时会产生断裂或过大的塑性变形，使零件不能正常工作。设计时必须满足的强度条件为：

$$\sigma \leqslant [\sigma], \tau \leqslant [\tau]$$

式中，σ、τ 分别为危险截面处的最大正应力和切应力，是按照计算载荷求得的应力；$[\sigma]$、$[\tau]$ 分别为材料的许用正应力和切应力。

2）刚度

刚度是指零件在载荷作用下，抵抗弹性变形的能力。某些零件如机床主轴、高速蜗杆轴等，刚度不足将会产生过大的弹性变形，影响机器的正常工作。设计时应满足的刚度条件为：

$$y \leqslant [y], \theta \leqslant [\theta], \varphi \leqslant [\varphi]$$

式中，y、θ、φ 分别为零件工作时的挠度、转角和扭角；$[y]$、$[\theta]$、$[\varphi]$ 为相应的许用挠度、转角和扭角。

§7-3 连　接

连接是将两个或两个以上的零件联成一体的结构。为了便于机器的制造、安装、运输、检修以及提高劳动生产率等，在实际中广泛使用各种连接。

连接按其是否具有可拆性分为可拆连接与不可拆连接两大类。可拆连接是不需毁坏连接中的任一零件就可拆开的连接，多次装拆无损于其使用性能，如键连接、螺纹连接及销连接等；不可拆连接是至少必须毁坏连接中的某一零件才能拆开的连接，如铆钉连接（图7-1）、焊接（图7-2）和胶接（图7-3）等。

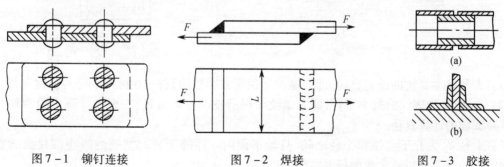

图7-1　铆钉连接　　　　图7-2　焊接　　　　图7-3　胶接

本节将简要介绍应用十分广泛的螺纹连接和常见的轴毂连接。

1. 螺纹连接

螺纹连接是利用螺纹零件构成的可拆连接,在实际中应用很广。螺纹连接的可靠性在某些领域相当重要,很多实例表明,由于螺纹连接的失效,经常会造成机毁人亡、毒气泄露等严重后果。

1) 螺纹的类型及主要参数

螺纹的种类很多。按照螺纹轴平面牙形状的不同,可分为普通螺纹(三角形螺纹)(图7-4(a))、管螺纹(图7-4(b))、矩形螺纹(图7-4(c))、梯形螺纹(图7-4(d))和锯齿形螺纹(图7-4(e))等。前两种主要要用于连接,后三种主要用于传动。

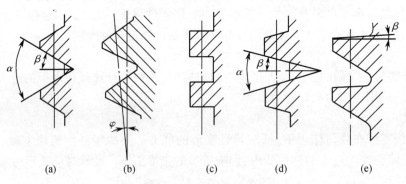

图7-4 螺纹的类型

按照螺旋线旋绕方向的不同,又可分为右旋螺纹(图7-5(a))和左旋螺纹(图7-5(b))。机械中一般采用右旋螺纹,左旋螺纹主要用于一些有特殊要求的场合。

现以三角形外螺纹为例介绍螺纹的主要参数(图7-6)。

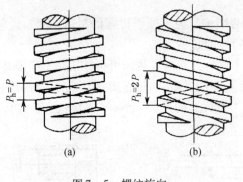

图7-5 螺纹旋向

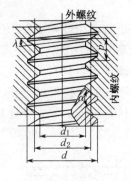

图7-6 螺纹参数

(1) 大径 d 为螺纹的最大直径,即为螺纹牙顶所在圆柱的直径,在标准中定为公称直径。

(2) 小径 d_1 为螺纹的最小直径,即为螺纹牙根所在圆柱的直径,在强度计算中通常作为螺杆危险截面的计算直径。

(3) 中径 d_2 为介于大径和小径之间,且轴平面内牙厚等于牙间宽处的假想圆柱面的直径。螺旋副的受力分析通常在中径圆柱面上进行。

(4) 线数 n 为螺纹的螺旋线数目。

(5) 螺距 p 为螺纹相邻两个牙型上对应点间的轴向距离。

（6）导程 s 为螺纹上任意一点沿螺旋线旋转一周所移动的轴向距离，$s = np$。

（7）螺纹升角 ψ 为螺旋线的切线与垂直于螺纹轴线的平面间的夹角。大、中、小各直径圆柱面上的螺纹升角不同，通常按螺纹中径 d_2 处计算，即：

$$\psi = \arctan \frac{s}{\pi d_2} = \arctan \frac{np}{\pi d_2}$$

（8）牙型角 α 为轴平面内螺纹牙两侧边的夹角。

（9）牙型斜角 β 为轴平面内螺纹牙一侧边与螺纹轴线的垂线间的夹角。对于对称的牙型，$\beta = \alpha/2$。

2）螺纹连接的类型

螺纹连接有四种基本类型，其结构型式如图 7-7 所示。

（1）螺栓连接。

利用一端有螺栓头，另一端有螺纹的螺栓穿过被连接件的通孔，旋上螺母并拧紧，从而将被连接件联成一体。螺栓连接又分普通螺栓（图 7-7(a)）和铰制孔螺栓用螺栓（图 7-7(b)）。前者的特点是孔和螺栓杆之间有间隙，螺栓受轴向拉力，且通孔的加工精度要求低；而后者孔和螺栓杆之间多采用过渡配合，螺栓能承受横向载荷，但孔的加工精度要求较高。这种连接广泛用于被连接件不太厚的场合。

（2）双头螺柱连接（图 7-7(c)）。

利用两端均有螺纹的螺柱，将其一端拧入被连接件的螺纹孔中，一端穿过另一被连接件的通孔，旋上螺母并拧紧，从而将被连接件联成一体。这种连接适用于被连接件太厚、不宜制成通孔且需要经常装拆的场合。

（3）螺钉连接（图 7-7(d)）。

不使用螺母，而利用螺钉穿过一被连接件的通孔，拧入另一被连接件的螺纹孔内实现连接。这种连接适用于被连接件一薄一厚、不需要经常装拆的场合。

（4）紧定螺钉连接（图 7-7(e)）。

利用紧定螺钉旋入一零件，并以其末端顶紧另一零件来固定两零件的相对位置。这种连接适用于力和扭矩不大的场合。

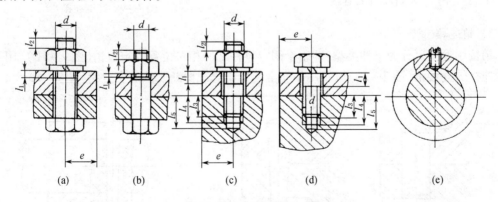

图 7-7 螺纹连接的基本类型

（a）普通螺栓连接；（b）铰制孔螺栓连接；（c）双头螺柱连接；（d）螺钉连接；（e）紧定螺钉连接

3）螺纹连接的主要失效形式

对于受拉螺栓,其主要失效形式是螺栓杆螺纹部分发生断裂,因而其设计准则是保证螺栓的静力或疲劳拉伸强度;对于受剪螺栓,其主要失效形式是螺栓杆和孔壁的贴合面上出现压溃或螺栓杆被剪断,因而其设计准则是保证连接的挤压强度和螺栓的剪切强度。

2. 轴毂连接

轴毂连接主要用来实现轴上零件(如齿轮、带轮等)的周向固定并传递转矩,有的还能实现轴上零件的周向固定或轴向滑动的导向。下面简单介绍常见的轴毂连接,即键连接、花键连接和销连接。

1）键连接

键是一种标准零件,主要类型有平键连接、半圆键连接、楔键连接和切向键连接。平键连接按用途又可分为普通平键、薄型平键、导向平键和滑键,其中普通平键、薄型平键用于静连接,而导向平键和滑键用于动连接。图7-8为普通平键连接的结构型式,键的两侧面是工作面,键的顶面与轮毂上键槽的底面则留有间隙,工作时靠键与键槽侧面的挤压传递转矩。

2）花键连接

花键连接由外花键和内花键组成,如图7-9所示。与平键连接相比,花键连接具有受力均匀、对轴与毂的强度削弱较小、承受较大载荷、对中性与导向性好的特点,因此适用于载荷较大、定心精度要求较高的静连接或动连接。

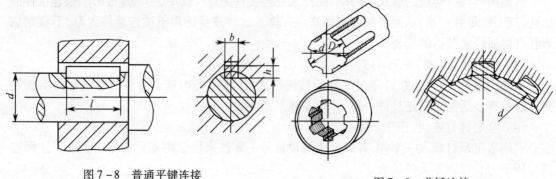

图 7-8 普通平键连接

图 7-9 花键连接

3）销连接

销按用途主要分为三种类型:即用于固定零件之间相对位置的定位销(图7-10)、用于轴与毂连接的连接销(图7-11)以及用作安全装置中过载剪断元件的安全销(图7-12)。

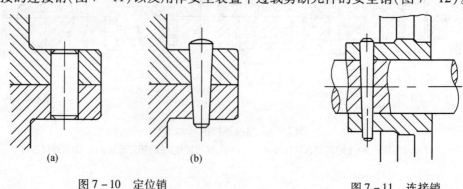

(a)　　　　　　　(b)

图 7-10　定位销
(a)圆柱销;(b)圆锥销

图 7-11　连接销

194

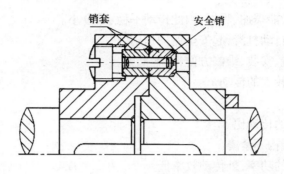

销套   安全销

图 7 – 12   安全销

§7 – 4   机械传动

一般机器都是由原动机、传动装置和工作机三部分组成。传动装置是原动机和工作机之间的"桥梁",它的作用是将原动机的运动和动力传递给工作机,并进行减速、增速、变速或改变运动形式等,以满足工作机对运动速度、运动形式以及动力等方面的要求。

传动装置按工作原理可分为机械传动、流体传动和电力传动三类。其中机械传动具有变速范围大、传动比正确,运动形式的转换方便,环境温度对传动的影响小以及传递的动力大、工作可靠、寿命长等一系列的优点,因而得到广泛的应用。由于传动装置是大多数机器或机组的主要组成部分,机器的质量、成本、工作性能和运转费用在很大程度上决定于传动装置的优劣,因此,不断提高传动装置的设计和制造水平就具有及其重大的意义。本节将讨论三种最常用的机械传动,即带传动、链传动和齿轮传动。

1. 带传动

带传动是由主动轮 1、从动轮 2 和紧套在两轮上的传动带 3 组成的一种机械传动装置,如图 7 – 13 所示。根据工作原理的不同,带传动可分为摩擦型带传动和啮合型带传动两类。依靠张紧在带轮上的带和带轮之间的摩擦力来传动的称为摩擦型带传动,而依靠带齿和轮齿相啮合来传动的称为啮合型带传动。根据挠性带截面形状的不同,可划分为:平带(图 7 – 14(a))、V 带(图 7 – 14(b))、圆带(图 7 – 14(c))、多楔带(图 7 – 14(d))和同步带(图 7 – 14(e))。

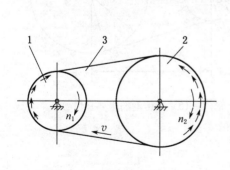

图 7 – 13   带传动的工作原理

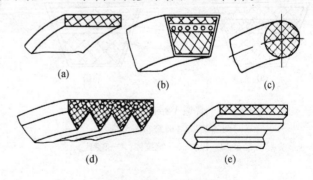

(a)   (b)   (c)

(d)   (e)

图 7 – 14   带的类型

(a)平带;(b)V 带;(c)圆带;(d)多楔带;(e)同步带

摩擦型带传动的主要优点是：

① 胶带具有弹性，能缓冲、吸振，因此传动平稳、噪音小。

② 传动过载时能自动打滑，起安全保护作用。

③ 结构简单，制造、安装、维修方便，成本低廉。

④ 可用于中心距较大的传动。

其主要缺点是：

① 不能保证恒定的传动比。

② 轮廓尺寸大，结构不紧凑。

③ 不能传递很大的功率，且传动效率低。

④ 带的寿命较短。

⑤ 对轴和轴承的压力大，提高了对轴和轴承的要求。

⑥ 不适宜用于高温、易燃等场合。

根据上述特点，带传动适用于在一般工作环境条件下，传递中、小功率，对传动比无严格要求，且中心距较大的两轴之间的传动。

在摩擦传动中，可以证明，在同样大小的张紧力下，V 带传动较平带传动能产生更大的摩擦力，因而传动能力大，结构较紧凑，且允许较大的传动比，因此得到更为广泛的应用。下面主要介绍 V 带传动。

如图 7 - 15 所示，V 带由包布、顶胶、抗拉体及底胶组成。V 带已标准化，可分为普通 V 带、窄 V 带、半宽 V 带和宽 V 带等多种形式。这里主要介绍普通 V 带，按截面尺寸由小到大分为 Y、Z、A、B、C、D、E 七种型号，其尺寸见有关设计手册。

V 带垂直其底边弯曲时，在带中保持原长度不变的一条周线称为节线，由全部节线构成的面称为节面。带的节面宽度称为节宽。在 V 带轮上，与所配用 V 带的节面宽度相对应的带轮直径称为基准直径。V 带在规定的张紧力下，位于带轮基准直径上的周线长度称为基准长度 L_d。

带传动的主要几何参数有包角、基准长度、中心距及带轮直径等，如图 7 - 16 所示。

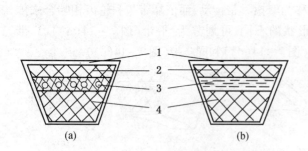

图 7 - 15　普通 V 带的结构形式

(a)绳芯 V 带；(b)帘布芯 V 带

1—包布；2—顶胶；3—抗拉体；4—底胶

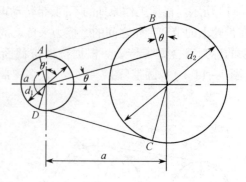

图 7 - 16　带传动的主要几何参数

带具有弹性,因此在拉力作用下会产生弹性伸长。但由于带的两边拉力不等,弹性量不等,因此会引起带与带轮之间局部的微小相对滑动,称为弹性滑动。显然,弹性滑动是靠摩擦力工作的带传动不可避免的物理现象。带传动的主要失效形式是打滑以及带在变应力作用下的疲劳损坏。为保证带传动工作时不发生打滑,必须限制带所需传递的圆周力,使其不超过带传动的最大有效拉力;为保证传动带具有足够的疲劳寿命,则应具有足够的疲劳强度。

2. 链传动

链传动是应用较广的一种机械传动。它主要由链条和主、从动链轮所组成,如图 7-17 所示。链轮上带有特殊齿形的齿,依靠链轮轮齿与链节的啮合来传递运动和动力。

链传动是属于带有中间挠性件的啮合传动。与属于摩擦传动的带传动相比,链传动无弹性滑动和打滑现象,因而能保持准确的平均传动比,传动效率较高;在同样使用条件下,链传动结构较为紧凑;链传动能在高温及速度较低的情况下工作。链传动的主要缺点是:在两根平行轴间只能用于同向回转的传动;运转时不能保持恒定的瞬时传动比;磨损后易发生跳齿且工作时有噪音。链传动主要用在要求工作可靠、两轴相距较远,以及其他不宜采用齿轮传动的场合。

按用途不同,链传动可分为:传动链、输送链和起重链。而传动链又分为滚子链和齿形链等类型。这里仅介绍使用最广的滚子链。

如图 7-18 所示,滚子链由滚子 1、套筒 2、销轴 3、内链板 4 和外链板 5 所组成。内链板 4 与套筒之间、外链板与销轴之间均为间隙配合。当内、外链板相对挠曲时,套筒可绕销轴自由转动。工作时滚子沿链轮齿廓滚动,这样就可减轻齿廓的磨损。链的磨损主要发生在销轴与套筒的接触面上。因此,内、外链板间应留少许间隙,以便润滑油渗入销轴和套筒之间的摩擦面间。在滚子链和链轮的啮合中,节距 p 是基本参数,节距增大时,链条中各零件的尺寸也要相应地增大。链的使用寿命在很大程度上取决于链的材料及热处理方法。链条尺寸和链轮齿形目前均已标准化。为提高链及链轮的强度、耐磨性和耐冲击性,需要选择合适的材料并进行热处理。

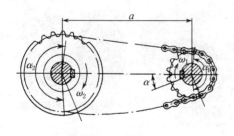

图 7-17　链传动

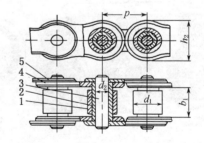

图 7-18　滚子链的结构

链传动的失效形式主要有:

(1) 链的疲劳破坏。

链在工作时,其上各个元件都是在变应力作用下工作,经过一定的循环次数后,有的元件将出现疲劳断裂或疲劳点蚀。

(2) 链条铰链的磨损。

链条工作时,其销轴与套筒之间承受较大的压力,传动时彼此又产生相对转动,从而导致了铰链磨损。

(3)链条铰链的胶合。

当链轮转速高达一定数值时,销轴和套筒间润滑油膜被破坏,使两者的工作表面在很高的温度和压力下直接接触,从而导致胶合。

(4)链条的静力拉断。

当低速的链条过载,并超过链条的静力强度时,链条就会被拉断。

3. 齿轮传动

齿轮传动是应用最广的一种机械传动,其主要优点是:

① 适用的圆周速度和功率范围广。

② 传动比准确。

③ 机械效率高。

④ 工作可靠。

⑤ 寿命长。

⑥ 可实现平行轴、相交轴、交错轴之间的传动。

⑦ 结构紧凑。

齿轮传动主要缺点是:

① 要求有较高的制造和安装精度,成本较高。

② 不适宜于远距离两轴之间的传动。

按照两齿轮轴线的相对位置和齿向的不同,齿轮传动可作如图 7-19 所示的分类。

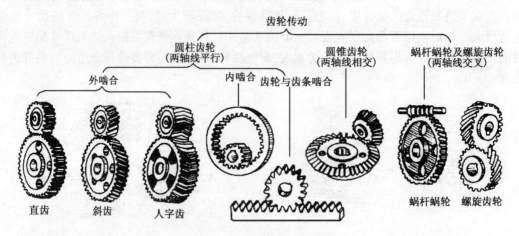

图 7-19 齿轮传动的分类

按齿轮轮齿的齿廓曲线形状可分为渐开线齿轮传动、摆线齿轮传动和圆弧齿轮传动。

本节只讨论应用最广的渐开线齿轮传动。

1)齿廓啮合基本定律

对齿轮传动的基本要求之一是其瞬时传动比必须保持不变,否则,当主动轮以等角速度回转时,从动轮的角速度是变化的,从而产生惯性力。这种惯性力不仅影响齿轮的寿命,而且还引起机器的振动,并产生噪声,进而影响其工作精度。齿廓啮合基本定律就是要研究当齿廓形状符合什么条件时才能满足这个基本要求。

图 7-20 为齿轮 1 和齿轮 2 的一对齿廓在 K 点相啮合的情况。N_1N_2 为两齿廓的公法线,它与两轮的连心线 O_1O_2 相交于 C,则 C 点称为节点。由于传动比

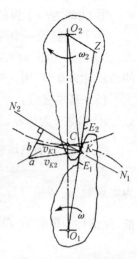

$$i = \frac{\omega_1}{\omega_2} = \frac{O_2C}{O_1C}$$

因此要使两齿轮传动比恒定不变,则应使比值 $\frac{O_2C}{O_1C}$ 为常数。因两齿轮中心 O_1 和 O_2 为定点,O_1O_2 为定长,故欲满足上述要求,必须使 C 点为 O_1 和 O_2 连线上的一个固定点,即不论齿廓在任何位置接触,过接触点所作的齿廓公法线均须与两轮中心线交于一定点,这就是齿廓啮合基本定律。凡能满足齿廓啮合基本定律的一对齿廓称为共轭齿廓。在机械中,通常采用渐开线齿廓、摆线齿廓和圆弧齿廓三种,其中又以渐开线齿廓应用最广。

图 7-20　一对齿廓的啮合

2) 渐开线标准直齿圆柱齿轮的基本参数和几何尺寸

(1) 齿轮基本尺寸的名称和符号(主要介绍外齿轮)。

图 7-21 所示为标准直齿圆柱外啮合齿轮端面的一部分,其各部分的名称及符号规定如下:

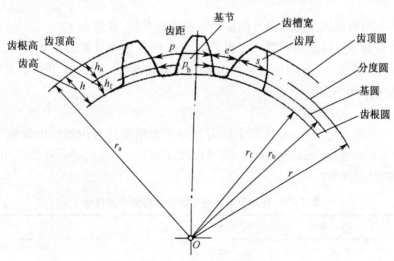

图 7-21　直齿轮各部分的名称和符号

① 齿顶圆为齿顶所在的圆,其直径和半径分别用 d_a 和 r_a。

② 齿根圆为齿槽底面所在的圆,其直径和半径分别用 d_f 和 r_f 表示。

③ 分度圆为具有标准模数和标准压力角的圆。它介于齿顶圆和齿根圆之间,是计算齿轮几何尺寸的基准圆,其直径和半径分别用 d 和 r 表示。

④ 基圆为生成渐开线的圆,其直径和半径分别用 d_b 和 r_b 表示。

⑤ 齿顶高为齿顶圆与分度圆之间的径向距离,用 h_a 表示。

⑥ 齿根高为齿根圆与分度圆之间的径向距离,用 h_f 表示。

⑦ (全)齿高为齿顶圆与齿根圆之间的径向距离,用 h 表示。

⑧ 齿厚为一个齿的两侧齿廓之间的分度圆弧长,用 s 表示。

⑨ 齿槽宽为一个齿槽的两侧齿廓之间的分度圆弧长,用 e 表示。

⑩ 齿距为相邻两齿的同侧齿廓之间的分度圆弧长,用 p 表示。显然有 $p = s + e$。基圆上的齿距称为基节,用 p_b 表示。

(2) 基本参数:

① 齿数 z 为齿轮圆周表面上的轮齿总数。

② 模数 m 为当给定齿轮的齿数 z 及齿距 p 时,分度圆直径即可由 $d = \dfrac{p}{\pi} z$ 求出。但由于 π 为无理数,它将给设计、制造等带来不便。为了便于设计、制造及互换使用,将 $\dfrac{p}{\pi}$ 规定为标准值,此值称为模数 m,单位为 mm。模数 m 已标准化,见表 7 − 1。

表 7 − 1 渐开线圆柱齿轮模数 m(GB 1357 − 87)

1, 1.25, 1.5, 2, 2.5, 3, 4, 5, 6, 8, 10, 12, 16, 20, 25, 32, 40, 50
注:1. 本标准适用于渐开线圆柱齿轮,对于斜齿轮是指法向模数 m_n。 2. 本表中未列入小于 1 的标准模数值。 3. 表中只列入应优先采用的第一系列模数值。

③ 压力角 α 为我国规定分度圆上的压力角 α 为标准值,其值为 20°。

④ 齿顶高系数 h_a^* 和顶隙系数 c^*,齿顶高与齿根高的值分别表示为 $h_a = h_a^* m$ 和 $h_f = (h_a^* + c^*) m$,式中 h_a^* 和 c^* 分别称为齿顶高系数和顶隙系数。标准规定对于正常齿 $h_a^* = 1$,$c^* = 0.25$;短齿 $h_a^* = 0.8$,$c^* = 0.3$。

(3) 标准齿轮。

齿顶高与齿根高为标准值,分度圆上的齿厚等于齿槽宽的直齿圆柱齿轮称为标准齿轮。根据上述五个基本参数(m, z, α, h_a^*, c^*),就可以按照表 7 − 2 所列的公式计算出标准直齿圆柱齿轮各部分的几何尺寸。

表 7 − 2 标准直齿圆柱齿轮各部分的几何尺寸

名　称	符　号	计　算　公　式
分度圆直径	d	$d_i = m z_i$
基圆直径	d_b	$d_{bi} = m z_i \cos \alpha$
齿顶圆直径	d_a	$d_{ai} = m(z_i + 2 h_a^*)$
齿根圆直径	d_f	$d_{fi} = m z_i - 2 m(h_a^* + c^*)$
齿顶高	h_a	$h_{ai} = h_a^* m$
齿根高	h_f	$h_{fi} = m(h_a^* + c^*)$
齿高	h	$h = h_a + h_f = m(2 h_a^* + c^*)$

名　称	符　号	计　算　公　式
齿距	p	$p = \pi m$
齿厚	s	$s = \pi m/2$
齿槽宽	e	$e = \pi m/2$
法节和基节	p_b	$p_b = p\cos\alpha$
标准中心距	a	$a = m(z_1 + z_2)/2$

注：表中的 m、α、h_a^*、c^* 均为标准参数，$i = 1,2$

3）渐开线直齿圆柱齿轮的啮合传动

要使一对渐开线直齿圆柱齿轮能够正确地、连续地啮合传动,必须满足下列两方面的条件:

(1)正确啮合条件。

设 m_1、m_2 和 α_1、α_2 分别为两齿轮的模数和压力角,则一对渐开线直齿圆柱齿轮的正确啮合条件是:

$$m_1 = m_2 = m$$
$$\alpha_1 = \alpha_2 = \alpha$$

即两轮的模数和压力角必须分别相等。

(2)连续传动条件。

为了保证一对渐开线齿轮能够连续传动,前一对啮合轮齿在脱开啮合之前,后一对轮齿必须进入啮合。即同时啮合的轮齿对数必须有一对或一对以上。传动的连续性可用重合度 ε 定量反映,它表示一对齿轮在啮合过程中,同时参与啮合的轮齿的平均对数。因此,连续传动条件为:

$$\varepsilon \geqslant 1$$

4）渐开线直齿圆柱齿轮的加工方法

齿轮轮齿的加工方法很多,最常用的是切削加工法。此外还有铸造法、热轧法和电加工法等。而从加工原理来分,则可以分成成形法和范成法两种。

(1)成形法。

它是用与渐开线齿轮的齿槽形状相同的成形铣刀直接切削出齿轮齿形的一种加工方法,见图 7 - 22。加工时,圆盘铣刀(图 7 - 22(a))或指形铣刀(图 7 - 22(b))绕自身轴线回转(主切削运动),同时齿轮坯沿着齿轮的轴线方向作直线移动(进给运动);当铣出一个齿槽后,将轮坯退回到原来位置,并用分度盘将轮坯转过(分度运动),再铣第二个齿槽,依次类推,直到将所有齿槽全部铣出,齿轮即加工完毕。成形法只适用于对齿轮精度要求不高的修配等单件生产的场合。

(2)范成法。

范成法是根据一对齿轮的啮合原理进行切齿加工的,见图 7 - 23。设想将一对互相啮合传动的齿轮(或齿条与齿轮)之一作出刀刃、形成刀具,而另一个则为轮坯。现使两者仍按原来的传动比关系进行转动,在转动过程中,刀具渐开线齿廓在一系列位置时的包络线就是被加工齿轮的渐开线齿廓曲线,这就是范成法切齿的基本原理。范成法切齿的具体方法很多,最常用的有插齿(图7-24)和滚齿(图7-25)两种。范成法在批量生产中得到了广泛的应用。

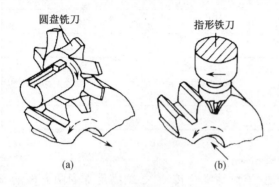

图7-22 成形法加工齿轮
(a)用圆盘铣刀加工;(b)用指形铣刀加工

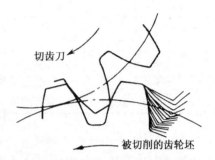

图7-23 用范成法加工齿轮

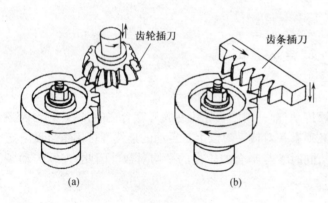

图 7-24 插齿
(a)用齿轮插刀插齿;(b)用齿条插刀插齿

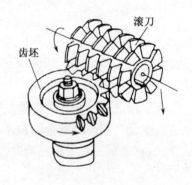

图7-25 滚齿

5) 齿轮传动的失效形式

齿轮传动就装置型式来说,有开式、半开式及闭式之分。在开式齿轮传动中,齿轮完全暴露在外边,没有防尘罩或机壳。这种传动不仅外界杂物极易侵入,而且润滑不良。因此轮齿容易磨损,只宜用于低速传动。当齿轮传动装有简单的防尘罩,有时还把大齿轮部分地浸入油池中,这种传动称为半开式齿轮传动,其工作条件较开式齿轮传动有所改善,但仍做不到严密防止外界杂物侵入。而汽车、机床、航空发动机等所用的齿轮传动,都是装在经过精确加工而且封闭严密的箱体内,这称为闭式齿轮传动。齿轮传动不仅在装置型式上有所不同,而且在使用情况、齿轮材料的性能和热处理工艺等方面也有所差别,因此齿轮传动也就出现了不同的失效形式。

一般来说,齿轮传动的失效主要是轮齿的失效,而轮齿的失效形式又是多种多样的,较为常见的有轮齿折断、齿面点蚀、磨损、胶合和塑性变形等等。

轮齿折断是指齿轮的一个或多个齿的整体或其局部的断裂。通常有疲劳折断(图7-26)

和过载折断两种。前者是由于轮齿在过高的交变应力多次作用下,齿根处形成疲劳裂纹并不断扩展,从而导致的轮齿折断;而后者是由于短时意外的严重过载所造成的轮齿折断。

齿面点蚀是指齿面材料在变化着的接触应力作用下,由于疲劳而产生的麻点状损伤现象(图7-27)。它是润滑良好的闭式齿轮传动中常见的齿面失效形式。

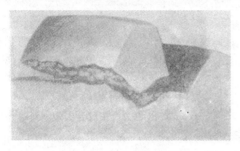

图7-26 轮齿疲劳折断

图7-27 齿面点蚀

齿面磨损是齿轮在啮合传动过程中,轮齿接触表面上的材料摩擦损耗的现象(图7-28)。它一方面导致渐开线齿廓形状被破坏,引起噪声和系统振动;另一方面使轮齿变薄,可间接导致轮齿的折断。齿面磨损多发生在开式齿轮传动中。

齿面胶合是相啮合齿面的金属,在一定压力下直接接触发生黏着,同时随着齿面间的相对运动,使金属从齿面上撕落而引起的一种严重黏着磨损现象(图7-29)。它多发生在低速、重载的传动中。

图7-28 齿面磨粒磨损

图7-29 齿面胶合

塑性变形是由于在过大的应力作用下,轮齿材料因屈服产生塑性流动而在齿面或齿体形成的变形(图7-30)。它一般多发生于硬度低的齿轮上,但在重载作用下,硬度高的齿轮上也会发生。

6) 设计准则

齿轮传动的设计准则取决于轮齿的失效形式。在闭式齿轮传动中,当齿面硬度≤350 HBS时,其主要失效形式为齿面点蚀,故设计时先按齿面接触疲劳强度计算,并验算齿根的弯曲疲劳强度;当齿面硬度>350 HBS时,其主要失效形式是轮齿的弯曲疲劳折断,故先按齿根的弯曲疲劳强度设计,再验算齿面的接触疲劳强度。对于开式齿轮传动,其主要失效形式是齿面磨损,由于目前尚

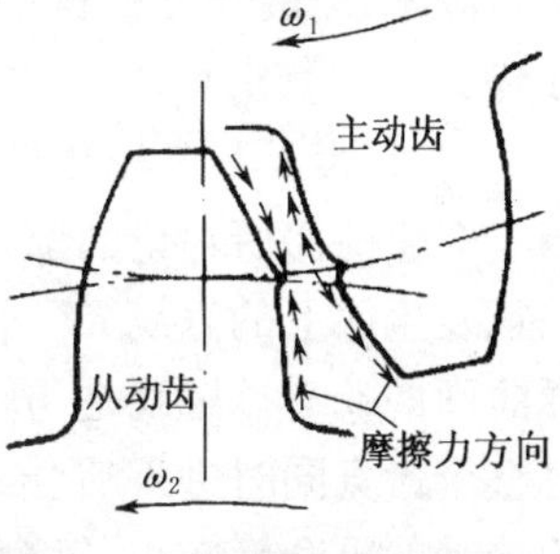

图7-30 轮齿的塑性变形

无可靠的磨损计算方法,故仍按齿根弯曲疲劳强度进行设计,并将求得的模数加大 10% ~ 20%。

齿面的接触疲劳强度可按下式计算:

$$\sigma_H = 3.53 Z_E \sqrt{\frac{KT_1}{bd_1^2} \frac{u+1}{u}} \leqslant [\sigma_H]$$

式中,$[\sigma_H]$ 为齿轮材料的许用接触应力(MPa);Z_E 为弹性系数($\sqrt{MPa}$);T_1 为主动齿轮所传递的扭矩(N·mm);d_1 为主动齿轮的分度圆直径(mm);b 为齿轮宽度(mm);u 为大、小齿轮的齿数比;K 为载荷系数,一般可取 $K = 1.2 \sim 2.0$。

齿根的弯曲疲劳强度可按下式计算:

$$\sigma_F = \frac{2KT_1}{bm^2 z_1} Y \leqslant [\sigma_F]$$

式中,$[\sigma_F]$ 为齿轮材料的许用弯曲应力(MPa);m 为模数(m);z_1 为主动齿轮齿数;Y 为齿形系数。

7) 齿轮的材料及热处理

在选择齿轮材料和热处理时,应使齿面具有足够的硬度和耐磨性,以防止齿面点蚀、磨损和胶合失效;同时轮齿的心部应具有足够的强度和韧性,以防止轮齿折断。为满足上述要求,齿轮多使用钢、铸铁等金属材料,并经热处理,也可使用工程塑料等非金属材料。选材时应注意如下事项:

(1) 软齿面齿轮(齿面硬度≤350 HBS)工艺简单、生产率高,故比较经济。但因齿面硬度不高,限制了承载能力,故适用于载荷速度、精度要求均不很高的场合。硬齿面齿轮(齿面硬度 >350 HBS)是经过表面淬火、渗碳淬火或氮化等表面硬化处理后的齿轮。这类齿轮因齿面硬度高,承载能力也高,但成本相应也较高,故适用于载荷、速度和精度要求均很高的重要齿轮。

(2) 在一对软齿面齿轮传动中,与大齿轮相比,小齿轮的齿根弯曲疲劳强度较低,且轮齿工作次数多,容易疲劳和磨损。为了使大、小齿轮的使用寿命相接近,应使小齿轮的齿面硬度较大齿轮高 30 ~ 50 HBS,这可以通过选用不同的材料或不同的热处理来实现。

(3) 由于锻钢的机械性能优于同类铸钢,所以齿轮材料应优先选用锻钢。对于结构形状复杂的大型齿轮($d_a > 500$ mm),因受到锻造工艺或锻造设备条件的限制而难于进行锻造,应采用铸钢制造。如低速重载的轧钢机、矿山机械的大型齿轮。

(4) 在小功率和精度要求不很高的高速齿轮传动中,为了减少噪音,其小齿轮常用尼龙、夹布胶木、酚醛层压塑料等非金属材料制造。但配对的大齿轮仍应采用钢或铸铁制造,以利于散热。

8) 斜齿圆柱齿轮传动

对于前面所讨论的渐开线直齿圆柱齿轮,其齿面是由发生面沿基圆柱作纯滚动而形成的,并且发生面上的直线 KK′平行于发生面与基圆柱的切线 NN′(见图 7 - 31(a))。所以,两轮齿廓曲面的瞬时接触线是与轴线平行的直线(见图 7 - 31(b)),因此在啮合过程中,一对轮齿沿着整个齿宽同时进入啮合或退出啮合,轮齿上的载荷是突然加上或卸掉的。同时直齿圆柱齿轮传动的重合度较小,每对轮齿的负荷大,因此传动不够平稳,容易产生冲击、振动和噪音。为了克服以上缺点,改善齿轮啮合性能,常采用斜齿圆柱齿轮。

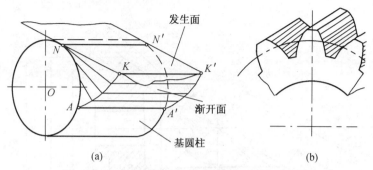

图 7 – 31　直齿圆柱齿轮的形成原理和瞬时接触线

(a)直齿圆柱齿轮齿廓曲面的形成原理；(b)直齿圆柱齿轮传动的接触线

　　斜齿圆柱齿轮的形成原理与直齿圆柱齿轮相似，所不同的是发生面上的直线 KK' 与切线 NN' 不互相平行，而是形成一个夹角 β_b，称为基圆螺旋角(见图 7 – 32(a))，因此斜齿圆柱齿轮的齿廓曲面是一个渐开螺旋面。当一对斜齿圆柱齿轮啮合传动时，两轮齿廓曲面的瞬时接触线是一条斜直线(见图 7 – 32(b))。

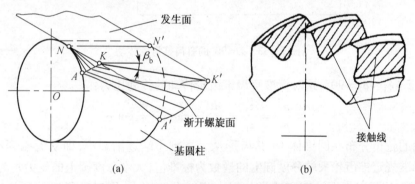

图 7 – 32　斜齿圆柱齿轮的形成原理和瞬时接触线

(a)斜齿圆柱齿轮的形成原理；(b)斜齿圆柱齿轮传动时的接触线

　　因此当一对斜齿圆柱齿轮的轮齿进入啮合时，接触线由短变长，而退出啮合时，接触线由长变短，即它们是逐渐进入和退出啮合的，从而减少了冲击、振动和噪音，提高了传动的平稳性。此外，斜齿轮传动的总接触线长，重合度大，从而进一步提高了承载能力，因此被广泛应用于高速、重载的传动中。斜齿轮传动的缺点是：在传动时会产生一个轴向分力，提高了对支撑设计的要求，因此在矿山、冶金等重型机械中，又进一步采用了轴向力可以互相抵消的人字齿轮。

　　9) 直齿圆锥齿轮传动

　　锥齿轮传动用于传递相交轴间的回转运动和动力。这里只简单讨论两轴交角 $\Sigma = 90°$ 的标准直齿锥齿轮传动(图 7 – 33)。

　　与圆柱齿轮类似，锥齿轮有分度圆锥、齿顶圆锥、齿根圆锥和基圆锥。它们的锥底圆分别称为分度圆、齿顶圆、齿根圆和基圆，这些圆的直径分别用 d、d_a、d_f 和 d_b 表示。一对锥齿轮传动相当于一对节圆锥作纯滚动。一对标准直齿锥齿轮传动节圆锥与分度圆锥重合。分度圆锥母线长度称为锥距，用 R 表示。分度圆锥母线与轴线间的夹角称为分度圆锥角，用 δ 表示。显

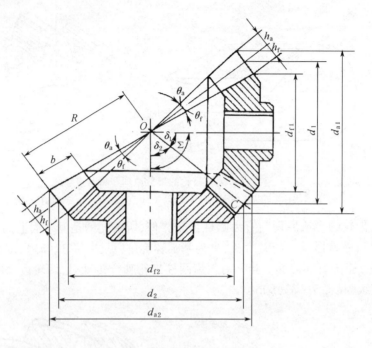

图 7 - 33 $\Sigma = 90°$ 的直齿锥齿轮传动

然,轴交角 $\Sigma = \delta_1 + \delta_2 = 90°$,这时标准直齿锥齿轮传动的传动比为:

$$i = \frac{n_1}{n_2} = \frac{z_2}{z_1} = \frac{d_2}{d_1} = \tan \delta_2 = \cot \delta_1$$

锥齿轮的轮齿分布在圆锥体上,其齿形从大端到小端逐渐减小,即从大端到小端模数不同。国家标准规定锥齿轮大端分度圆上的模数为标准值,大端分度圆上的压力角为标准值,一般取 $\alpha = 20°$。这样以大端计算和测量的尺寸相对误差较小,同时也便于估计传动的外廓尺寸。

4. 蜗杆传动

1) 蜗杆传动的特点

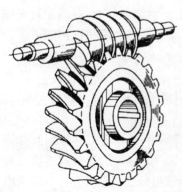

图 7 - 34 蜗杆传动

蜗杆传动由蜗杆和蜗轮组成,见图 7 - 34。主要用于传递交错轴间的回转运动和动力,通常两轴交错角为 90°。蜗杆类似于螺杆,有左旋和右旋之分;蜗轮可以看作是一个具有凹形轮缘的斜齿轮,其齿面与蜗杆齿面相共轭。在蜗杆传动中,蜗杆一般为主动件,且种类较多,这里只介绍普通圆柱蜗杆,其齿廓与端面的交线为阿基米德螺旋线,故又称阿基米德螺杆。普通圆柱蜗杆轴向剖面内的齿廓为直线,故其加工方法与车削梯形螺纹相似,工艺性好,容易制造,所以应用最为广泛。

与齿轮传动相比,蜗杆传动具有以下优点:

① 结构紧凑,传动比大。在传递动力时,单级传动的传动比 $i = 8 \sim 80$;在传递运动时,i 可达 1000。

② 传动平稳,噪音低。

③ 当蜗杆导程角很小时,能实现反行程自锁,用于某些手动的简单起重设备中,可以起到安全保护作用。

蜗杆传动的主要缺点是:

① 传动效率较低,发热量大。故闭式传动长期连续工作时必须考虑散热问题。

② 传递功率较小,不适用于大功率传动。

③ 磨损严重,所以蜗轮齿圈通常需用较贵重的青铜制造,成本较高。

2) 蜗杆传动的主要参数

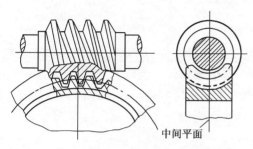

中间平面

图 7 - 35　蜗杆传动的主平面

在蜗杆传动中,把通过蜗杆轴线并与蜗轮轴线垂直的平面称为主平面(图 7 - 35)。它对蜗杆为轴面,对蜗轮为端面。在主平面内,蜗杆的齿廓为直线,蜗轮的齿廓为渐开线,相当于齿轮、齿条传动。为了能正确啮合传动,在主平面内,蜗杆的轴向模数 m_{x1} 应等于蜗轮的端面模数 m_{t2},且为标准值;蜗杆的轴面压力角 α_{x1} 应等于蜗轮的端面压力角 α_{t2},且均为标准值 $20°$,即:

$$\left.\begin{array}{l} m_{x1} = m_{t2} = m \\ \alpha_{x1} = \alpha_{t2} = \alpha = 20° \end{array}\right\}$$

普通圆柱蜗杆与梯形螺杆十分相似,也有左旋和右旋两种,并且也有单线和多线之分。蜗杆的线数(相当于齿数)越多,则传动效率越高,但加工越困难,所以通常取 $z_1 = 1、2、4$ 或 6。蜗轮相应也有左旋和右旋两种,并且其旋向必须与蜗杆相同。蜗轮的齿数 z_2 不宜太少,否则加工时发生根切;但若蜗轮的齿数 z_2 过多,蜗轮的直径过大,则相应的蜗杆越长,刚度越差。通常取 $z_2 = 29 \sim 82$。

设蜗杆的转速为 n_1,蜗轮的转速为 n_2,则蜗杆传动的传动比为:

$$i = \frac{n_1}{n_2} = \frac{z_2}{z_1}$$

工程中为了改善蜗杆与蜗轮的接触情况,通常按照展成法加工原理用与蜗杆形状相当的滚刀来加工蜗轮。为了减少滚刀的数量和便于滚刀的标准化,对每一模数的蜗杆只规定了 $1 \sim 4$ 种滚刀,其分度圆直径为:

$$d_1 = mq$$

式中,q 称为蜗杆的直径系数。

图 7 - 36 所示为一普通圆柱蜗杆及其分度圆柱展开图。图中蜗杆的轴向齿距 $p_x = \pi m$,导程 $p_z = p_x z_1 = m\pi z_1$。因此可求得蜗杆的导程角为:

$$\tan \gamma = \frac{p_z}{\pi d_1} = \frac{z_1}{q}$$

3) 蜗杆、蜗轮的材料和结构

蜗杆传动轮齿的失效形式和齿轮相似,有轮齿折断、齿面点蚀、胶合和磨损等。但与齿轮传动不同的

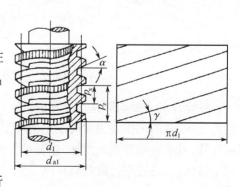

图 7 - 36　蜗杆传动的导程角

是蜗杆传动中齿面之间有较大的相对滑动速度,因而发热大、磨损快、更容易产生胶合和磨损失效。因此对蜗杆、蜗轮的材料选择不仅要求有足够的强度,更重要的是材料的搭配应具有良好的减摩性能和抗胶合能力。通常采用钢制蜗杆和青铜蜗轮就能较好的满足这一要求。

§7-5 轴系零部件

1. 轴

1)轴的用途及分类

轴是机械中的重要零件之一。它的主要功用是支撑回转零件,如齿轮、带轮、链轮、凸轮等,以实现运动和动力的传递。根据轴上所受载荷的不同,轴可以分为以下三类:

(1) 心轴为只受弯矩而不受扭矩的轴。当心轴随轴上回转零件一起转动时称为转动心轴,如火车轮轴,见图7-37(a);而固定不转动的心轴称为固定心轴,如自行车前轮轴,见图7-37(b)。

(2) 传动轴为只受扭矩而不受弯矩的轴,如汽车的主传动轴、转向轴,见图7-37(c)。

(3) 转轴为既承受弯矩、又承受扭矩的轴,如减速器中的轴,见图7-37(d)。

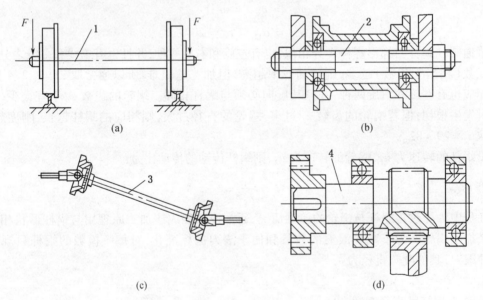

图7-37 轴的分类

(a)转动心轴;(b)固定心轴;(c)传动轴;(d)转轴

1—火车轮轴;2—自行车前轮轴;3—汽车主传动轴;4—减速器轴

轴设计的主要问题是选择轴的适宜材料,合理地确定轴的结构,计算轴的工作能力。在一般情况下,轴的工作能力取决于它的强度,为了防止轴的断裂,必须根据使用条件对轴进行强度计算;对于有刚度要求的轴,还要进行刚度计算,以防止产生不允许的变形量。此外,对于高速运转的轴,还应进行振动稳定性计算,以防止共振现象产生。本节重点讨论轴的结构设计和强度设计问题。

2）轴的材料

由于轴工作时产生的应力多是交变的循环应力，所以轴的损坏常为疲劳破坏。因此轴的材料应具有足够高的强度和韧性、较低的应力集中敏感性和良好的工艺性等特点。轴的主要材料是碳素钢和合金钢。碳素钢比合金钢价廉，且对应力集中的敏感性较低，故应用较广。常用的有 35、45、50 等优质中碳钢，其中以 45 钢应用最广。合金钢比碳素钢具有更高的机械性能和更好的淬火性能，常用于受力较大而且要求直径较小、质量较轻或要求耐磨性较好的轴。常用的有 20Cr、40Cr、40MnB 等。值得注意的是各种碳钢和合金钢的弹性模量相差无几，故采用合金钢并不能提高其刚度。轴也可以采用合金铸铁或球墨铸铁来做。铸铁流动性好，易于成型且价廉，有良好的吸振性和耐磨性，以及对应力集中不敏感等等。

3）轴直径的初步估算

设计轴时，通常先估算轴的最小直径，作为结构设计的依据。轴的最小直径常按扭转强度条件来估算。计算中只考虑轴所承受的转矩，而用降低许用应力的方法来考虑弯矩的影响。计算公式为：

$$d \geqslant \sqrt[3]{\frac{9550 \times 10^3}{0.2[\tau_T]}} \sqrt[3]{\frac{P}{n}} \geqslant A\sqrt[3]{\frac{P}{n}}$$

式中，d 为轴的直径（mm）；n 为轴的转速（r/min）；P 为轴所传递的功率（kW）；$[\tau_T]$ 为轴的扭转剪应力（N/mm^2）；A 为由轴的材料和承载情况确定的常数。

由此式计算出的直径为轴受扭段的最小直径，若该剖面有键槽时，应将计算的轴颈适当加大，当有一个键槽时，轴颈增大 4% ~ 5%；若同一截面上开两个键槽时，轴颈增大 7% ~ 10%，然后圆整为标准直径。

4）轴的结构设计

轴主要由轴颈、轴头和轴身三部分组成。轴上被支撑的部分叫轴颈，安装轮毂的部分叫轴头，连接轴颈和轴头的部分叫轴身。轴颈和轴头的直径应按规范圆整取标准值，尤其是装滚动轴承的轴颈必须按照轴承的孔径选取。轴身的形状和尺寸主要按轴颈和轴头的结构决定。轴的结构设计就是使轴的各部分具有合理的形状和尺寸。影响轴的结构因素很多，如轴上零件的类型、尺寸和数量；轴上零件的布置及所受载荷的大小、方向和性质；轴上零件的定位和固定方法；轴的加工及装配工艺等等。因此，轴的结构形式可以是多种多样的，但其结构形状都必须满足如下要求：

① 轴及轴上零件有确定的工作位置，并且固定可靠。

② 轴应便于加工，轴上零件要易于装拆。

③ 轴受力合理并尽量减少应力集中等。

图 7 - 38 为一中低速级小齿轮轴的简图。轴上装有带轮和齿轮，并用滑动轴承支撑。为满足上述结构要求，可把轴设计成中间粗、两端细的阶梯形，称为阶梯轴。下面以此为例，具体讨论轴的结构设计问题。

（1）轴上零件的轴向固定。

为了保证轴上零件有确定的工作位置，防止零件沿轴向移动并传递轴向力，轴上零件和轴系本身必须轴向固定。常用的轴向固定方法有轴肩（图 7 - 39（a））、轴环（图 7 - 39（b））、套筒（图 7 - 39（c））、圆螺母（图 7 - 39（d））、轴端挡圈（图 7 - 39（e））、弹性挡圈（图 7 - 39（f））和紧定螺钉（图 7 - 39（g））等方式。

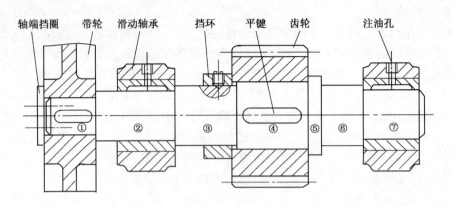

图7-38　阶梯轴

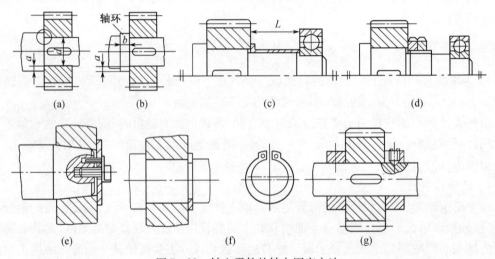

图7-39　轴上零件的轴向固定方法

(a)轴肩；(b)轴环；(c)套筒；(d)圆螺母；(e)轴端挡圈；(f)弹性挡圈；(g)紧定螺钉

（2）轴上零件的周向固定。

为了可靠地传递运动和转矩,轴上零件还必须与轴有可靠的周向固定。常用的周向固定方法有键、花键、过盈配合和无键连接等。

（3）避免或减小应力集中。

轴截面急剧变化处,都会引起应力集中,从而降低轴的疲劳强度。结构设计时,要尽量避免在轴上安排应力集中严重的结构,如螺纹、横孔、凹槽等。当应力集中不可避免时,应采取减小应力集中的措施。如适当加大阶梯轴轴肩处圆角半径、在轴上或轮毂上设置卸载槽等（图7-40(a)、(b)）等。由于轴上零件的端面应与轴肩定位面靠紧,使得轴的圆角半径常常受到限制,这时可采用凹切圆槽（图7-40(c)）或过渡肩环（图7-40(d)）。

（4）改善轴的结构工艺性。

轴的结构应便于加工和装配,以提高劳动生产率和降低成本。如在轴上车削螺纹处一般应有螺纹退刀槽;在磨削处应留有砂轮越程槽;一根轴上的圆角应尽可能取相同的圆角半径;退刀槽或砂轮越程槽取相同的宽度;倒角尺寸相同;各轴段上的键槽应位于同一加工直线上

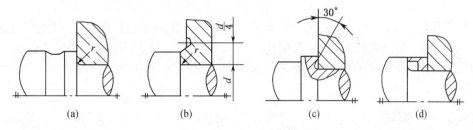

图 7 - 40　减小应力集中的结构

（图 7 - 38）。

5）轴的强度校核计算

通过结构设计初步确定轴的尺寸后，根据受载情况，可进行轴的强度校核计算。对于一般钢制的轴，可用第三强度理论求出危险截面的当量应力 σ_e，其强度条件为：

$$\sigma_e = \sqrt{\sigma_b^2 + 4\tau_T^2} \leqslant [\sigma_b]$$

式中，σ_b 为危险截面上弯矩 M 产生的弯曲应力；τ_T 为扭矩 T 产生的扭剪应力。

对于直径为 d 的圆轴，$\sigma_b \approx \dfrac{M}{0.1d^3}$，$\tau \approx \dfrac{T}{0.2d^3}$，将其代入强度条件式中得：

$$\sigma_e = \frac{1}{W}\sqrt{M^2 + T^2} \leqslant [\sigma_b]$$

由于一般转轴的 σ_b 为对称循环变应力，而 τ 的循环特性往往与 σ_b 不同，为考虑两者循环特性不同的影响，对上式中的 T 乘以折合系数 α 后，即得弯扭强度计算的校核计算式：

$$\sigma_e = \frac{\sqrt{M^2 + (\alpha T)^2}}{0.1d^3} \leqslant [\sigma_{-1b}]$$

对于不变的扭矩，$\alpha = \dfrac{[\sigma_{-1b}]}{[\sigma_{+1b}]} \approx 0.3$；当扭矩脉动变化时，$\alpha = \dfrac{[\sigma_{-1b}]}{[\sigma_{0b}]} \approx 0.6$；对于频繁正反转的轴，$\tau$ 可看作对称循环变应力，$\alpha = 1$；若扭矩的变化规律不清楚，一般也按脉动循环处理。$[\sigma_{-1b}]$、$[\sigma_{0b}]$、$[\sigma_{+1b}]$ 分别为对称循环、脉动循环及静应力状态下的许用弯曲应力。

2. 滚动轴承

滚动轴承是指在滚动摩擦下工作的轴承。它是标准化产品，设计时只需根据工作条件，选用合适类型和尺寸，并进行合理的轴承组合设计。

1）滚动轴承的结构

滚动轴承的基本结构可用图（图 7 - 41）来说明。它由外圈 1、内圈 2、滚动体 3 和保持架 4 组成。内圈通常装配在轴上随轴一起旋转，外圈通常装在轴承座孔内，保持架可将滚动体均匀隔开，以减小滚动体的摩擦和磨损。

2）常用滚动轴承的类型及代号

滚动轴承按其承受载荷的作用方向，可分为径向接触轴承、向心角接触轴承和轴向接触轴承。

径向接触轴承主要用于承受径向载荷。这类轴承有深沟球轴承（类型代号"6"，如图 7 - 42）、圆柱滚子轴承（类型代号"N"，如图 7 - 43）、调心球

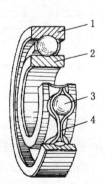

图 7 - 41　滚动
轴承的构造

轴承(类型代号"1",如图7-44)和调心滚子轴承(类型代号"2",如图7-45)。

向心角接触轴承能同时承受径向与单向轴向载荷。这类轴承有角接触球轴承(类型代号"7",如图7-46)和圆锥滚子轴承(类型代号"3",如图7-47)。

轴向接触轴承只能承受轴向载荷。这类轴承主要有推力球轴承(类型代号"5",如图7-48)。

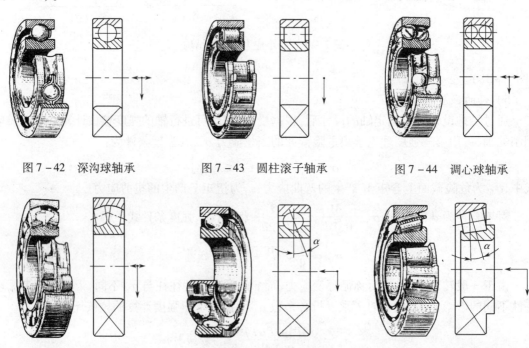

图7-42 深沟球轴承　　　　图7-43 圆柱滚子轴承　　　　图7-44 调心球轴承

图7-45 调心滚子轴承　　　图7-46 角接触球轴承　　　图7-47 圆锥滚子轴承

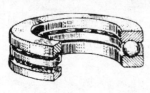

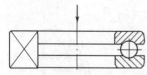

图7-48 推力球轴承

3)滚动轴承的组合设计

为了保证轴承能正常工作,需要根据各类轴承的特点合理地选择轴承类型和尺寸,还需要正确进行轴承的组合设计。轴承的组合设计主要涉及轴承的固定、配合、润滑和密封等问题。

轴承固定的目的是防止轴工作时发生轴向窜动,保证轴、轴承和轴上零件有确定的工作位置。常用的固定方式有两种:一种是两端固定支撑,如图7-49所示,即每一个支撑只固定轴承内、外圈相对的一个侧面,故只能限制轴的单向移动,两个支撑合在一起才能限制轴的双向移动。这种固定方式结构简单,安装调整容易,适用于工作温度变化不大和较短的轴。另一种是一端固定,一端游动支撑,如图7-50所示,即左支撑的轴承内、外圈两侧均固定,从而限制了轴的双向移动。右支撑轴承外圈两侧均不固定,当轴伸长或缩短时轴承可随之作轴向游动。为防止轴承从轴上脱落,游动支撑轴承内圈两侧应固定。这种固定方式结构比较复杂,但工作稳定性好,适用于工作温度变化较大的长轴。

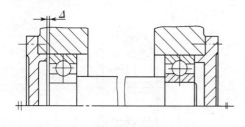

图 7 - 49　两端固定支撑

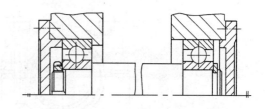

图 7 - 50　一端固定一端游动支撑

滚动轴承是标准件,故轴承内圈与轴颈的配合按基孔制,外圈与轴承座孔的配合按基轴制。滚动轴承润滑的主要目的是减小摩擦,降低磨损,同时还起到冷却、吸振、防锈和减小噪音等作用。滚动轴承中使用的润滑剂主要是润滑脂和润滑油。润滑脂的优点是密封结构简单,润滑脂不易流失,一次充填后可工作较长时间,但转速较高时,功率损失较大。而润滑油的摩擦阻力小,润滑可靠,但需要有较复杂的密封装置和供油设备。滚动轴承密封的目的是防止灰尘、水分等进入轴承,并阻止润滑剂的流失。密封方法的选择与润滑剂的种类、工作环境、温度及密封表面的圆周速度等有关。密封方法分为接触式和非接触式密封两大类,接触式密封常用的有毡圈式和皮碗式,非接触式密封常用的有间隙式和迷宫式,它们的具体结构和适用范围可参看有关设计资料。

3. 滑动轴承

滑动轴承多使用在高速、高精度、重载、结构上要求剖分或低速但有冲击等场合下。如在汽轮机、内燃机、大型电机以及破碎机、水泥搅拌机、滚筒清砂机等机器中均广泛使用滑动轴承。

1) 径向滑动轴承的结构

常见的径向滑动轴承结构有整体式、剖分式和调心式。图 7 - 51 所示为一整体式滑动轴承,它由轴承座 1 和整体轴瓦 2 组成。整体式滑动轴承具有结构简单、成本低、刚度大等优点,但在装拆时需要轴承或轴作较大的轴向移动,故装拆不便。而且当轴颈与轴瓦磨损后,无法调整其间的间隙。所以这种结构常用于轻载、不需经常装拆且不重要的场合。

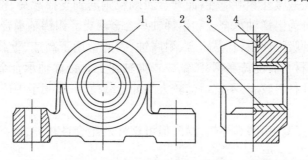

图 7 - 51　整体式径向滑动轴承
1—轴承座；2—整体轴瓦；3—油孔；4—螺纹孔

剖分式轴承的结构如图 7 - 52 所示,它由轴承座 1 轴承盖 2、剖分式轴瓦 7 和连接螺柱 3 等组成。为防止轴承座与轴承盖间相对横向错动,接合面要做成阶梯形或设止动销钉。这种结构装拆方便,且在接合面之间可放置垫片,通过调整垫片的厚薄来调整轴瓦和轴颈间的间隙。

213

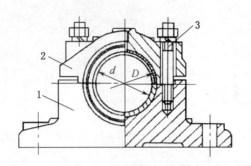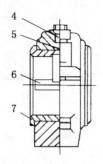

图 7 - 52　剖分式径向滑动轴承

1—轴承座；2—轴承盖；3—双头螺柱；4—螺纹孔；5—油孔；6—油槽；7—剖分式轴瓦

调心式轴承的结构如图 7 - 53 所示,其轴瓦和轴承座之间以球面形成配合,使得轴瓦和轴相对于轴承座可在一定范围内摆动,从而避免安装误差或轴的弯曲变形较大时,造成轴颈与轴瓦端部的局部接触所引起的剧烈偏磨和发热。但由于球面加工不易,所以这种结构一般只用在轴承的长径比较大的场合。

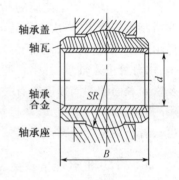

图 7 - 53　调心式滑动轴承

2) 滑动轴承的失效形式、轴承材料与轴瓦结构

滑动轴承的主要失效形式为磨损和胶合,有时也会有疲劳损伤、刮伤等。因此对滑动轴承材料的主要要求应具有良好的减磨和耐磨性;良好的承载性能和抗疲劳性能,所以有时需采用多层或组合结构加以保障;良好的顺应性和嵌藏性,这样能避免表面间的卡死和划伤;在可能产生胶合的场合,选用具有抗胶合性的材料;具有良好的加工工艺性与经济性。现有的轴瓦材料尚不能同时满足上述全部要求,因此设计时应根据使用中最主要的要求,选择材料。

常用的轴瓦材料有下列几种:

(1) 轴承合金。

轴承合金又称巴氏合金。在软基体金属(如锡、铅)中适量加入硬金属(如锑)形成,软基体具有良好的跑合性、嵌藏性和顺应性,而硬金属颗粒则起到支撑载荷、抵抗磨损的作用。按基体材料的不同,可分为锡锑轴承合金和铅锑轴承合金两类。锡锑轴承合金的摩擦系数小,抗胶合性能良好,对油的吸附性强,且易跑合、耐腐蚀,因此常用于高速、重载场合,但价格较高,因此一般作为轴承衬材料而浇铸在钢、铸铁或青铜轴瓦上。铅锑轴承合金的各种性能与锡锑轴承合金接近,但这种材料较脆,不宜承受较大的冲击载荷,一般用于中速、中载的轴承。

(2) 青铜。

青铜类材料的强度高、耐磨和导热性好,但可塑性及跑合性较差,因此与之相配的轴颈必须淬硬。

青铜可以单独做成轴瓦。为了节省有色金属,也可将青铜浇铸在钢或铸铁轴瓦内壁上。用作轴瓦材料的青铜,主要有锡青铜、铅青铜和铝青铜。在一般情况下,它们分别用于中速重载、中速中载和低速重载的轴承上。

(3) 铸铁。

主要是灰铸铁和耐磨铸铁。铸铁类材料的塑性和跑合性差,但价格低廉,适于低速、轻载的不重要场合的轴承。

（4）粉末冶金材料。

由金属粉末和石墨高温烧结成型,是一种多孔结构金属合金材料。在孔隙内可以贮存润滑油,常称为含油轴承。运转时,轴瓦温度升高,由于油的膨胀系数比金属大,因而自动进入摩擦表面起到润滑作用。常用于轻载、低速且不易经常添加润滑剂的场合。

（5）非金属材料。

主要是塑料、橡胶、石墨、尼龙等材料以及一些合成材料,成本低,对润滑无要求,易成型、抗振动。在家电、轻工、玩具、小型食品机械中使用较为广泛。

常用的轴瓦有整体式和剖分式两种结构。整体式轴瓦是套筒形(称为轴套),而剖分式轴瓦多由两半轴瓦组成。

为了把润滑油导入整个摩擦面间,使滑动轴承获得良好的润滑,轴瓦或轴颈上需开设油孔及油沟。油孔用于供应润滑油,油沟用于输送和分布润滑油。图 7 – 54 为几种常见的油孔及油沟形式。油孔及油沟的开设原则是：

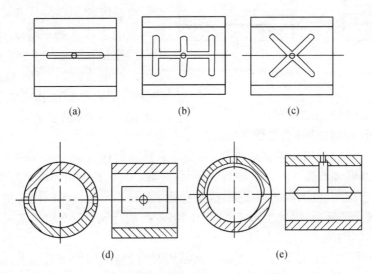

(a)　　　　　　(b)　　　　　　(c)

(d)　　　　　　　　　(e)

图 7 – 54　常见的油孔、油沟形式

① 油沟的轴向长度应比轴瓦长度短(大约为轴瓦长度的 80%),不能沿轴向完全开通,以免油从两端大量流失。

② 油孔及油沟应开在非承载区,以免破坏承载区润滑油膜的连续性,降低轴承的承载能力。图 7 – 55 所示为油孔和油沟对轴承承载能力的影响。

4. 联轴器、离合器与制动器

联轴器、离合器与制动器也是轴系中常用的零部件,它们的功用主要是实现轴与轴之间的结合及分离,或是实现对轴的制动。这些零

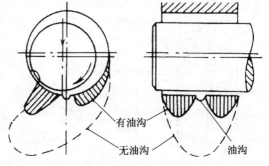

有油沟

无油沟

油沟

图 7 – 55　不正确的油沟会降低油膜的承载能力

件大多已标准化、系列化，一般可先根据机器的工作条件选定合适的类型，然后按照计算转矩、轴的转速和轴端直径从标准中选择所需的型号和尺寸。必要时还应对其中易损的薄弱环节进行校核计算。

1) 联轴器

联轴器主要用于轴和轴之间的连接，以实现不同轴之间运动与动力的传递。若要使两轴分离，必须通过停车拆卸才能实现。

联轴器根据各种位移有无补偿能力可分为刚性联轴器和挠性联轴器两大类。挠性联轴器又可按是否具有弹性元件分为无弹性元件的挠性联轴器和有弹性元件的挠性联轴器两个类别。

（1）刚性联轴器。

这类联轴器主要有套筒式、夹壳式和凸缘式等。这里只介绍应用最广的凸缘联轴器。如图 7－56 所示，它是用螺栓将两个带有凸缘的半联轴器联成一体，从而实现两轴的连接。螺栓可以用普通螺栓，也可以用铰制孔螺栓。这种联轴器有两种主要的结构型式：图 7－56(a) 是普通的凸缘联轴器，通常靠铰制孔用螺栓来实现两轴对中；图 7－56(b) 是有对中榫的凸缘联轴

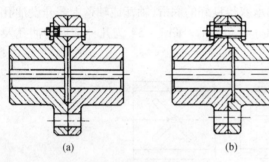

(a)   (b)

图 7－56　凸缘联轴器

器，靠凸肩和凹槽（即对中榫）来实现两轴对中。

凸缘联轴器的材料可用灰铸铁或碳钢，当受重载或圆周速度大于 30 m/s 时，应采用铸钢或锻钢。由于凸缘联轴器属于刚性联轴器，对所联两轴之间的相对位移缺乏补偿能力，因此对两轴对中性的要求很高，且不能缓冲减振，这是它的主要缺点。但由于结构简单、使用方便、成本低，并可传递较大的转矩，因此当转速低、对中性较好、载荷较平稳时也常常采用。

（2）挠性联轴器：

① 无弹性元件的挠性联轴器。这类联轴器因具有挠性，因此可补偿两轴的相对位移。但因无弹性元件，故不能缓冲减振。常用的有以下两种。

十字滑块联轴器如图 7－57 所示，由两个具有径向通槽的半联轴器和一个具有相互垂直凸榫的十字滑块组成。由于滑块的凸榫能在半联轴器的凹槽中移动，故而补偿了两轴间的位移。为了减少滑动引起的摩擦，凹槽和滑块的工作面要加润滑剂。十字滑块联轴器常用 45 钢

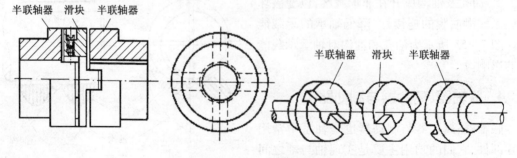

半联轴器　滑块　半联轴器   半联轴器　滑块　半联轴器

图 7－57　十字滑块联轴器

制造。要求较低时也可以采用 Q275。

齿式联轴器是允许综合位移刚性联轴器中具有代表性的一种,如图 7-58 所示,它是由两对齿数相同的内、外齿圈啮合而组成的。两个外齿圈分别装在主、从动轴端上,两个内齿圈在其凸缘处用一组螺栓连接起来,主要依靠内外齿相啮合传递扭矩。外齿的齿顶圆柱面常修成球面,而齿侧面制成鼓形,内外齿圈啮合时则具有较大的顶隙和侧隙,因此这种联轴器具有径向、轴向和角度位移补偿的功能。由于齿式联轴器具有很强的传递载荷能力和位移补偿能力,因此在高速重载工作的机械中有着广泛的应用。

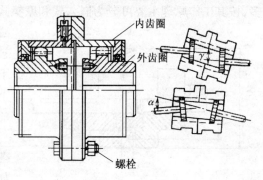

图 7-58　齿式联轴器

② 弹性元件挠性联轴器。由于这种联轴器中装有弹性元件,所以不仅可以补偿两轴间的综合位移,而且具有缓冲和吸振的能力。弹性元件所能储蓄的能量愈多,则联轴器的缓冲能力愈强;弹性元件的弹性滞后性能与弹性变形时零件间的摩擦功愈大,则联轴器的减振能力愈好。它适用于多变载荷、频繁启动、经常正、反转以及两轴不便于严格对中的传动中。这类联轴器目前应用很广,品种也很多。下面仅举两种比较典型的例子。

弹性套柱销联轴器在结构上与凸缘联轴器很近似,不同之处是两个半联轴器的连接不用螺栓,而是用带橡胶弹性套的柱销,它可以作为缓冲吸收元件,如图 7-59 所示。柱销材料一般为 45 钢,半联轴器用铸铁或铸钢,它与轴的配合可以采用圆柱或圆锥配合孔。弹性套柱销联轴器制造容易,装拆方便,成本较低,但弹性套易磨损,寿命较短。它适用于连接载荷平稳、需正反转或启动频繁的传递中小转矩的轴。

弹性柱销联轴器的结构如图 7-60 所示,它的构造也与凸缘联轴器的构造相仿。使用弹性的柱销将两个半联轴器连接起来。为了防止柱销脱落,在半联轴器的外侧,用螺钉固定了挡板。柱销一般多用尼龙或酚醛布棒等弹性材料制造。

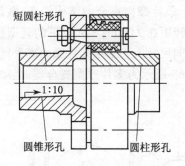

图 7-59　弹性套柱销联轴器

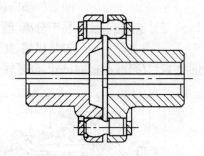

图 7-60　弹性柱销联轴器

弹性柱销联轴器虽然与弹性套柱销联轴器十分相似,但其载荷传递能力更大,结构更为简单,使用寿命及缓冲吸振能力更强,允许被连接两轴有一定的轴向位移以及少量的径向位移和角位移,适用于轴向窜动较大、正反转变化较多和启动频繁的场合,由于尼龙柱销对温度较敏感,故使用温度限制在 -20 ℃ ~ +70 ℃ 范围内。

2）离合器

在机器运转中可将传动系统随时分离或接合。对离合器的要求接合平稳,分离迅速而彻底,调节和修理方便;外廓尺寸小,质量小,耐磨性好和有足够的散热能力等等。离合器种类很多,按其工作原理主要可分为嵌入式和摩擦式两类。另外,还有电磁离合器和自动离合器。电磁离合器在自动化机械中作为控制转动的元件而被广泛应用。自动离合器能够在特定的工作条件下,如一定的转矩、一定的转速或一定的回转方向下自动接合或分离。下面着重介绍应用非常广泛的牙嵌式离合器和圆盘摩擦离合器。

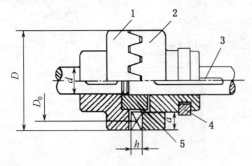

图 7-61　牙嵌式离合器

（1）牙嵌式离合器。

牙嵌式离合器是嵌入式离合器中常用的一种,如图 7-61 所示。它由两个端面带牙的半离合器组成。半离合器 1 用平键和主动轴相连接,另一半离合器 2 通过导向平键与从动轴连接,利用操纵杆移动滑环 4 可使离合器接合或分离,对中环 5 固定在半离合器 1 上,使从动轴能在环中自由转动,保证两轴对中。

牙嵌式离合器常用的牙形有矩形、梯形和锯齿形三种。矩形牙不便于离合,磨损后无法补偿,故使用较少;梯形牙容易离合,牙根部强度高,能补偿牙齿的磨损与间隙从而减小冲击,故应用较广。锯齿形牙强度最高,但只能传递单方向的扭矩。

牙嵌式离合器的主要特点是结构简单、尺寸紧凑,传动准确。其失效形式是接合表面的磨损和牙的折断,因此离合器的接合必须在两轴转速差很小或停转时进行。

（2）圆盘摩擦离合器。

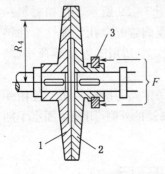

图 7-62　单片摩擦离合器

圆盘摩擦离合器是摩擦式离合器中应用最广的一种,它分为单片式和多片式。图 7-62 所示的单片摩擦离合器靠一定压力下主动盘 1 和从动盘 2 之间接合面上的摩擦力传递转矩,操纵环 3 使从动盘作轴向位移实现离合。单片摩擦离合器结构简单,散热性好,易于分离,但一般只能用于转矩在 2 000 N·m 以下的轻型机械(如包装机械、纺织机械),且径向尺寸大。采用多片摩擦离合器既能传递较大的转矩,又可减小径向尺寸,降低转动惯量,图 7-63 所示为多片摩擦离合器,主动轴 1 与

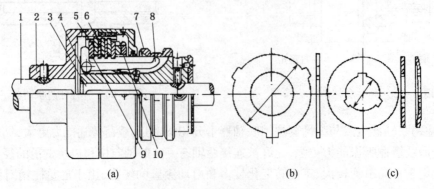

(a)　　　　　　　　　　(b)　　　　　(c)

图 7-63　多片摩擦离合器

外壳2,从动轴3与套筒4均用键连接,外壳大端的内孔上开有花键槽,与外摩擦盘5上的花键相连接,因此外摩擦盘与主动轴一起转动,内摩擦盘6与套筒4也是花键连接,故内摩擦盘与从动轴3一起转动,内、外摩擦盘相间安装。当滑环7向左移动到图示位置时,曲臂压杆8经压板9将所有内、外摩擦盘压紧在调压螺母10上,从而实现接合;当滑环向右移动时,则实现分离。为了散热和减轻磨损,可以把摩擦离合器浸入油中工作,根据是否浸入润滑油中工作,多片摩擦离合器又可分为干式和湿式。干式反应灵敏;湿式磨损小,散热快。

　　3)制动器

　　制动器是用来降低机械运转速度或迫使机械停止运转的装置。制动器在车辆、起重机等机械中有着广泛的应用。对制动器的要求有体积小、散热好、制动可靠、操纵灵活。按结构特征分,制动器有摩擦式和非摩擦式两大类。下面介绍两种常见的摩擦式制动器。

　　(1)块式制动器。

　　图7-64所示为块式制动器的结构图,它借助瓦块与制动轮间的摩擦力来制动。通电时,励磁线圈1吸住衔铁2,再通过一套杠杆使瓦块5松开,机器便能自由运转。当需要制动时,则切断电流,励磁线圈释放衔铁2,依靠弹簧力并通过杠杆使瓦块5抱紧制动轮6。制动器也可以安排为在通电时起制动作用,但为安全起见,应安排在断电时起制动作用。这种制动器的特点是动作迅速,结构简单,维修方便,但电磁铁工作可靠性低,有冲击,噪声大,适用于短时不频繁操作、工作载荷较低的场合,如卷扬机及

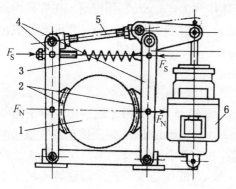

图7-64　块式制动器

绞车等小型设备中。

　　(2)带式制动器。

　　图7-65为带式制动器,它主要由制动轮、制动轮钢带和操纵系统组成。当杠杆上作用外力后,闸带收紧且抱住制动轮,依靠带与轮间的摩擦力实现制动。

　　带式制动器的特点是结构简单、紧凑,但制动时有附加径向力的作用,常用于中、小型起重运输机械和手动操纵的制动场合。

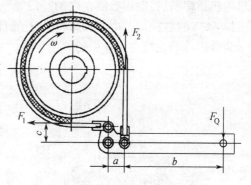

图7-65　带式制动器

第八章　液压与气压传动简介

§8-1　概　述

1. 液压与气压传动的基本概念

液压与气压传动统称流体传动与控制,它是以流体作为工作介质,利用密封工作容积内流体的压力来完成由原动机向工作装置的能量或动力的传递、转换或控制。相对与古老的机械传动来说,它是一门比较新的技术。

2. 液压与气压传动技术的应用及进展

早在 17 世纪末,帕斯卡就提出静压传递原理,但直到 1795 年,英国才制造出世界上第一台水压机。近代液压传动是随着 19 世纪石油工业的蓬勃发展而起步的,液压传动系统最早的成功实践是应用在舰艇上的炮塔转位器,其后才应用在机床等其他场合。第二次世界大战期间,由于军事上的需求,使液压与气动技术迅速发展。战后,液压与气动技术很快转入民用工业,在机床、工程机械、冶金、矿山、塑料、农林、汽车、船舶等行业得到大幅度的应用和发展。而液压与气压传动在工业上的真正推广使用,则是在 20 世纪五六十年代,随着原子能技术、空间技术和计算机技术(微电子技术)等的飞速发展,再次将液压与气动技术推向前进,使之发展成为包括传动、控制和检测在内的一门完整的自动化技术。现今,发达国家生产的 95% 工程机械、90% 的数控加工中心和 95% 以上的自动生产线都采用了液压与气动技术。图 8-1 所示为液压传动系统在工业中的应用实图。

图 8-1　液压传动系统应用实图

特别是近年来,随着微电子技术和机电一体化技术的迅速发展并且渗透到液压气动技术之中,与之密切地配合,使液压与气压传动在工业部门的各个领域得到更广泛的应用,已成为实现生产过程的自动化,提高劳动生产率,降低劳动强度的重要手段之一。

随着液压与气动机械自动化程度的不断提高,液压元件应用数量急剧增加,元件小型化,系统集成化是必然的发展趋势;特别是近 10 年来,液压与气动技术和传感技术、微电子技术密切结合,创造出很多高可靠性、低成本的节能元件,使其在高压、大功率、低噪音、长寿命、高度集成化等方面取得重大进展。无疑,液压与气动元件及其系统的计算机辅助设计(CAD),计算机辅助试验(CAT)和计算机实时控制是当前液压与气动技术的发展方向。

3. 液压与气压传动的主要优缺点

1）液压传动的主要优点

① 与其他一些传动方式相比，在同等功率下，液压装置体积小，质量轻，结构紧凑。在同等体积下，液压装置能产生更大的动力。

② 液压装置工作比较平稳，由于质量轻，惯性小，反应快，易于实现快速启动、制动，适用于频繁换向。

③ 液压装置能在大范围内实现无级调速（调速范围可达2 000），并且可以在运行过程中进行调速。

④ 液压传动易于实现自动化，对液体压力、流量或流动方向易于进行调节和控制。当将液压控制与电器控制、电子控制相结合时，整个传动装置能实现很复杂的顺序动作，也能很方便地实现远程控制和过载保护。

⑤ 由于液压元件大多已实现了标准化、系列化和通用化，液压系统的设计、制造和使用都比较方便。

⑥ 液压介质有良好的润滑性和防锈性，有利于延长液压元件的使用寿命。

⑦ 液压传动装置便于实现运动转换。液压元件和附件的排列及布置，可根据需要灵活掌握。

⑧ 功率损失所产生的热量可随着液压油被带走，即使长期运转，系统也不会过热，这是其他传动装置无法办到的。

2）液压传动的主要缺点

① 在工作过程中常有较多的能量损失（摩擦损失和泄漏损失等），长距离传动时更是如此，总效率较低。

② 对油温变化比较敏感，其性能受温度影响较大。

③ 为了减少泄漏，液压元件在制造的精度上要求较高，对密封的要求也较高，因此，它的造价较高。

④ 工作介质必须保持清洁、干净，否则会影响液压元件的寿命，甚至导致整个系统失效。

⑤ 出现故障时不易找出原因。

⑥ 液压油及油气的泄漏会污染周围环境。

3）气压传动的主要优点

① 空气可以从大气中直接获得，同时用过的空气也可以直接排到大气中，工作介质的获取、处理很方便，不会对环境造成污染。

② 工作环境适应性好。无论在易燃、易爆、多尘、辐射、强磁、振动、冲击等恶劣环境中，气压系统皆能安全、可靠地工作。对要求高净化、无污染的场合，如食品加工、印刷、精密检测等，更具有独特的适应能力。

③ 空气的黏度很小，在管路中的压力损失很小，因此，压缩空气便于集中供应（如空气站）和远距离输送。

④ 气动控制比液压控制动作迅速、反应快，利用气压信号可以很方便地实现系统的自动控制。

⑤ 气动元件结构简单，易于加工，使用寿命长，适于标准化、系列化和通用化。

⑥ 管道不会堵塞,系统维护简单,也不存在介质变质、补充及更换等问题。

⑦ 使用安全,便于实现过载保护。

4) 气压传动的主要缺点

① 由于空气可压缩性较大,如果靠调节空气流量来进行速度控制,运动速度的稳定性较差。

② 目前气动系统的压力不高,故总的输出力不会很大。

③ 气动装置中的信号传递速度慢于电子及光速(仅限于声速范围内),不能适用于对信号传递速度要求十分高的复杂系统中,同时实现生产过程的远距离控制也比较困难。

④ 传动效率较低,排气噪音较大。

总的来说,液压和气压传动的优点是主要的。它们的缺点,将会随着科学技术的发展而不断地得到克服和改善。例如,将液压与气压传动、电力传动、机械传动等合理地联合使用,构成气液、电液、机液、电气液、机电液等联合传动,以进一步发挥各自的优点,相互补充,弥补各自的不足之处。

4. 液压与气压传动与其他传动方式性能的比较

液压与气压传动与其他传动方式性能的比较见表 8 – 1。

表 8 –1 液压与气压传动与其他传动方式性能的比较

项目		液压方式	气压方式	机械方式	电气方式	电子方式
操作力		大(可达数十千牛以上)	稍大(可达 10 ~ 40 kN)	较大	不大	小
操作速度		稍大(可达 1 m/s)	大(可达 10 m/s)	小	大	大
敏感性		大	小	中等	大	大
负荷变化的影响		很少有	特别大	几乎没有	几乎没有	几乎没有
准确性		稍好	不好	良好	良好	良好
构造		稍复杂	简单	一般	稍复杂	复杂
配线、配管		复杂	稍复杂	没有	较简单	复杂
环境	温度	一般(70 ℃以下)	一般(100 ℃以下)	一般	要求高	要求高
	湿度	一般	排气时应注意	一般	要求高	要求高
	腐蚀性	一般	一般	一般	要求高	要求高
	振动	不怕	不怕	一般	要求高	要求特别高
维护		要求较高	简单	简单	要求较高	要求更高
危险性		注意防火	安全	无特殊问题	注意漏电	无特殊问题
讯号变换		较容易	较容易	困难	容易	容易
远距离操作		容易	容易	困难	特别容易	特别容易
动力源故障时		有蓄能器时可有若干动作	消耗系统内残余风量后动作停止	动作停止	动作停止	动作停止
安装位置的自由度		有	有	很少有	有	有
无级变速		稍好	良好	稍困难	稍困难	良好
速度调节		容易	容易	稍困难	容易	容易
工作寿命		一般	长	一般	较短	短
价格		稍贵	一般	一般	稍贵	贵

§8-2 液压与气压传动的工作原理

液压系统以液压油作为工作介质,而气压传动则是以空气作为工作介质,两种工作介质的不同之处在于液体几乎不可压缩,气体则具有较大的可压缩性。两者的基本工作原理,元件的工作机理及系统回路的构成等方面是相似的。下面介绍它们的工作原理。

图 8-2 所示为液压千斤顶示意图。当向上提手柄 1 时,使小液压缸 2 内的活塞上移,其下腔容积增大而产生真空,此时单向阀 3 处于关闭状态,油箱 5 里的液压油在大气压的作用下,顶开吸油单向阀 4,进入小液压缸 2 的下腔并充满整个容积。当手柄向下压时,小液压缸 2 的下腔被压缩,压力迅速增大,此时吸油单向阀 4 处于关闭状态,压油单向阀 3 被顶开,液压油进入大液压缸 7 的下腔。如此不断地上下扳动手柄 1,则小液压缸 2 不断地从油箱 5 内吸油,向大液压缸 7 内注油。当油液的压力升高到能克服作用在大活塞上的负载(重物)8 所需要的压力值时,重物就会随着手柄 1 的按下而上升,手柄 1 不动,大活塞连同重物 8 就会原地自锁不动。如果打开截止阀 6,大液压缸 7 下腔的油直通油箱,在重力的作用下,重物 8 连同大活塞一起就会下移,迅速回复到原始位置。

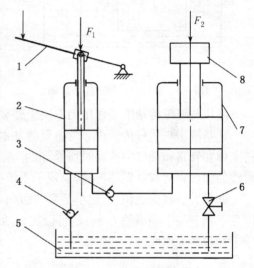

图 8-2 液压千斤顶示意图

1—手柄;2—小液压缸;3—单向阀(压油);4—单向阀(吸油);5—油箱;6—截止阀(放油螺塞);7—大液压缸;8—负载(重物)

如果将图 8-2 中的油箱去掉,下面的两根管子直通大气,则图 8-2 就成了气动系统原理图,此时,工作介质就成了大气。因为气体有压缩性,不像液压系统那样一按手柄,重物就会立即相应上移,而是要多次地上下扳动手柄,使大小气缸下腔的气压逐渐升高,直到气体的压力达到使重物上升所需要的压力值时,重物才会上升。在重物上升的过程中,由于气体可压缩性较大的缘故,气压值不像液压值那样稳定,常常会发生波动。

由液压千斤顶的工作原理得知,小液压缸 2 与单向阀 3、4 一起,完成吸油、排油,将杠杆的机械能,转换成油液的压力能输出,小液压缸就相当于手动液压泵。大液压缸 7 将油液的压力能转化成机械能输出,抬起重物,对外作功,称之为(举升)液压缸。在这里,大、小液压缸及单向阀、截止阀和油箱组成了最简单的液压传动系统,实现了力和运动的转化与传递。

1. 力的传递

图 8-3 所示为液压千斤顶工作原理图。

设大、小液压缸的活塞面积分别为 A_2 和 A_1,作用在大活塞上的负载力为 F_2,该力在大液压缸中所产生的液体压力为:

$$p_2 = \frac{F_2}{A_2} \tag{8-1}$$

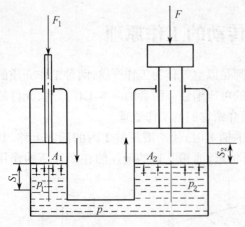

图 8-3 液压千斤顶工作原理图

根据帕斯卡原理:在密闭容器内,施加于静止液体上的压力将以等值同时传递到液体各点;故大、小液压缸活塞下腔及连接管路所构成的封闭容器内的油液具有相同的压力值,即 $p_1 = p_2 = p$,为了克服负载力 F_2,使大液压缸的活塞运动,作用在小液压缸活塞上的作用力 F_1 应为(忽略活塞运动时的摩擦阻力):

$$F_1 = p_1 A_1 = p_2 A_2 = F_2 \frac{A_1}{A_2} \qquad (8-2)$$

由式(8-1)和式(8-2)可知,在 A_1、A_2 一定时,负载力 F_2 越大,系统中的压力 p 也越大,所需要的作用力 F_1 也越大,即系统压力与外载荷密切相关,这是液压与气压传动工作原理的第一个特征:

液压与气压传动中工作压力取决于外载!

这是液压与气压传动中非常重要的基本概念,对于实际流体,除了外载荷外,负载还应包括流体在管路和元件中流动时所受到的"阻力"等负载在内。应当明确指出的是,液压元件、附件的强度和密封材料的特性,决定了系统中的压力不可能随负载无限增大。

如果大活塞的面积 A_2 比小活塞的面积 A_1 大得多,即 $A_2 \gg A_1$,则由式(8-2)可以看出,作用在手柄上一个很小的力 F_1,就可以在大活塞上产生一个很大的力 F_2 以举起重物,这就是液压千斤顶的工作原理。

2. 运动的传递

如果不考虑液体的可压缩性、系统的泄漏和液压缸及管路的受压变形等因素,小液压缸排出的液体体积,必然等于进入大液压缸的液体体积。设大、小液压缸的活塞位移分别为 S_2 和 S_1,则有:

$$V_1 = A_1 S_1$$
$$V_2 = A_2 S_2$$
$$V_1 = V_2$$

故有
$$A_1 S_1 = A_2 S_2 \qquad (8-3)$$

等式两边同除以运动时间 t,即体积除以时间,得到平均体积流量 Q:

$$Q_1 = \frac{A_1 S_1}{t}$$

$$Q_2 = \frac{A_2 S_2}{t}$$

而位移 S 除以时间 t 就是速度 v,即 $v = \frac{S}{t}$,则上式即为:

$$Q_1 = \frac{A_1 S_1}{t} = A_1 v_1$$

$$Q_2 = \frac{A_2 S_2}{t} = A_2 v_2$$

由于平均体积流量 $Q_1 = Q_2$，则：

$$A_1 v_1 = A_2 v_2 \qquad\qquad (8-4)$$

由式(8-4)可以看出，液压与气压传动是靠密闭的工作容积变化相等的原则实现运动传递的。调节小液压缸的输出流量 Q_1，就可以调节大活塞的运动速度，即移动重物的速度 v_2，这是液压与气压传动工作原理的第二个特征。

大活塞的运动速度取决于输入流量的大小，而与外载荷无关！

3. 液压功率

液压千斤顶的输出功率 P_2 为：

$$P_2 = F_2 V_2 = p_2 A_2 V_2 = p_2 Q_2 \qquad\qquad (8-5)$$

式(8-5)表明，液压力作功，其功率的大小等于压力乘以流量。这个结论具有普遍意义，无论是对于液压泵、液压马达还是液压阀门等液压元件，凡涉及到液压功率的计算时，均按此公式。

§8-3 液压传动系统的组成

工程中实际应用的液压传动系统是各式各样的，为了更好地了解液压传动系统的组成，下面以某车床刀架液压传动系统为例予以说明。

在车削工件过程中，要求刀架慢速进刀，确保被加工零件的质量要求，切削完成后，要求刀架快速返回，以缩短辅助时间，提高劳动生产率。

参看图8-4所示的车床刀架液压系统图。在切削时，电磁铁通电，换向阀6处于(a)图位置，液压泵3从油箱1内吸油，通过过滤器2过滤，自泵体打出，通过换向阀6，进入液压缸9

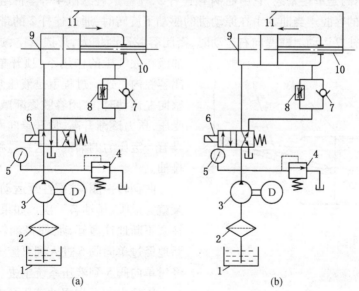

图8-4 车床刀架液压系统图

1—油箱；2—过滤器；3—液压泵(带电机)；4—溢流阀；5—压力表；6—电磁换向阀；7—单向阀；

8—节流阀；9—液压缸；10—活塞；11—刀架(工作台)

的左腔(大腔,无活塞杆),推动活塞10右移,从而带动刀架11慢速进给。此时,液压缸右腔(小腔,有活塞杆)的油,经过节流阀8和换向阀6流回油箱((a)图)。完成切削后,电磁铁断电,换向阀6的阀芯在弹簧力的作用下复位,处于((b)图)位置,此时,液压泵3打出的油,通过换向阀6和单向阀7,进入液压缸9的右腔(小腔,有活塞杆),由于小腔的面积小,单位时间内进入同样多的液压油,活塞移动的速度就快,从而推动活塞10向左移动,带动刀架11快速返回,完成一个循环。液压缸9大腔的油经过换向阀6直接回油箱((b)图)。

在刀架进给过程中,如果改变节流阀8的通流面积,可以改变活塞10的移动速度,也即改变了刀架的进给速度。此时进入液压缸大腔的流量减少,多余的流量经过溢流阀4回到油箱。

在刀具切削加工的过程中,存在着负载阻力,只有当活塞的推力大于负载阻力时,才能完成切削工作。溢流阀除了起调节流量的作用外,主要用来调定液压系统的工作压力,满足液压缸活塞所需要的压力,此外,它还起到过载保护的作用,当负载突然增大时,液压系统的压力不会随之增大,液压泵的出口压力始终是溢流阀调定的压力,从而保证液压泵和电机不会过载损坏。

从上面的例子可以看出,液压系统主要有以下五个部分组成。

1. 动力元件

动力元件的作用是完成机械能至液压能的转换,最常见的形式就是液压泵,它给液压系统提供压力油。

液压泵作为液压系统的动力元件,将原动机(电机或柴油机等)输入的机械能转化为液体的压力能输出。液压泵性能的好坏直接影响到液压系统工作的稳定性和可靠性,是液压传动系统的一个重要组成部分。

图8-5所示的是单柱塞泵,它由曲柄1、连杆2、柱塞3、柱塞缸4等零件组成,柱塞与柱塞缸之间构成密闭的容腔。当曲柄1在原动机的驱动下旋转时,通过连杆2的带动,使柱塞3在柱塞缸内作直线往复运动。柱塞向右运动时,密闭容腔逐渐增大,形成真空,这时油箱7中的油液在大气压的作用下,顶开单向阀6进入密闭容腔内。这一过程就是液压泵的吸油。当柱塞向左运动时,密闭容腔逐渐减小,其内的油液受压,压力逐渐升高,顶开单向阀5向系统提供具有一定压力的油液。这一过程叫做液压泵的排油。

曲柄转一圈,柱塞往复运动一个周期,液压泵就完成吸、排油各一次。如果曲柄连续旋转,柱塞不断地往复运动,使得油箱中的液压油不断地经过单向阀6进入到泵腔,而后被泵出,又经过单向阀5到液压系统中去。

工程中实际应用的液压泵在结构上比这复杂的多,功能上也比较完善,尽管如此,我们仍可以通过这个最简单的例子,归纳出液压泵工作的两个必要条件:

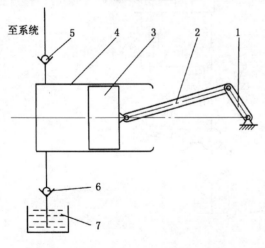

图8-5 单柱塞液压泵的工作原理
1—曲柄;2—连杆;3—柱塞;4—柱塞缸;5—单向阀(排油);6—单向阀(吸油);7—油箱

（1）必须有一个容积可以变化的工作容腔。

（2）必须有一个与密封工作容腔变化相协调的配油机构。容腔变大时吸油，变小时排油，吸油口和压油口不能相通。

常用的液压泵有齿轮泵、叶片泵和柱塞泵。设计液压传动系统时，应根据所要求的工作情况，合理地选择液压泵。在一般轻载、小功率的机械设备中，可用齿轮泵或双作用式叶片泵，在负载大、功率大的机械设备中，可选用柱塞泵，精度较高的机械设备（如磨床），应选用螺杆泵或双作用式叶片泵，负载较大并且有快速或慢速行程的机械设备（如组合机床），可选用限压式变量叶片泵。齿轮泵的抗污染能力最好，叶片泵的噪音最小，柱塞泵的功率最大。

液压传动系统常用液压泵的性能比较见表 8 - 2。

表 8 - 2　液压传动系统常用液压泵的性能比较

性能	外啮合齿轮泵	双作用叶片泵	限压式变量叶片泵	径向柱塞泵	轴向柱塞泵	螺杆泵
输出压力	低压、中高压	中压、中高压	中压、中高压	高压	高压	低压
流量调节	不能	不能	能	能	能	不能
效率	低	较高	较高	高	高	较高
输出流量脉动	很大	很小	一般	一般	一般	最小
自吸特性	好	较差	较差	差	差	好
对油污染敏感性	不敏感	较敏感	较敏感	很敏感	很敏感	不敏感
噪音	大	小	较大	大	大	最小

图 8 - 6 所示为液压泵的图形符号。

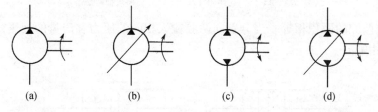

图 8 - 6　液压泵的图形符号
（a）单向定量液压泵；（b）单向变量液压泵；（c）双向定量液压泵；（d）双向定变液压泵

图 8 - 7 所示为常用的液压泵的工作原理图。

2. 执行元件

液压传动系统中执行元件的作用是将液压压力能转换成机械能，运动形式有直线往复运动或旋转（摆动）运动。其输出的是力和速度或者是转矩和转速。最常见的形式有作直线往复运动或摆动的液压缸和作回转运动的液压马达。

1）液压缸

液压缸是利用油液的压力能来实现直线运动的执行元件，它的种类繁多，通常根据其结构特点，分为活塞式、柱塞式和伸缩式等。

图 8 - 8 所示为缸筒固定式双杆活塞缸，油的进出口位于缸筒两端，因两端活塞杆的直径

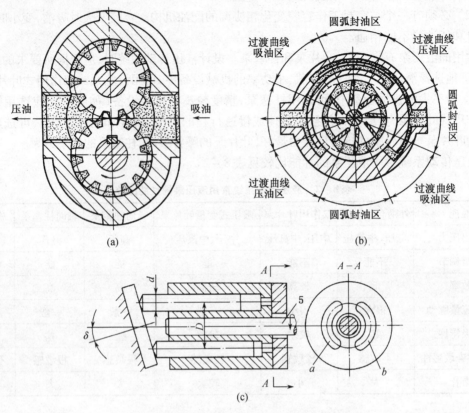

图 8-7　常用的液压泵的工作原理图

（a）齿轮泵；（b）双作用叶片泵；（c）直轴式轴向柱塞泵

相等,所以左右两腔的面积相等。当分别向两腔输入相同的压力和流量的液压油时,两个方向的力和速度是相等的。

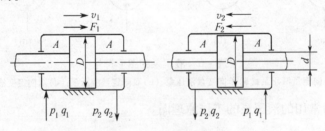

图 8-8　双杆活塞缸

图 8-9 所示为缸筒固定式单杆活塞缸,活塞缸的活塞只有一端带活塞杆,因两腔的有效工作面积不相等,因此,在分别向两腔输入相同压力和流量的液压油时,两个方向运动的力和速度是不相等的。

活塞式液压缸的活塞与缸筒内孔有配合的要求,加工精度要求较高,特别是行程较长时,加工就非常困难。采用柱塞式液压缸就可以避免这个困难。图 8-10 所示为柱塞式液压缸,因柱塞式液压缸的柱塞与缸筒内孔没有配合要求,缸筒内孔不需要精加工,只是柱塞与缸盖上的导向套有配合要求,所以特别适合于行程较长的场合使用。为了减轻柱塞的质量,减少柱塞的弯曲变

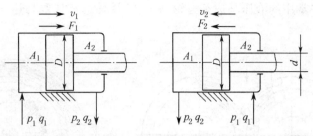

图 8 - 9   单杆活塞缸

形,常将柱塞做成空心的,以提高柱塞的刚性。该柱塞缸只能单方向运动,反向退回时,则需靠外力,如弹簧力或重力等,若要求往复运动时,也可用两个柱塞缸分别完成两个方向的运动。

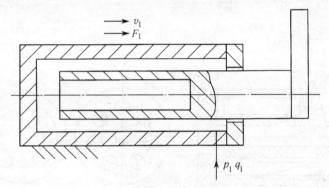

图 8 - 10   柱塞式液压缸

伸缩式液压缸由两个或多个活塞套装而成,前一级活塞缸的活塞杆是后一级活塞缸的缸筒,结构与拉杆天线类似,伸出时可以获得很长的工作行程,缩回时可以保持很短的结构尺寸。

伸缩式液压缸有单作用和双作用两种形式。图 8 - 11 所示为双作用伸缩式液压缸,它的伸出和缩回都是靠液压油的压力,而单作用式的回程,要靠外力(如重力等)来完成。

图 8 - 12 所示为各种形式液压缸的外形图。

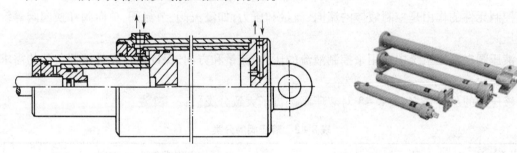

图 8 - 11   双作用伸缩式液压缸   图 8 - 12   液压缸外形图

2) 液压马达

液压马达是利用油液的压力能来实现连续旋转或摆动的执行元件。从工作原理上讲,液压泵和液压马达都是靠密封工作容腔的容积变化而工作的,所以说,泵可以作马达用,反之也一样,即泵和马达有可逆性,但在实际使用中,由于两者工作状态不一样,为了更好地发挥各自的性能,两者在结构上还是存在某些差异,使之不能通用。

液压传动系统中常用的液压马达有齿轮马达、叶片马达和柱塞马达三大类。他们的工作原理图见图 8 – 13。

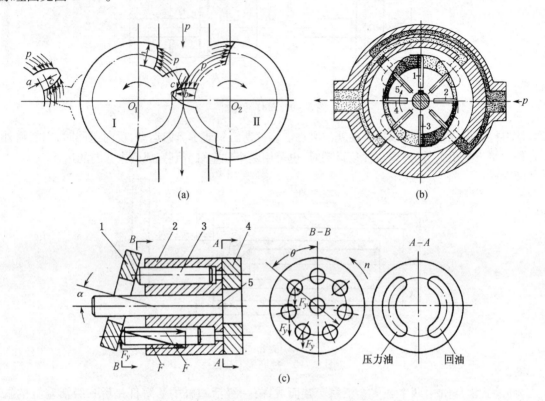

图 8 – 13　常用的液压马达的工作原理图
(a) 外啮合齿轮液压马达；(b) 双作用式叶片马达；(c) 轴向柱塞马达

3. 控制元件

控制元件的作用是控制液体的流向、流量和压力，如溢流阀、节流阀、单向阀和换向阀等统称液压阀。

液压阀在液压系统中被用来控制液流的压力、流量和方向，保证执行元件按照负载的需求进行工作。

液压阀的品种繁多，表 8 – 3 对液压阀进行了大致分类。

表 8 – 3　液压阀的分类

分类方法	种　类	具体名称或含义
按功能分类	压力控制阀	溢流阀、顺序阀、卸荷阀、平衡阀、减压阀、比例压力控制阀、缓冲阀、限压切断阀、压力继电器等
	流量控制阀	节流阀、单向节流阀、调速阀、分流集流阀、排气节流阀、比例流量控制阀等
	方向控制阀	单向阀、液控单向阀、换向阀、行程减速阀梭阀、脉冲阀、比例方向控制阀等

分类方法	种 类	具体名称或含义
按结构分类	滑阀	圆柱滑阀、平板滑阀、旋转阀
	座阀	锥阀、球阀、喷嘴挡板阀
按操纵方法分类	手动阀	手把及手轮、踏板、杠杆
	机动阀	挡块及碰块、弹簧、液压、气动
	电动阀	电磁铁控制、伺服电机和步进电机控制

压力控制阀中溢流阀的结构及图形符号见图 8 - 14。

流量控制阀中节流阀的结构及图形符号见图 8 - 15。

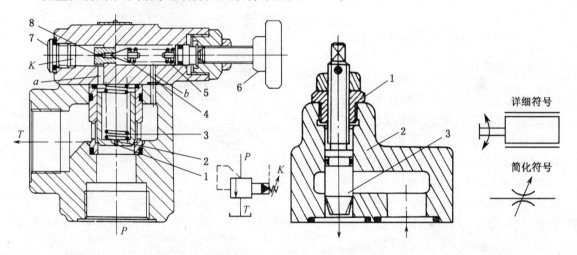

图 8 - 14　二级同心先导式溢流阀

1—主阀芯;2、8—阻尼孔;3—主阀弹簧;4—先导阀芯;

5—先导阀弹簧;6—调压手轮;7—螺堵

图 8 - 15　节流阀

1—螺母;2—阀体;3—阀芯

方向控制阀中单向阀和换向阀的结构及图形符号见图 8 - 16 和图 8 - 17。

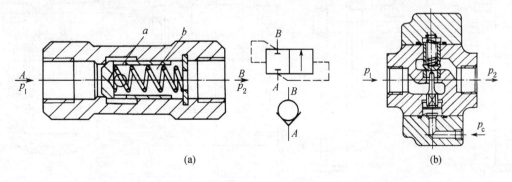

(a)　　　　　　　　　　　　　　　(b)

图 8 - 16　单向阀

(a) 普通单向阀;(b) 液控单向阀

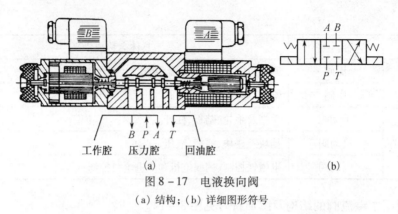

图 8 - 17　电液换向阀

（a）结构；（b）详细图形符号

各种形式的液压阀见图 8 - 18。

4. 辅助元件

辅助元件用于对工作介质的储存、过滤、传输以及对液压参量进行测量和显示等，也称作液压附件，如油箱、冷却器、加热器、过滤器、管件、密封件、蓄能器、压力表装置等等，是液压传动系统中一个必不可少的重要组成部分，见图 8 - 19 至图 8 - 22。

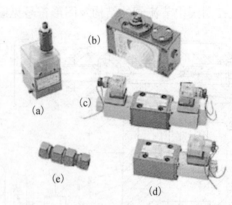

图 8 - 18　各种形式液压阀的外形图

（a）压力继电器 EYX63 - 6；（b）行程调速阀 E22XQ - 25；（c）电磁换向阀 E35DO - 25；（d）电磁换向阀 E22DO - 25；（e）单向阀 EDG - 25

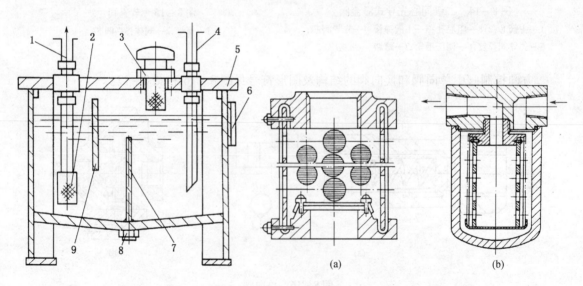

图 8 - 19　油箱

1—吸油管；2—网式过滤器；3—空气过滤器；4—回油管；5—箱盖；6—油面指示器；7,9—隔板；8—放油塞

图 8 - 20　表面型过滤器

（a）网式过滤器；（b）线隙式过滤器

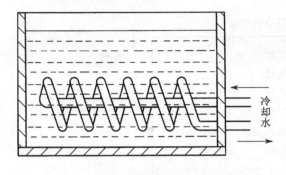

图 8 – 21　蛇形管冷却器　　　　　　　图 8 – 22　加热器

　　密封件在液压传动装置中起着非常重要的作用。液压传动是以液体为传动介质,依靠密封容积变化来传递力和速度的,而密封装置则用来防止液压系统油液的泄漏,以及外界灰尘和异物的侵入,保持系统建立必要的压力。起密封作用的元件,称为密封件,密封装置的性能直接影响液压系统的工作性能和效率,是衡量液压系统性能的一个重要指标。

　　密封件的材料常用合成橡胶(如丁腈橡胶、聚氨酯橡胶、氟橡胶、硅橡胶、丁基橡胶等)及合成树脂(如聚四氟乙烯、聚酰胺、尼龙、聚甲醛等)。

　　液压系统中密封装置种类很多,常用的密封种类和形式见表8 – 4。

表 8 – 4　密封种类和形式

分　类		主要密封件	分　类	主要密封件
静密封	非金属静密封	O 形橡胶密封圈	自封式压紧型密封	O 形橡胶密封圈
		橡胶垫片		同轴密封圈
		聚四氟乙烯生料带		异形密封圈
	橡胶-金属复合静密封	组合密封垫圈	自封式自紧型密封（唇形密封）	Y 形密封圈
	金属静密封	金属垫圈		V 形密封圈
		空心金属 O 形密封圈		组合式 U 形密封圈
	液态密封	密封胶		带支撑环组合双向密封圈
	非接触式密封	间隙	活塞环	金属活塞环
		阻尼	旋转轴油封	油封
		迷宫	液压缸导向支承件	导向支承环
		其他	液压缸防尘圈	防尘圈

（动密封一列表头跨越"自封式压紧型密封"至"液压缸防尘圈"各行）

5. 工作介质

　　工作介质即液压介质,存在于上述四种元件之中,起着转换、传递、控制能量的重要作用。同时还起着润滑和冷却的作用,其力学性质对液压系统的影响很大。

　　对于液压介质,目前国内外常采用综合分类的方法,将其分为两大类,即矿油型液压油和抗燃型液压液,详见表8-5。

表8-5　液压介质分类

液压介质	矿油型液压油	普通液压油 抗磨液压油 低温液压油 低油抗磨液压油 液压导轨两用油 专用液压油	
	抗燃型液压液	含水型	水包油乳化液 油包水乳化液 高水基液压液
		合成型	磷酸脂液压液 脂肪酸脂液压液

它们之间的相互关系,可用方框图表示,见图8-23。

为了便于液压与气压传动系统图的绘制和各种符号的统一,国家标准GB/T 786.1—93《液压与气压传动常用图形符号》中,规定了一整套液压与气压传动系统的职能符号,具体内容可参考有关设计手册。

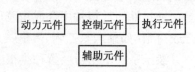

图8-23　液压与气压系统
组成方框图

§8-4　液压传动系统的主要故障形式

现代液压设备,由于液压系统的故障而停工,将会造成巨大的经济损失。液压系统的故障,在液压设备不同的运行阶段,有着不同的特征。

1. 液压设备调试阶段的故障

这一阶段的故障率较高,其特征是设计、制造、安装等质量问题交织在一起,除机械、电气出现问题外,液压传动系统经常发生的故障有:

① 外泄露严重。

② 执行元件运动速度不稳定。

③ 液压阀运动不灵活或卡死,造成控制失灵,导致执行元件动作偏差过大或失误。

④ 压力控制阀的阻尼孔堵塞,造成系统压力不稳定。

⑤ 安装管路接错,使系统运行错乱。

⑥ 设计不完善,液压元件选择不当,造成系统发热,执行元件运动精度过低等故障。

2. 液压设备运行初期的故障

液压设备经过调试阶段后,便进入正常的生产运行阶段。此时,液压系统的故障特征是:

① 接头因振动而松脱。

② 密封件质量差,由于振动而松动或装配不当而损伤,造成泄漏。

③ 管道或液压元件内的毛刺、型砂、碎屑等污物在油流的冲击下脱落,堵塞阻尼孔和滤油器,造成压力和速度的不稳定。

④ 由于外载大和散热条件差,使油液温度过高,引起泄漏,是系统压力、速度产生较大波动。

3. 液压设备运行中期的故障

液压设备运行到中期,故障率最低,这个阶段,液压系统运行状态最佳,但特别要注意控制油液的污染。

4. 液压设备运行后期的故障

液压设备运行到后期,液压元件因工作频率和负载的差异,易损件开始超量磨损,泄漏增加,效率降低,这一阶段故障率最高。针对这一情况,要对液压系统和元件进行全面的检查,对已失效的元件要进行及时的修理和更换,以防止液压设备因液压系统的故障而停机,影响正常生产。

5. 突发性故障

突发性故障的特征就是突发性,它没有事先的征兆,故障发生的区域和产生的原因较为明显,如发生碰撞、元件弹簧突然折断、管道破裂、异物堵塞流道等等。突发性故障往往与液压元件安装不当,维护不良有关。有时由于操作错误也会发生破坏性故障。

6. 液压传动系统故障的影响

液压系统出现故障,除了直接影响液压设备的正常工作,造成停产、经济损失巨大外,还会对环境造成一定的污染。主要表现在两个方面:一个是泄漏造成的污染,一个是噪音造成的污染。

1）泄漏造成的污染

液压系统由于密封件的失灵造成的液压油的泄漏,以及突发性的管道破裂,都会给环境造成污染,当高压油喷射时,还可能造成人员的伤害。当泄漏的液压油未经过处理就随工厂的废水排出厂外后,还会对周围的水系和土壤造成污染,引起一系列的矛盾。

2）噪音造成的污染

声波是一种波动现象,具有频率和振幅两个特征量。人们听到的声音,是由各种频率的纯音组成的。当频率和振幅的分布有规律时,听起来令人愉快悦耳。噪音则是由许多杂乱的声波混合起来的,听起来令人烦躁和不愉快,过大的噪音会给人带来不适的感觉,在精神上和健康上产生不良的影响。

噪音的物理量度通常是用声压及声压级。正常人耳刚刚能听到的声压(称为听阈声压)是 2×10^{-5} Pa,它只有一个大气压的 50 亿分之一,普通房间的声压是 0.1 Pa,喧哗声压是 0.8 Pa 左右,当声压达到 20 Pa 时,人耳感觉疼痛,称为痛阈声压。

规定以听阈声压 p_0 为参考声压,将任一声压与之比值的常用对数的 20 倍来表示声压的

大小,称为声压级,用分贝(dB)来表示,即:

$$L_p = 20\text{Log}\frac{p}{p_0} \tag{8-6}$$

式中,p 为声压;p_0 为参考声压,其值为 2×10^{-5} Pa。

一些噪音声源环境的声压与声压级见表 8-6。

表 8-6　一些噪音声源环境的声压与声压级

噪音声源环境	声压/Pa	声压级/dB
喷气式飞机喷口附近	630	150
喷气式飞机附近	200	140
铆钉机附近	63	130
大型球磨机附近	20	120
鼓风机风口	6.3	110
织布机附近	2	100
地铁	0.63	90
公共汽车内	0.2	80
繁华街道	0.063	70
普通谈话	0.02	60
微电视机附近	0.0063	50
安静房间	0.002	40
轻声耳语	0.00063	30
树叶沙沙声	0.0002	20
农村静夜	0.000063	10
听阈	0.00002	0

§8-5　气压传动系统简介

气压传动在各行各业中的应用是很广泛的。为了更好地了解气压传动系统的组成,下面以公共电、汽车的开关门装置气压传动系统为例给以说明。

图 8-24 是公共汽车和无轨电车的开关门装置气压传动原理图。该气动系统是由气源1、手控二位三通换向阀2、电磁控制二位三通换向阀3、节流阀4以及差动气缸5组成,差动气缸通过铰链与车门6连接。图示阀位为关门状态。当汽车靠站,车门需要打开时,按动开门按钮,电磁阀3带电,将换至左位,气源的压缩空气经手控换向阀2、电磁控制换向阀3和节流阀4,进入差动气缸5的左右两腔,由于左右两侧的面积不同,形成的力差,使活塞向左移动,带动连杆将门打开。

图 8-24 所示关门时,只要再次按动按钮,电磁阀3断电,在弹簧力的作用下,电磁阀复位(图示位置),此时气源的压缩空气只进入气缸的左腔,推动活塞右移,活塞杆收回,车门关闭。气缸大腔内的空气经节流阀4和电磁阀3直接排入大气。节流阀4的作用是改变关门的速度,压缩空气可由空压机或高压气罐提供。当手控二位三通换向阀2换向时,此时差动气缸5的左右两腔皆与大气联通,门处于自由状态,用手推到什么位置,它就保持在什么位置。通常汽车在检修的时候,才处于这种状态。

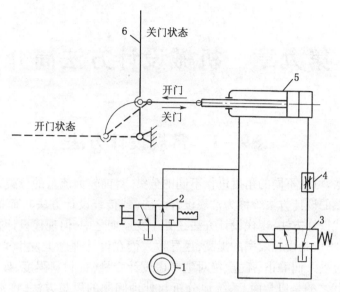

图 8 - 24　汽车电车开关门气压传动装置
1—气源;2—手控二位三通换向阀;3—电磁控制二位三通换向阀;4—节流阀;
5—差动气缸;6—门

从上面的例子同样可以看出,气压传动系统也是主要由以下五个部分组成:

(1)动力元件。

动力元件的作用是完成机械能至气压能的转换,最常见的形式就是气源装置,它给气压系统提供压缩空气。

(2)执行元件。

执行元件的作用是将气体压力能转换成机械能,最常见的形式是各种气缸和气动马达。

(3)控制元件。

控制元件的作用是控制流体的流向、流量和压力,如溢流阀、节流阀、单向阀和换向阀等。

(4)辅助元件。

气压传动的辅助元件除了像液压传动一样,用于对工作介质的储存、过滤、传输以及对压力参量进行测量和显示,也称作气动附件,如储气罐、冷却器、油水分离器、干燥器、过滤器、管件、密封件、蓄能器和消音器等。除此之外,气压传动系统中常常还装有一些完成逻辑功能的逻辑元件。

(5)工作介质。

工作介质即压缩空气,起传递动力和能量的作用。

由上述组成部分来看,气压传动系统与液压传动系统有许多相似的地方,在此不再赘述。

图 8 - 25 是气动系统控制的机器人用于轿车生产线上。

图 8 - 25　轿车生产线上的气动机器人

第九章　机械设计方法简介

§9-1　常规设计方法

机械设计方法,可从不同的角度进行不同的分类,目前较为流行的分类方法是把过去长期采用的且比较成熟的设计方法统称为常规设计方法(或传统设计方法),而把近几十年发展起来的方法称为现代设计方法,现代设计方法还处于发展期之中,但现代设计方法的采用对设计的影响是巨大的,不仅是设计效率的提高,还导致人们在设计理念上发生了重大的转变,如可靠性设计改变了过去人们静止、孤立、绝对地考虑设计变量(如材料强度、疲劳寿命、载荷和应力)的观点,取而代之的是以全面、系统地分析与处理问题的思想方法,将常规设计方法中所涉及的设计变量所具有的多值现象看成是服从某种分布的随机变量,根据机械产品的可靠性指标要求,用概率统计方法设计出零部件的主要参数和结构尺寸。再如并行设计的出现,作为一种设计理念,突出强调在功能和过程上集成、并行地设计产品,在优化和重组产品开发过程的同时,实现多学科领域专家群体协同工作,这就改变了常规设计方法中按部就班的设计模式,使新产品的开发设计效率得以大大提高。

1. 机械设计的一般过程

机械设计的最大特点就是继承与创新的紧密结合,是一个系统性、协作性很强的工作。机械设计作为一种创造性工作,有其内在规律可循,一个完整的设计过程主要由下面的各个阶段所组成。

1) 市场需求分析

在市场经济条件下,企业家所关注的不再只是产品质量的好坏,而同时更为关心所开发设计的产品在市场上有没有销路,只有市场前景好的产品,才能使初期的开发投资能够收回,才能使生产该产品的企业获得丰厚的利润。所以市场的需求分析是至关重要的,这一阶段的工作往往不是由设计者首先来完成的,然而设计者不可能游离于市场之外,只有对市场需求信息的充分理解和掌握,才能开发设计出用户所需要的产品。

任何企业生产一种产品,都希望所生产的产品能够不断地推广、更新,占有更大的市场份额。所以在产品的设计开发过程中,科学、严谨的市场调查是不可缺少的,最后确定开发那种产品、何时投产等,必须慎重考虑,周密策划。

本阶段的一个标志就是市场调研报告的完成。

2) 明确机械产品的功能目标

经过前期的市场需求分析以后,已经对产品的功能、规格、市场前景以及竞争对手、产品的特性等信息有了充分的掌握,此时,对所要设计的机器仅有一个模糊的概念,但已经完全可以进一步明确所要设计机器应具有的功能,并为以后的决策提出由环境、经济、加工以及时限等各方面所确定约束条件。在此基础上,明确地写出设计任务书的全面要求及细节,最后形成设计任务书,作为本阶段的总结。设计任务书大体上应包括:机器的功能、经济性及环保性的估计、制造方面的要求、基本使用要求以及完成设计任务的预计期限等。此时,这些要求和条件一般只能给出一个合理的范围,而不是准确的数字。例如,可以用必须达到的要求、最低要求、希望达到的要求等方式予以确定。

本阶段的标志就是设计任务书的明确。

3) 方案设计

本阶段对设计的成败起到关键作用。在这阶段中也充分地表现出设计工作有多个方案的特点,可以充分展示出设计者本人的创新能力和意识。方案设计主要由下面几个步骤来完成。

机器的功能分析,根据设计任务书提出的机器必须达到的要求、最低要求及进行综合分析,分析这些功能实现的可能性,并最终确定出机器的功能参数。在此过程中,应恰当地处理好需要与可能、理想目标与现实目标之间可能产生的矛盾问题。

确定机器功能参数后,即可提出可能采用的方案。在提出方案时,可以根据机器的基本组成,按原动部分、传动部分及执行部分分别进行讨论。较为常用的是采用逆推法,从机器的执行部分开始讨论,确定工作原理的选择问题,根据不同的工作原理可以拟定出多种不同的执行机构的具体方案;然后再根据实际情况分别确定合适的传动部分和原动部分。

由于原动部分和传动部分也会有多种具体方案可供选择,所以互相组合可以得到很多种机器的整体设计方案。在这些所有方案中,技术上可行的仅有几个,对这几个可行的方案,主要从技术方面和经济及环保等方面进行综合评价,同时还需要对机器的可靠性进行分析和考察。通过方案评价,最后决策确定出一个相对最优方案。

4) 技术设计阶段

技术设计阶段目标是给出产品的总装配图及所有零件图。主要包括以下几个方面的内容:

① 机构设计,主要是执行机构设计,根据最终确定的最优技术方案,将执行机构尺寸具体化,确定出各运动构件的运动参数。

② 机构系统设计(协调设计),要对设计的机构方案作整体分析,检查有无运动干涉,各运动构件之间的相位关系是否符合设计要求。

③ 结构设计,在机构设计和系统协调设计完成后,就可以进行各构件的具体结构设计,通过计算和类比,就可决定零件的基本尺寸,并使其满足强度、刚度、振动、稳定性、寿命等准则。

④ 总装设计,根据已确定出的主要零部件的尺寸,设计出部件装配图和总装配图。在此过程中,还需要根据零件的校核结果,反复修改零件的结构及尺寸,这样,装配图也需要进行相应修改,所以,最后的总装配图同样也需要多次反复才能最终完成。

⑤ 制造样机,根据总装配图可以进行详细的零部件设计,按加工的要求详细标注出每一个零件的尺寸、公差配合和有关精度。工厂根据总装配图和齐备的零件图绘制出生产加工用图纸,就可以制造出一个完整的样机。并对样机机械功能试验,对存在的问题反馈回设计部门进行改进设计,若样机成功,便可以根据市场的需求进行批量生产。

2. 常规设计方法

常规设计方法可概括为以下几种:

1) 理论设计

根据长期总结出来的设计理论和实验数据所进行的设计,称为理论设计。理论设计的计算过程可以分为设计计算和校核计算两部分。前者是指按照已知的运动要求、载荷情况及零部件的材料特性等,运用一定的理论,设计零部件尺寸和形状的计算过程。如转轴的强度、刚度计算等;校核计算是指,先根据类比法、实验法等其他方法初步定出零部件的尺寸和形状。再用理论公式进行精确校核的计算过程,它多用于结构复杂,应力分布情况复杂,但又能用现有的应力分析方法(以强度为设计准则时)或变形分析方法(以刚度为设计准则时)进行计算的场合。理论设计一般可以得到比较精确而可靠的结果,重要的零部件大都选择这种方法。

2) 经验设计

根据使用经验而归纳出的经验关系式,或根据设计者本人的工作经验用类比的办法进行的设计叫做经验设计。对一些次要的零部件,或者对于一些理论上尚不够成熟的,或虽有理论但没有必要用反复的理论设计的零部件。经验设计对那些变动不大而结构形状已经典型化的零件,是一个行之有效的方法。例如,对于箱体、机架、传动零件的各种具体结构要素的设计就可以采取经验设计方法。

3) 模型实验设计

对于一些尺寸巨大而结构又很复杂的重要零件,尤其是一些重型整体机械零件,为了提高设计质量,可采用模型实验设计的方法。把初步设计的零部件或机器做成小模型或小尺寸样机,经过实验的手段对其各方面的特性进行检验,根据实验结果对设计进行逐步的修改,从而逐步完善。这样的设计方法称为模型实验设计。模型实验设计方法费时、昂贵,因此一般只适用于特别重要的设计场合。例如,新型、重型设备、飞机的机身、新型舰船的船体等。

§9-2　现代设计方法

由于科学技术和社会生产力的不断进步,特别是20世纪90年代以后,设计方法学和创造方法学的开发与运用,使机械设计手段发生了根本性变化,一系列现代设计方法(如计算机辅助设计、优化设计、可靠性设计、反求设计、创新设计、并行设计、虚拟设计、智能设计、稳健设计等)在工程中得到广泛应用和巨大成功,上述现代设计方法的出现,为计算机集成制造系统(CIMS)构建了良好的发展基础。现代设计方法的使用,不仅仅是更新了传统的设计思维理念,而且在很大程度上提高了产品设计开发能力和水平。

现代设计方法内容广泛、学科繁多,因此只能重点介绍一些典型的现代设计方法。

1. 计算机辅助设计

1) 概述

计算机辅助设计(Computer Aided Design - CAD)是指在设计活动中,利用计算机作为工具,帮助工程技术人员进行设计的一切有关技术的总称。计算机辅助设计作为一门科学开始于20世纪60年代的初期,自20世纪90年代以来,计算机技术突飞猛进,特别是微型计算机和工作站的发展和普及使用,极大推动了CAD技术的发展,使CAD技术进入了实用化阶段。目前CAD技术正朝着人工智能和知识工程方向发展,即所谓智能计算机辅助设计。

CAD的运用,包括初始设计、详细设计和工艺设计,是针对设计方案的"信息流"过程。形成设计方案后,制造阶段 CAM(Computer Aided Manufacture)的运用,包括材料准备,热加工、冷加工、装配、检测、入库等许多环节,主要是针对产品的"物质流"过程。连接 CAD 与 CAM 的关键纽带是计算机辅助工艺规程设计 CAPP(Computer Aided Process Planning),它是在成组技术的基础上,用计算机来编制合理的零件加工工艺过程,从而将产品的设计信息转化为制造信息。

在 CAD 过程中,在设计人员的构思、判断和决策的干预下,计算机系统不断地从数据信息库中检索设计资料,调用设计程序库的设计计算程序进行计算,确定设计方案和主要参数,利用图形程序库处理和构造设计图形,并且将设计方案和设计图形转化为数据信息存储到数据库中。最后,输出确定的设计方案信息(包括图样和技术文件等),还可以将数据直接输出到数控机床。

2)计算机辅助设计系统的构成

计算机辅助设计的硬件系统主要由计算机主机、输入设备(键盘、鼠标、数字化仪、扫描仪、光笔等)、输出设备(打印机、绘图仪等)、图形显示器、外存储器及其他通信接口等。

计算机辅助设计软件系统是整个 CAD 系统的灵魂和核心部分,由软件平台、支撑软件和应用软件三个层次所构成。

系统软件平台:主要用于对系统硬件设备进行管理和设置,如系统硬件资源的管理、对输入输出的控制等。常用的操作系统有:DOS、Windows95/98/2000/XP、Windows NT、Unix 等。

支撑软件:主要指各种 CAD 工具软件和系统,根据作用不同可以分为以下几类:

① 用于工程设计中数值计算和分析的支撑软件,如数学方法库、机械设计常规公式库,优化设计、有限元分析(SAP - 5、ADINA、NASTRAN 等)、可靠性设计、动态分析等现代设计方法软件。

② 数据库管理系统的支撑软件,如 Oracle,FoxPro,Access 等。

③ 应用软件,主要是各种集成化 CAD/CAM/CAE 软件系统,目前通用流行的软件有:

AutoCAD 和 MDT(Mechanical Desktop):AutoCAD 是美国 AutoDesk 公司为微机开发的以二维功能为主的交互式工程绘图软件;MDT 是该公司为机械行业推出的基于参数化特征实体造型和曲面造型的微机软件。

Pro/Engineer:是美国 PTC(Parametric Technology Corporation)公司为微机开发的参数化设计和基于特征设计的实体造型的优秀三维机械设计软件。该系统建立在统一的数据库上,有完整和统一的模型,能将设计与制造过程集成在一起。

I - DEAS:是美国 SDRC(Structural Dynamics Research Corporation)公司推出的三维实体机械设计自动化软件。它具有功能强大、直观可靠和高度一体化的特点。

Unigraphics(UG)和 Solid Edge:UG 是美国麦道公司推出的适用于航空航天器、汽车、通用机械和模具等的设计、分析和制造的工程软件,它采用基于特征的实体造型,具有尺寸驱动编辑功能和统一的数据库。实现了 CAD/CAE/CAM 之间无数据交换的自由切换,具有强大的数控加工功能,可以在 HP、SUN、SGI 等工作站上运行;Solid Edge 是该公司为微机开发的使用方便的同类软件。

Solid Works:是美国 Solid Works 公司推出的基于 Windows 操作系统的 CAD/CAM/CAE/PDM(Product Data Management)的集成系统,它采用自顶向下的设计方法,可以动态模拟装配过程,采用基于特征的实体建模,具有很强的参数化设计和编辑功能,采用特征树管理几何特征。

ADAMS(Automatic Dynamic Analysis of Mechanical System)是美国 Michigan 大学研制的机械系统自动分析软件,采用交互式图形环境、部件库、约束库,力库等堆积木方式进行运动性能、动力仿真、并行设计、运动分析、动力分析等工作,在车辆工程中应用甚广。

以上新一代的 CAD/CAM 软件,有着共同的特点,就是新技术、新算法在不断地采用,功能越来越强,界面越来越友好,人机交互性得到加强。这些系统都具有参数实体化造型、装配设计、运动学分析、机械加工等功能,大多数具有统一的主模型,供 CAD、工程分析、加工仿真共享。这些系统不仅提供像常规 CAD/CAM 系统一样的获取几何信息的能力,而且包括参数化的特征及零件之间的位置关系。更为突出的是,交互式设计技术已经相当成熟。随着网络技术的进一步发展与应用,设计人员可以从任何系统、网络或应用软件中并行地存取数据。

2. 可靠性设计

1)概述

机械可靠性设计是近期发展起来并得到推广应用的一门现代设计理论和方法。它以提高产品可靠性为目的、以概率论与数理统计为基础,综合运用数学、物理、工程力学、机械工程学、人－机工程学、系统工程学、运筹学等多方面的知识来研究机械工程的最佳设计问题。可靠性设计作为现代设计理论及方法,是设计科学化、现代化的重要内容之一。

机械工程可靠性作为一门新兴的工程学科,目前正由单一零件可靠性研究进入对整个机械的可靠性研究阶段;由可靠性模型和理论分析阶段进入提高产品的质量和可靠性水平作为目标的实用化阶段。国外许多产品,如汽车、航空、航天器等都以可靠性作为设计基本指标,运用可靠性知识对产品零件和整个系统进行寿命预测,做出可靠性及安全性评估,运用可靠性理论来指导和控制产品的设计和制造程序,从而保证产品的质量和可靠性水平进一步得到完善和提高;同时,具有良好的可靠性指标也是使开发设计的产品在国际市场上具有竞争力的保证。

机械可靠性设计主要涉及以下几个方面内容:

(1)研究产品的故障机理和故障模型。

确定机械产品在使用过程中有关零件材料的老化、损伤和故障失效的有关数据;揭示影响老化、损伤这一复杂的物理化学过程的最本质的因素;追寻故障的真正原因;研究以时间函数形式表达材料的老化、损伤的规律,从而较确切地估计产品在使用条件下的状态和寿命。用统计分析的方法使故障(失效)机理模型化,建立计算用的可靠度模型或故障模型,为机械可靠性设计奠定物理数学基础。

(2)确定产品的可靠性指标及其等级。

产品可靠性指标的等级或数量值,应依据设计要求或已有的试验。使用和修理的统计数据、设计经验、产品的重要程度、技术发展趋势及市场需求等来确定。

(3)合理分配产品的可靠性指标值。

将所确定的产品可靠性指标量值合理地分配给部件、零件,以确定每个零部件的可靠性指标。每个零部件的可靠性指标值与其功能、重要性、复杂程度、体积、质量、设计要求及经验、已有的可靠性数据和费用等有关,这些构成对可靠性指标的约束条件,可采用优化设计方法加以确定。

（4）以规定的可靠性指标值作为依据对零件进行可靠性设计。

把规定的可靠性指标直接应用到零件的有关设计参数中去，使之能够保证可靠性指标值的实现。

2）可靠性设计的理论基础

可靠性设计理论的基本任务是在可靠性物理学研究的基础上，结合可靠性试验及可靠性数据的统计与分析，提出可供实际设计计算应用的物理数学模型和方法，以便在产品设计阶段就能规定其可靠性指标，或估计、预测机器及其主要零部件在规定的工作条件下的工作能力状态、寿命，保证所设计的产品具有所需要的可靠度。

机械强度可靠性设计以应力－强度分布干涉理论与可靠度计算为基础，因此具有下面的特点：

① 由于载荷、强度、结构尺寸、工况等都具有变动性和统计本质，所以常用分布函数来进行描述，而把应力和强度作为随机变量来进行处理，应用概率数理统计的方法进行分析计算。

② 可以定量地给出产品的失效概率和可靠度，突出强调设计对产品可靠度的主导决定作用。

③ 必须考虑环境因素（如高温、低温、冲击、振动、潮湿、腐蚀、沙尘、磨损）等对可靠度的影响。有关研究表明，应力分布的尾部比强度分布的尾部对可靠度的影响要大得多。因此，对环境的质量控制要比对强度的质量控制带来大得多的效果。

④ 必须考虑维修性，从设计之初，就应将产品的固有可靠性和使用可靠性综合起来，从整体考虑，为了达到设备或系统所规定的有效度，分析是通过提高维修可靠度，还是提高设计可靠度更为合理。

应力－强度分布干涉理论以应力－强度分布干涉模型为基础，该模型揭示了机械零件出故障而有一定故障率的原因和机械强度可靠性设计的本质。在机械设计中，由于强度与应力具有相同的量纲，可以将它们的概率密度曲线表示在同一个坐标系中，根据机械设计的一般原则，要求零件的强度要大于其工作应力，但由于零件本身强度与应力值具有离散性，使应力－强度两概率密度曲线在一定条件下可能相交，相交区域如图9－1所示（图中的阴影线部分），就是产品或零件可能出现故障的区域称为干涉区；如果在机械设计中使零件的强度大大地高于其工作应力，使两种曲线不相交，如图9－1左图所示，则该零件在工作初期是在正常的工作条件下，强度总是大于应力，因此不会发生故障。但如果

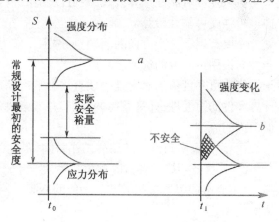

图9－1　应力－强度分布曲线的相互关系

零件长期在动载荷、腐蚀、磨损的作用下，即使是在设计之初使应力与强度分布曲线没有干涉，零件强度也会逐渐衰减，可能就会由图9－1中的位置 a 沿着衰减退化曲线移到位置 b，从而使应力－强度曲线发生干涉。即由于强度的降低导致应力超过强度而产生不可靠的问题。

由应力－强度干涉曲线还可以看出，当零件的强度和工作应力的离散程度比较大时，干涉部分就会相应加大，零件的不可靠度也就增大；当材质性能好，工作应力稳定而使应力与强度

分布的离散度减小时,干涉部分会相应减小,零件的可靠度就会增加。另外,即使在安全系数大于1的情况下,仍然会存在一定的不可靠度。所以,按传统的机械设计方法只进行安全系数的计算是不够的,还需要进行可靠度的计算,这正是可靠性设计有别于传统的常规设计最重要的特点。机械可靠性设计就是要搞清楚零件的应力与其本身强度的分布规律,严格控制发生故障的概率,以满足设计要求。图9-2给出了机械强度可靠性设计的过程。

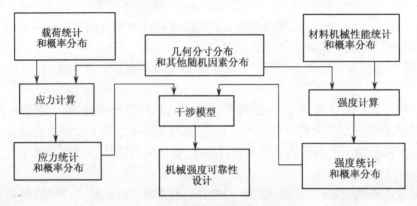

图9-2　机械强度可靠性设计过程框图

从以上的应力-强度分布干涉理论可以得知,机械零件的可靠度计算是进行机械可靠性设计的基础,主要有以下几种情况:应力和强度都为正态分布时的可靠度计算、应力和强度都为对数正态分布时的可靠度计算、已知强度分布和最大应力幅,在规定寿命下的零件可靠度计算,具体计算公式可参见有关参考文献。

3）机械强度可靠性设计

机械强度可靠性计算公式,既可以用来进行零件的设计计算,也可以用来对已有的机械零件进行强度可靠性验算。

主要有以下三个方面的问题,零件工作应力的确定,强度分布的确定以及强度可靠性计算条件与许用可靠度的选取。

许用可靠度值的确定是一项直接影响产品质量和技术指标的重要因素,选择时应根据所计算零件的重要性,计算载荷的类别,并考虑决定载荷和应力等计算的精确程度。主要考虑遵循下面的原则:

① 首先应明确机械产品的工作时间,不同的工作时间具有不同的可靠度。

② 其次要明确主要有哪些零部件决定了产品的可靠度,而另外的一些零部件即使出现故障,也不会造成很严重影响产品功能的后果。因此要根据零件的重要性与否来确定其可靠度值的大小。

③ 产品的可靠性指标往往还要根据市场来确定,有时也需要根据用户的要求来确定可靠度指标。

④ 可靠度指标还要受到经济和技术水平的制约。提高产品的可靠性一方面会使制造费用增加,但另一方面同时减少了维修费用和停用损失。从综合的角度来讲,产品存在着一个最佳可靠度,即产品的制造和使用的总费用为最少的可靠度,应把追求最佳可靠度作为机械可靠性设计的极限目标。

4）机械系统可靠性设计

系统是由若干个具有不同功能的单元（元件、零部件、设备、子系统）为了完成规定功能而相互结合起来所构成的组合体。所以系统的可靠性不仅与组成系统各单元的可靠性有关，而且也与各单元间的组合方式和是否相互匹配有关。

系统可靠性设计的目的，就是要使系统在满足规定的可靠性指标，完成预定功能的前提下，使该系统的技术性能、质量指标、制造成本及其使用寿命等取得协调并达到最优化的结果，或者在性能、质量、成本、寿命和其他要求的约束下，设计出高可靠性系统。

系统可靠性设计主要有两类大问题：第一，按照已知零部件或各单元的可靠性数据计算系统的可靠性指标，称为可靠性预测，应进行系统的几种结构模型的计算、比较，以得到尽量满意的系统设计方案和可靠性指标；第二，按照已给定的系统可靠性指标、对组成系统的单元进行可靠性分配，并在多种设计方案中比较、选优。

（1）可靠性预测。

可靠性预测包括单元可靠性预测和系统可靠性预测两部分内容，这儿主要介绍系统可靠性预测的问题。

① 串联系统的可靠性计算。如果组成系统的所有单元中任何一个失效就会导致系统失效，则称为串联系统，其可靠性框图如图9-3所示。

$$\boxed{1}-\boxed{2}-\cdots\cdots-\boxed{n-1}-\boxed{n}$$

图9-3　具有 n 个单元的串联系统逻辑框图

串联系统要能正常工作，必须是组成它的所有单元都能正常工作，因此串联系统的可靠度公式计算为

$$R(t) = R_1(t)R_2(t)\cdots R_n(t) = \prod_{i=1}^{n} R_i(t)$$

式中，$R_i(t)$ 为单元 i 的可靠度，$i=1,2,\cdots,n$。

由于 $0 \leq R_i(t) \leq 1$，显然串联系统的可靠度随单元数的增加而降低，且串联系统可靠度总是小于系统中任一单元的可靠度。因此，在设计中，简化设计和尽可能减少系统的零件数目，将有助于提高系统的可靠度。

② 并联系统的可靠性。当一个系统中有一个单元正常工作，该系统就能正常工作，只有全部单元均失效时系统才失效，则这种系统称为并联系统，其可靠性框图如图9-4所示。

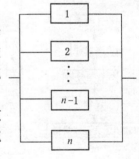

图9-4　具有 n 个单元的并联系统逻辑框图

因为并联系统只有在其所有单元全部失效时才会失效，所以并联系统的可靠度计算公式为

$$R(t) = 1 - F(t) = 1 - \prod_{i=1}^{n} F_i(t) = 1 - \prod_{i=1}^{n} [1 - R_i(t)]$$

式中，$F(t)$ 为系统的不可靠度；$F_i(t)$ 为单元 i 的不可靠度，$i=1,2,\cdots,n$。

由于 $[1 - R_i(t)]$ 是个小于1的整数，所以并联系统的可靠度总是大于系统中任一单元的可靠度，并联的单元越多，系统的可靠度越高。并联系统在电子和电气系统中应用广泛，机械系统中的应用也呈增加趋势，如在动力装置、安全装置和液压系统中的应用。

（2）可靠性分配。

可靠性分配是将工程设计规定的系统可靠性指标合理地分配给组成该系统的各个单元，确定系统各组成单元（总成、分总成、组件、零件）的可靠性定量要求，从而使整个系统可靠性指标得到保证。可靠性分配的本质是一个工程决策问题，应按系统工程原则："技术上合理，经济上效益高，时间方面见效快"来进行。主要的可靠性分配方法有：

① 等分配法。对系统中的全部单元分配以相等的可靠度的方法称为等分配法或等同分配法。

对串联系统，当系统中 n 个单元具有近似的复杂程度、重要性以及制造成本时，则可用等分配法分配系统各单元的可靠度。这种分配法的另一出发点是考虑到串联系统的可靠度往往取决于系统中的最弱单元，因此，对串联系统个别单元分配很高的可靠度没有实际意义。

对并联系统，当系统的可靠度指标要求很高，如 $R > 0.99$，而选用已有的单元不能满足要求时，则可选用 n 个相同单元的并联系统，这时单元的可靠度 R_i 可大大低于系统的可靠度 R。

② 再分配法。如果已知串联系统各单元的可靠度预测值为 $\hat{R}_1, \hat{R}_2, \cdots, \hat{R}_n$，则系统的可靠度预测值为 $\hat{R} = \prod\limits_{i=1}^{n} \hat{R}_i (i = 1, 2, \cdots, n)$。若设计规定的系统可靠度指标为 $R > \hat{R}$，表示预测值不能满足要求，需改进单元的可靠度指标并规定的 R 值作再分配计算。显然，提高低可靠性单元的可靠度，效果要好些，且容易些，因此，可提高低可靠性单元并按等分配法进行再分配称为再分配法。

3. 优化设计

1）概述

一般的工程设计都有多种可行的设计方案，如图 9 - 5 所示。若采用常规的设计方法，要经过多次反复的"设计 - 分析 - 再设计"过程，才能得到几个可行方案。设计者要从有限的几个可行方案中，依靠自己的知识和经验，对它们进行判断和评价，或者采用实验对比和与同类产品设计方案类比的反复分析，才能从中获得一个相对比较满意的可行性方案，但要想寻求到最佳方案就会比较困难。而优化设计则为工程设计提供了一种重要的解决此类问题的科学设计方法，使得在解决复杂设计问题时，能从众多的设计方案中寻到尽可能完善的或最适宜的设计方案。目前，优化设计的理论和方法已经在国民经济的许多领域，如机械电子、电器、纺织、冶金、石油、国防、航天航空、造船、汽车、建筑和管理部门，获得了广泛应用，取得了显著的技术和经济效益。

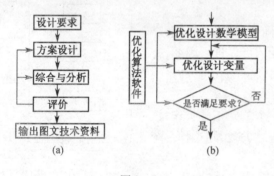

图 9 - 5

（a）常规设计流程；（b）优化设计流程

机械优化设计是某项机械设计在规定的各种限制条件下，优选设计参数，使某项或几项设计指标获得最优值。工程设计上的最优值是指在满足多种设计目标和约束条件下所获得的最令人满意、最适宜的值，它反映了人们的意图和目的。优化设计反映了人们对客观世界的认识深化，它要求人们根据事物的规律，在一定物质基础和条件之下，充分发挥人的主观能动性，得出最优的设计方案。

2）优化设计的数学模型

为了对工程问题进行优化设计,首先必须将工程设计问题转化成为数学模型,即用数学表达式来描述工程设计问题;然后,按照数学模型的特点选择优化设计方法计算程序,采用计算机求解,得出最佳设计方案。

进行工程优化设计,需要确定一组设计参数,明确设计参数的设计要求,在追求设计目标最佳的情况下,得出最佳设计方案。

一组设计参数称为设计变量,用列向量或行向量的转置来表示。

$$X = [x_1, x_2, x_3, \cdots, x_n]^\mathrm{T}$$

设计要求是设计变量的限制条件,它是设计变量的函数,称为约束函数或约束条件,可以表示为:

$$\begin{cases} g_i(x) \leqslant 0, i = 1, 2, \cdots, p \\ h_i(x) = 0, i = 1, 2, \cdots, q \quad (q < n) \end{cases}$$

式 $g_i(x) \leqslant 0$ 称为不等式约束,对于 $g_i(x) > 0$ 的不等式约束,等价为 $-g_i(x) \leqslant 0$。$h_i(x) = 0$ 称为等式约束,等式约束的个数 q 必须小于设计变量的个数 n,否则由 q 个等式约束方程只能求解出惟一的一组设计变量 $x_1, x_2, \cdots, x_n, (q = n)$,或根本无解 $(q > n)$。

追求设计的目标,也是设计变量的函数,称为目标函数,一般情况下,目标函数值最小时设计方案最佳,可以表示为:

$$\min F(x) = F(x_1, x_2, \cdots, x_n)$$

对于追求目标函数最大的问题(如产量、效率),可以表示为 $\min[-F(x)]$。

因此,工程优化设计可以描述为确定一组设计变量,在满足全部约束条件的前提下,使目标函数值最小,可以写成:

$$X = [x_1, x_2, x_3, \cdots, x_n]^\mathrm{T}$$
$$\min F(x)$$
$$\mathrm{s.\,t.} \begin{cases} g_i(x) \leqslant 0, i = 1, 2, \cdots, p \\ h_i(x) = 0, i = 1, 2, \cdots, q \quad (q < n) \end{cases}$$

式中,s. t. 是英文"subject to"的缩写,表示优化问题的约束条件。

因此优化设计的数学模型包括设计变量、目标函数和约束条件三个要素。

（1）设计变量。

一个工程的设计方案,可以用一组基本参数来表示。基本参数可分为两类:一类是几何参数,例如机械零部件的直径、长度、宽度、高度和角度等;另一类是物理参数,例如载荷,应力、扭矩、惯性矩、质量、刚度、效率、功率、频率等。那些根据设计对象预先选定的基本参数,称为设计常量;而另外一些需要在设计过程中优选的基本参数称为设计变量。

设计变量必须是独立参数,由其他参数导出的参数,不能作为设计变量,例如在齿轮传动设计中,一对齿轮的齿数 z_1、z_2 与传动比 i 三个参数中,只能有两个作为设计变量。

设计变量按照变化规律可以分为连续变量(例如零部件的结构尺寸、质量)和离散变量(例如齿轮的模数、螺栓的公称尺寸等)两类,既含有连续变量,有又含有离散变量的一组设计变量称为混合设计变量。

设计变量的数目称为优化设计问题的维数,设计变量越多,设计的自由度越大,就可以追求比较理想的设计目标。但是优化设计的维数越大，问题越复杂，求解数学模型的难度也越大。因此，在选取设计变量时，在满足设计基本要求的前提下，一般将设计目标影响较大的参数选为设计变量，将对设计目标影响较小的参数选为设计常量（根据结构或工艺条件赋予定值），以尽量减少优化设计的维数。

（2）目标函数。

目标函数是用来评价方案好坏的函数，目标函数的最佳值，就是它的极小值，即：

$$\min F(x) = f(x_1, x_2, \cdots, x_n)$$

目标函数一般与设计变量有明显的函数关系。但是，当有的设计目标还没有确切的计算公式或不能精确度量时，可以用一个与目标函数等价的设计指标来代替它。因此，设计变量不一定有明显的物理意义和量纲。

目标函数是根据设计准则来确定的，例如机构的运动误差最小，机械零部件的承载能力最大、效率最高、成本最低、质量最小等。根据工程设计问题计算准则的多少，可分为单目标函数（只有一个设计准则）和多目标函数（有多个设计准则）两类。多目标函数要比单目标函数问题复杂的多，一般将它转化为单目标函数问题来处理。

（3）约束条件。

约束条件可以分为两类：

一类为边界约束，又称为区域约束，它限制设计变量的变化范围。例如传递动力的齿轮模数必须大于等于 2 mm。

二类为性能约束，它是由某种设计性能或设计要求推导出的限制条件。例如，构件在轴向拉伸时的强度条件是 $g(x) = \sigma - [\sigma] \leqslant 0$。

3）优化问题的迭代解法

优化设计迭代算法的基本思想是从选择的某一点 $X^{(K)}$ 出发，分析目标函数和约束函数在该点的信息（函数值、一阶导数、二阶导数等），确定搜集的方向 $S^{(K)}$ 和步长因子 α_K，按照下面的迭代格式：

$$X^{(K+1)} = X^{(K)} + \alpha_K S^{(K)} \qquad K = 0, 1, 2, \cdots$$

进行迭代计算，求出一个新点 $X^{(K+1)}$，满足：

$$F(X^{(K+1)}) < F(X^{(K)})$$

如此反复迭代计算，目标函数在迭代过程中逐步下降，使点 $X^{(K+1)}$ 逼近最优点 X^*，当满足规定的精度要求时迭代结束。

数值迭代法的显著特点是逻辑结构简单，由搜索方向 $S^{(K)}$ 和步长因子 α_K 构成了每一次迭代的修正量，它们是数值迭代算法是否有效的关键。搜索方向的选择 $S^{(K)}$，应该尽可能指向目标函数的最快下降方向，并且尽量减少计算工作量。

综上所述，工程优化设计问题包括两方面的工作：首先需要建立工程优化设计数学模型。其次需要选择合适的优化方法和计算程序。由于市场上已经开发和提供了多种先进和实用的优化设计方法的通用程序，因此，工程设计人员的主要工作便集中在根据专业知识和经验建立优化设计问题的数学模型，以及对优化结果进行分析处理。

4. 动态设计

机械产品日益向着高速、高效、精密和高可靠性方向发展，对其工作性能的要求也越来高,利用传统的设计方法,如经验设计、类比设计和静态设计为主而设计机械产品,无论在质量或寿命方面都很难满足这一要求。为了克服所存在的由于各种动态因素对机械产品的不利影响,现在已由传统的静强度设计转入更注重机械产品的动态设计。动态设计充分考虑到了机器本身的动态特性,并与其周围工作环境结合起来综合考察机器在各种激励作用下的响应情况,可以做到在设计阶段,就能准确地预测出机器的动态特性,有针对性地解决机械产品中的有害振动和噪音问题。

1) 动态设计的基本内容

动态设计是一门综合各学科理论与实验技术的边缘科学,它与弹性力学和有限元理论、机械振动与机械结构模态分析、工程信号分析与处理、机械动态测试技术、系统辨识和控制理论等学科有着紧密的联系。

根据动力学的有关知识,如图9-6所示,外界对于系统的输入,其中包括初始干扰、外加动态载荷等统称为激励;系统在输入条件下产生的输出称为系统动态响应,简称响应。由此,机械结构动态设计问题可分以下三类:

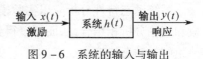

图9-6　系统的输入与输出

① 振动设计是在已知输入情况下,设计系统的振动特性,使得它的动态响应满足一定要求,这是结构动力学的正问题。

② 系统辨识是通过已知的输入和输出来确定系统的动态特性,这是结构动力学的第一类逆问题。

③ 环境预测(载荷识别)是已知系统的动态特性和输出的情况下来反识别输入,这是结构动力学的第二类逆问题。

2) 动态设计的一般步骤

(1) 系统的动态模型。

机械学研究有在原型和模型上进行的两个途径。在原型上研究能充分反映实际情况,但由于现场条件的限制及原型产品成本制造的昂贵等多种因素的影响,所以往往要根据相似原理建立模型来代替产品原型进行有关的各种动态分析。而模型又可以分为理论模型(抽象模型)和实物模型两种。对于理论模型,一般是采用机械振动理论或有限元分析方法获得。而对于实物模型多用于系统动态特性的测试分析,采取的技术手段主要是机械结构模态分析技术,通过实测获得系统有关的动态特性参数。然而对于系统特性的分析,更多的是采取二者相结合的方法:在理论上可以采用有限元的方法,而实验模态分析技术与有限元法结合在一起,试验手段和理论分析相结合相互验证和修改,为系统的正确建模提供了行之有效的方法。

(2) 动态载荷识别。

确定系统的载荷称为载荷识别,目前,确定结构动态载荷时间历程的方法有两种,即直接测量法和间接识别法。前者直接测定载荷本身或与载荷有关的参数来得到载荷大小。例如,高压容器由于压力脉动而产生的动载荷,可通过直接测量容器内的压强脉动来确定;高压冷却塔的风力脉动载荷,可通过测量风速的脉动来确定。

很多实际工程结构,在工作过程中,其承受的动态载荷往往很难直接测量。如火箭飞行过程中承受的推力脉动载荷,建筑物承受的地震力,某些工程机械承受的工作载荷。对于此类情况,只能寄希望于间接识别方法,即通过测定结构的响应,如位移、速度、加速度等,并由响应来识别出结构的动态载荷。这属于结构动力学的第二类逆问题,称为结构动态载荷识别。这一技术的发展无疑将给那些无法直接测量载荷的结构系统提供一种动态载荷的获取方法,从而解决一批实际工程问题。如前面提到的导弹飞行中的载荷,地震时房屋及建筑物所承受的载荷,直升机旋叶的载荷等。目前比较成熟的间接识别法有模态坐标转换法和频响函数求逆法。

(3) 系统动态特性的分析和确定。

系统动态特性常用传递函数来描述的,传递函数可由实验模态分析或解析模态分析两种方式进行。实验模态分析是基于机械阻抗技术,常施加的激励形式有正弦扫描、瞬态或随机激励等。然后通过测量在激励作用下的系统响应,由激励和响应来确定出系统的传递函数,再由模态分析技术识别出系统的各阶主模态参数(模态质量、模态刚度、模态阻尼、模态振型等)。

解析模态分析是在结构离散化模型基础上应用有限元法,通过特征方程的特征量与特征向量,利用动力分析子程序的大型结构分析程序来实现的。

系统动态特性分析应以实验模态分析及解析模态技术两种手段相结合,可以做到实验手段和理论分析相结合,从而可以得到更符合实际情况的结果。

(4) 动态响应。

记录与分析各种随时间变化的物理量(加速度、速度、位移等)的时间历程统称为动态响应。对动态响应信号进行分析与处理,可以得到在时域的一系列统计量,如均值。方差、概率密度函数、概率分布函数、自相关函数、互相关函数等,通过傅立叶变换在频域进行分析,可以得到有关响应信号的频率成分及分布情况并确定出优势频率。

(5) 载荷谱。

机械系统的零部件,工作中有时承受随机载荷。例如,汽车在行驶中,其传动齿轮的载荷受路面工况、坡度、车的行驶速度以及风速、车的启动、变速和制动、装载量以及驾驶人员技术等诸多因素的影响,而这些因素是随机变化的,难以用明确的时间函数来完全描述其变化规律。将表示随机载荷的这些统计特征量的数据、曲线、图表统称为载荷谱。

通过对载荷谱的分析,可以了解载荷的幅值分布及频率结构情况。对于任何机械来说,载荷谱都是进行设计时不可缺少的原始依据;在宇航、机械、汽车等制造业中,对产品设计、疲劳强度检验以及寿命预估等,都需要做随机环境模拟试验,即在试验室内以载荷谱形式再现实际工况时的随机环境条件,与在现场条件下所进行的样机寿命相比,这种模拟试验的结果既可靠又经济,所以载荷谱是室内疲劳模拟试验的依据;载荷谱是对结构动态特性进行修改与优化的依据。

(6) 系统仿真及其结构修改与优化。

在确定了系统模型和动态特性以后,就可以在计算机上对所设计和分析的结构进行仿真输出。现在,很多高级的结构动态分析软件能仿真出结构对载荷的响应,从而对结构的某些参数进行修改与优化,并能将已知的载荷功率谱施加于计算机中结构模型的某个节点上,并仿真出结构其他节点的响应功率谱,从而判断结构的修改是否已符合要求。在机械的动态设计过程中,避开共振或减少振动的量值是经常要考虑的问题。例如,大型汽轮机叶片组的弯扭振动、飞机机翼的颤振、火箭结构的振动,都需要从总体上把握结构的固有频率、振型、阻尼等基本特性,查清薄弱环节和传递路径,以改进设计。但若有了系统动态仿真模型,可以利用上述技术方便地对机器结构进行修改与优化,直到满足要求为止。

随着科学技术的发展,将产品开发过程中的所需的动态设计、测试、性能实验多种手段集成于计算机网络系统之中,使设计人员对产品的设计以并行方式在计算机网络环境中同时进行。设计过程中,设计人员可以不断地获得动态设计的最新资料,及时在产品结构上作出相应的结构修改,并及时将修改导致的动态性能变化传递给相关的设计人员。

5. 并行设计

1)并行设计的基本概念

并行设计作为并行工程的核心技术,与并行工程的产生和发展密切相关。

美国国防分析研究院于 1998 年给出了并行工程的定义:"对产品设计及其相关过程(包括设计过程、制造过程和支持过程)进行并行、一体化设计的一种系统化的工作模式,这种模式力图使开发者一开始就考虑到产品生命周期中的所有因素,包括质量、成本、进度与用户要求"。

并行设计与传统的串行设计相对应,并行是指"一个以上的事件在同一时刻或同一时间段内发生",而并行设计可以这样去描述:作为一种设计理念,是指在原有信息集成基础上,集成地、并行地设计产品。并行设计更强调功能和过程上的集成,在优化和重组产品开发过程的同时,实现多学科领域专家群体协同工作。

2)并行设计的基本过程和特点

首先看一下传统串行设计的一般过程。

(1)串行设计过程。

传统的串行设计通常是递阶结构,各阶段的工作是按顺序方式进行的,一个阶段的工作完成后,下一阶段的工作才开始。各个阶段依次排列都有自己的输入和输出,如图9-7所示。在串行设计过程中,设计部门一直是独立于生产过程,例如建筑设计院、机械设计院只是负责设计,与生产环节脱节,导致开发的产品很少能一次投入批量生产(需要试制一大批),往往是加工完产品,才能发现错误,就需要返回去重新设计。无形之中使产品开发周期延长,制造成本上升,市场竞争力差。

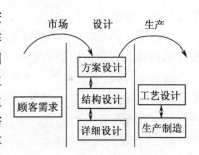

图 9-7 传统串行设计过程

串联方法的设计生命周期总时间可表示为:

$$SE = \left[T_{需求分析} + T_{产品定义} + T_{产品制造} + T_{售后服务} \right] + R_{返工系数}$$

式中,SE 为串行设计所需用的时间;T 为完成各个阶段所用的时间;R 为返工系数。

引起返工的主要因素有:设计不合理,生产困难,生产成本提高;根据设计要求,需要增添新的生产设备;过高的精度要求,生产费用提高;装配干涉,导致无法装配等。

另外,在串行设计过程中还存在信息交换不畅的问题。虽然使用了计算机辅助设计工具(如 CAD,CAM,CAPP),但由于整个串行设计理念的层次低,虽然应用了计算机辅助设计工具,只是使离散的各个设计环节或者是阶段的产品设计过程实现了自动化,而并没有改变其固有的顺序开发设计模式,且各阶段独立形成的数据文件不能共享,导致了信息孤岛的出现,因此需要额外的工作加以协调。

以上两个方面的因素严重影响了所开发新产品的上市时间,串行设计的返工系数值常超过2。总之,串行设计以顺序开发为前提,整个开发设计的不同阶段采用不同的开发系统或工具,数据共享不能实现和完成;频繁的设计修改,导致产品成本上升;设计时间过长,没有迅捷的市场应变能力,从而对市场需求的反应迟钝。

(2) 并行设计过程。

并行设计是对产品设计及其相关过程并行进行,一体化、系统化的工作模式,如图 9-8 所

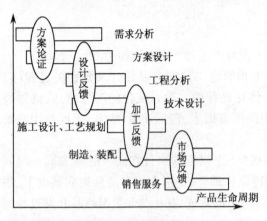

图 9-8 并行设计模式

示。并行设计将产品开发周期分解成许多阶段,每个阶段有自己的独立时间段,组成全过程;不同的设计时段之间有一部分重叠,代表了不同设计阶段之间可以同时进行,一般两个相邻阶段重叠,需要时可以有三个或更多的阶段相重叠,齐头并进;在设计工作过程中,当上一组有输出时,相关联的设计阶段马上进行相应的完善设计工作,直至所有工作阶段无输出时,整个设计便宣告完成。显然,并行设计完成产品设计的时间远远小于串行工程所用的时间。并行设计的返工系数一般在 0.25 ~ 0.75 之间。

$$R_{返工系数} \approx 0.5$$

并行设计中对数据共享有如下的要求:

在未完成设计之前,每个阶段生产的(或需要的)数据都不是完整的,因此,数据模型和数据共享的管理成为并行设计能否实现的一个技术瓶颈或者说是关键技术。

并行设计的过程中,产品模型的更改,无论是串行设计模式还是并行设计模式。设计的更改应体现在产品数据模型的更改上,为了使上游设计更改所产生新版本的数据,不至于引起下游活动从头开始,需要建立一种数据更改模式,这就要求有统一的产品设计主模型,将产品有关设计数据定义成为多个对象,这些对象的组合可以构成面向不同领域的对象,从而保证数据模型的一致性和安全性。

3) 并行设计发展趋势

现代科技发展迅速,新产品层出不穷,产品的市场寿命大大缩短,为顺应客户需求的变化并做出实时反应,已经成为压倒一切的竞争因素。图 9-9 给出了美国制造业的经营战略的变迁过程,20 世纪五六十年代崇尚"规模效益第一";70 年代追求"价格竞争第一";80 年代主要关注"产品质量第一";到了 90 年代则"市场响应第一"称为企业获益和生存的首要考虑条件,是目前并行设计技术发展的主要原动力。

并行设计综合利用信息、材料、能源、环保等高新技术以及现代管理系统技术,研究并改造传统设计过程。随着信息技术、网络技术的发展,现代设计技术向集成化、敏捷化、网络化、虚拟化的方向进一步发展。出现了精益生产、敏捷制造、拟实制造、大批量定制生产等多种生产模式,这些都是以并行设计为基础的。并行设计主要有以下几个发展趋势:

① 产品设计的虚拟化和集成化——虚拟产品开发。

② 产品的网络化、敏捷化——基于虚拟企业的产品开发。

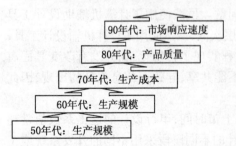

图 9-9 美国制造业经营战略的变迁过程

③ 产品设计的个性化、敏捷化——大规模定制。

6. 虚拟设计

1）虚拟设计的概念

全球化、网络化和虚拟化已经成为制造业的重要特征,而实现虚拟设计(Virtual design)则是制造业虚拟化的重要内容或者说是关键技术。虚拟设计是一个多学科交叉技术,它与很多学科和专业技术密切相关。

虚拟现实技术为产品的创意、变更以及工艺优化提供了虚拟的三维环境。设计人员借助于这样的虚拟环境可以在产品设计过程中,对产品进行虚拟的加工、装配评价进而避免设计缺陷,有效地缩短产品的开发周期,同时降低产品的开发成本和制造成本。这样的设计模式和技术便称之为"虚拟设计"。

虚拟设计是以虚拟现实和虚拟制造为基础的。虚拟现实技术是人的想像力和电子学相结合而产生的一项综合技术,它利用多媒体技术、计算机仿真技术构成一种特殊环境,用户可以通过各种传感系统与这种环境进行自然交互从而体验比现实世界更加丰富的感受。

虚拟现实系统不同于一般的计算机绘图系统,也不同于一般的模拟仿真系统,如动态仿真系统。它不仅能让用户真实看到一个环境,而且能让用户真实地看到这样的一个环境并能真切地感觉到该环境的存在,更重要的是能和这个环境进行自然交互。虚拟现实系统具有如下的特征:

(1)自主性。

在虚拟环境中,对象的行为是自主的,是由程序自动完成的,能够使操作者感到虚拟环境中的各种生物是有生命的和自主的,而各种非生物是"可操作的",其行为符合各种物理规律。

(2)交互性。

在虚拟环境中,用户能够对虚拟环境中的一切物体(生物及非生物)进行操作,并且操作的结果能反过来被用户准确真实地感觉到。例如,用户可以用手直接抓取虚拟环境中的物体,且有抓取东西的感觉,甚至还可以感觉到物体的质量(其实此时手里没有实物),视场中被抓取的物体随着手的移动而移动。

(3)沉浸感。

在虚拟环境中,用户能很好地感觉到各种不同的刺激,沉浸感的强弱与虚拟环境所表达的详细度、精确度和真实度有密不可分的关系。

虚拟现实系统的基本特征可以用图 9 – 10 的图来表示,这个形象的示意图是由 Burdea 在 1993 年 Electron 国际会议上发表的题为"虚拟现实技术及应用"的文章中提出来的,称为"虚拟现实技术三角形"。

虚拟设计的描述性定义可以这样给出:以"虚拟现实"技术为基础,以机械产品为对象的设计手段,借助于这样的设计手段,设计人员可以通过多种传感器与多维的信息环境进行自然的交互,实现从定性和定量综合集成环境中得到感性和理性的认识,从而帮助深化概念和萌发新意。虚拟现实技术已经成功地用于各行各业,如交通部门、制造部

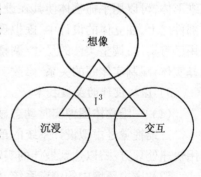

图 9 – 10　虚拟现实的三 I 图

253

门、医疗行业(人工心脏)等。

2) 虚拟设计系统的构成

虚拟设计系统可以分为两大类:增强的可视化系统和基于虚拟现实的 CAD 系统。

增强的可视化系统主要是利用现行 CAD 系统进行建模。在对数据格式进行适当的转换后输入虚拟环境系统。在虚拟环境中便可以利用三维交互设备(如数据手套,三维现实器等)在一个"真实"的环境中对模型进行不同角度的观察。增强的可视化系统通常用空间球、飞行鼠标等进行导航,并采用带有光闸眼睛的立体监视器来增强产品模型的真实感。目前投入使用的虚拟设计系统大都属于增强的可视化系统。这时因为基于虚拟现实的建模系统还不够完善,相比之下,现行的 CAD 建模技术比较成熟,可以利用。不过随着虚拟现实的建模系统的成熟,会逐渐转向基于虚拟现实的 CAD 系统。

基于虚拟现实的 CAD 系统,利用这样的设计系统用户可以在虚拟环境中进行设计活动。与纯粹的可视化系统相反,这种系统不再使用传统的二维交互手段进行建模,而是直接进行三维设计。它可以提供各种输入设备(数据手套、三维导航装置等)与虚拟环境进行交互。另外,同时可以支持其他的输入方法,如语音识别、手势及眼神跟踪等。这样的虚拟设计系统不需要进行系统的培训就可以掌握。一般的设计人员稍加培训后便可成功地利用这样的系统进行产品设计。基于虚拟现实的设计系统比现行的 CAD 系统如(Pro/Engineer)的设计效率提高 5~10 倍,甚至更高。

按照虚拟设计系统配置的档次可以分为两大类:其一是若干 PC 机的廉价设计系统,其二是基于工作站的高档产品开发设计系统,无论虚拟系统配置的高低都包括下面的两个重要部分。一是虚拟环境生成部分;二是外围部分、包括各种人机交互工作以及数据交换及信号控制装置。

虚拟环境生成系统是虚拟设计系统的核心部分,它由计算机硬件、软件开发工具和其他配件如声卡、图形卡、网卡等构成。一般情况下由多台计算机所构成,从严格的角度来讲,所有的外设都应考虑在内。

虚拟设计系统的三大特征之一就是"交互性",用户的交互性由相应的工具来实现,如头盔式显示器、立体声耳机、触觉装置、位测装置、数据手套等。目前交换技术的研究主要集中于三个方面,触觉、视觉和听觉,也就是涉及到输入和输出的问题。

从图形学的角度来看,产品的形状设计一般包括形体的构成和形体的组合两个过程。在虚拟环境中,设计人员可以置身于虚拟现实环境中,利用语言命令、手和手指的动作来创建三维形体,可以用手抓物体使其在设计空间中移动,将其从部件上拆下来,或将新的零件添加到部件之上,在立体的设计中,虚拟现实接口需要完成的任务主要有下面八项:生成缺省实体/调用已有实体;调整实体的尺寸/调整实体的形状;移动实体/旋转实体;组合实体/拆分实体;选择实体;限制实体间的关系/修改实体间的关系;删除实体;询问实体。

3) 虚拟设计的关键技术

(1) 三维立体图像实时动态显示技术。

三维视觉是虚拟设计系统的重要信息反馈通道,因此,要求在图像建模和立体图生成采用快速处理方法,以达到最佳的实时显示三维立体图像的效果。

(2) 虚拟环境中的声音系统。

听觉通道是虚拟环境中最重要的接口之一,是仅次于视觉反馈的第二个信息通道。主要涉及到三维虚拟声音建模和三维虚拟声音系统的重建。

（3）接触反馈及力量反馈。

触觉是对产品的虚拟设计是十分重要的，人们若能亲手操作虚拟环境中的物体，并能得到足够丰富的感觉信息，必将大大增强虚拟环境的沉浸感和真实感，从而提高执行任务的准确度和工作效率。

总之，基于虚拟现实技术的虚拟设计将有助于提高产品的质量、缩短产品开发周期、降低开发成本。

7. 绿色设计

1）概述

绿色设计是20世纪90年代初期围绕发展经济的同时，如何同时节约资源、有效利用资源和保护环境这一主题而提出的新的设计概念和方法。

在传统的产品设计过程中，设计人员主要根据产品性能、质量和成本要求等指标进行设计，其设计指导原则是能经济方便地制造满足使用要求的、市场需求的产品，设计过程对产品的维护性、可拆卸性、回收性、淘汰废弃产品的处置以及对生态环境的考虑较少，或是将这些内容分别在产品整个生命周期的不同阶段进行独立设计和考虑。这样生产制造出来的产品，在其使用寿命结束后，由于缺乏必要的拆卸和回收性能，回收利用率低，其中的有毒、有害物质会对生态环境造成严重的污染，影响人类生活质量和生态环境，并造成资源和能源的大量浪费，影响经济发展的可持续性。例如大量的废弃电池，由于缺少必要的处理措施，直接与普通垃圾混在一起，已经造成了严重的土地和水质的污染；另外，随着计算机技术的发展，计算机的更新换代越来越频繁，大量废弃计算机的处置也已经成为不可忽视的严重问题；而我国最近几年出现的进口洋垃圾的现象，也说明了这个问题在发达国家同样存在。

有关统计资料研究表明：产品性能的70%～80%是由设计阶段所决定的，而设计本身的成本仅为产品总成本的10%，如果考虑到产品设计不当造成的对生态环境的破坏程度，该比例还会加大。因此只要在设计初级阶段按照绿色产品的特点规划设计产品，即进行绿色设计，才能保证产品的"绿色性能"。国外已经成功地将绿色设计应用到机电产品、日用消费品、家用电器等行业之中，并取得了明显的社会和经济效益。我国也相继开展了与绿色设计有关的设计和研究工作，已经在汽车、电冰箱等产品上针对可拆卸性、可回收性及绿色产品（Green Product）的评价理论和方法等方面取得了不少研究成果。现在绿色概念已经深入人心，"绿色设计"、"绿色食品"、"绿色装修"等时尚词汇的出现，表明越来越多的人们意识到在开发设计产品时，应从维护生态平衡和可持续发展的角度来处理问题。这标志着人类设计理念的更趋向成熟和理智。

2）绿色设计的基本概念及其特点

绿色设计（GD：Green Design），通常也称为生态设计、环境设计、生命周期设计或环境意识设计等。绿色设计是以绿色技术为原则所进行产品设计。所谓绿色技术是指为减轻环境污染或减少原材料、自然资源的技术、工艺或产品的总称。绿色设计是指在整个产品生命周期内，这种考虑产品的环境属性（可拆卸性、可回收性、可维护性、可重复利用性等），并将其作为设计目标，在满足环境目标要求的同时，保证产品的应有概念、使用寿命、质量等。

绿色设计是面向全生命周期的设计，产品生命周期有不同的理解方式，从传统的设计开发角度来看,包括从环境中提取原材料、加工成产品、流通到消费者使用几个阶段。但是,为了消除、减轻环境污染和达到节约资源的目的,产品制造企业越来越多地考虑通过再循环和重复利用来适当地处置产品,并把产品废弃问题,如回收与拆卸作为设计内容纳入其设计过程。因此,绿色设计的产品全生命周期是指从原材料生产、生产制造、装配、包装、运输、销售、使用、直至回收再利用及处置所涉及的各个阶段的总和。

与传统设计方法相比,绿色设计具有下面鲜明的特点:

(1) 扩大了产品的生命周期。

绿色设计将产品的生命周期延伸到了"产品使用结束后的回收再利用及处置",这种扩大了的生命周期概念便于在设计过程中从总体的角度理解和掌握与产品有关的环境问题和原材料的循环管理、重复利用。废弃物的管理和堆放等。

(2) 绿色设计是并行闭环设计。

绿色设计的生命周期除传统生命周期各个阶段外,还包括产品废弃后的拆卸回收、处理处置,实现了产品生命周期阶段的闭路循环,而且这些过程在设计时必须被并行考虑,因而,绿色设计是并行闭环设计。

(3) 绿色设计有利于保护环境,维护生态系统平衡。

设计过程中分析和考虑产品的环境需求是绿色设计区别于传统设计的主要特征之一。因而绿色设计可从源头上减少废弃物的产生。

(4) 绿色设计可以减缓地球上矿物资源的枯竭。

由于绿色设计使构成产品的零部件材料得以充分有效地利用,在产品的整个生命周期中能耗最小,减少了对材料资源及能源的需求,保护了地球的矿物资源,使其可以合理持续应用。

(5) 绿色设计的结果是减少了废弃物数量及其处理的棘手问题。

绿色设计将废弃物的产生消灭在萌芽状态,可使废弃物降低到最低限度,大大缓解了垃圾处理的矛盾。

3) 绿色设计方法及设计准则

绿色设计实质上是一种对产品从"摇篮到再现"的全过程控制设计。与传统设计相比,无论在涉的知识领域、设计方法还是设计过程的困难程度等方面均要复杂的多。绿色设计是现代设计方法和设计过程的集成。

绿色设计过程一般需要经历以下几个阶段:需求分析、提出明确的设计要求、概念设计、初步设计、详细设计和设计实施。从表面上看与一般的产品设计没有多大区别,但在每一设计阶段以及设计评价的设计策略中都包含了对环境的要求。

因此,绿色设计应是以系统工程和并行工程思想为指导,以产品生命周期分析为手段,集现代工程设计方法(如模块化设计、长寿命设计等)为一体的系统化、集成化设计方法。图9-11表示了绿色设计的过程模型。

绿色设计就是将环境保护意识纳入产品设计过程中,将绿色特性有机地融入产品生命周期全过程中,一方面需要树立和培养设计人员的环境意识;另一方面,还需为设计人员提供便于遵循的绿色设计准则规范。绿色设计准则是在传统产品设计中通常依据的技术准则、成本准则和人机工程学准则的基础上纳入环境准则,并将环境准则置于优先考虑的地位,具体内容如下:

(1) 与材料有关的准则。

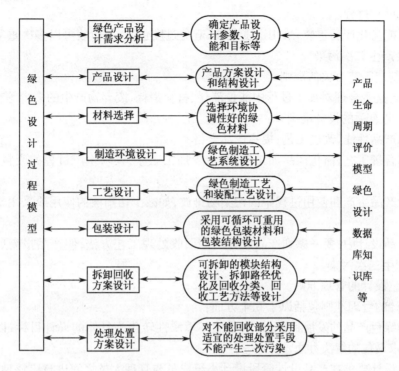

图 9-11 绿色设计的过程模型

产品的绿色属性与材料有着密切的关系,因此必须仔细慎重地选择和使用材料。与材料有关的准则包括以下几个方面:

① 少用短缺或稀有的原材料,多用余料、回收材料或废料作为原材料,尽量寻找短缺或稀有原料的代用材料,提高产品的可靠性和使用寿命。

② 尽量减少产品中的材料种类,以利于产品废弃后的有效回收。

③ 尽量采用相容性好的材料,不采用难于回收或无法回收的材料。

④ 尽量减少或不用有毒、有害的原材料。

⑤ 优先采用可再利用或再循环的材料。

(2) 与产品结构有关的准则。

产品结构设计是否合理对材料的使用量、维护、淘汰废弃后的拆卸回收等有着重要的影响。在设计时应遵循以下设计准则:

① 在结构设计中树立"小而精"的设计思想,在同一性能要求情况下,通过产品的小型化尽量节约资源的使用量。

② 简化产品结构,提倡"优而美"的设计原则。

③ 采用模块化设计,产品由各种功能模块组成,有利于产品的装配、拆卸,也便于废弃后的回收处理。

④ 在保证产品耐用的基础上,赋予产品合理的使用寿命,同时,努力减少产品使用过程中的能量消耗。

⑤ 在设计过程中注重产品的多品种及系列化,以满足不同层次的消费需求,避免大材小用,优品劣用。

⑥ 简化拆卸过程。

⑦ 尽可能简化产品包装，采用适度包装，避免过度包装，使包装可以多次重复使用或便于回收，且不会产生二次污染。

（3）与制造工艺有关的准则。

制造工艺是否合理对加工过程中能量消耗、材料消耗、废弃物产生的多少等有着直接的影响，与制造工艺有关的设计准则有：

① 优化产品性能、改进工艺、提高产品合格率。

② 采用合理工艺，简化产品加工流程，减少加工工序，谋求生产过程的废料最少化，避免不安全因素。

③ 减少产品生产和使用过程中的污染物排放，如减少切削液的使用或采用干切削加工技术。

④ 在产品设计中，要考虑到产品废弃后的回收处理工艺方法，使产品报废后易于处理处置，且不会产生二次污染。

（4）绿色设计的管理准则。

绿色设计的管理准则包括以下几个方面：

① 规划绿色产品的发展目标，将产品的环境属性转化为具体的设计目标，以保证产品在绿色阶段寻求最佳的解决办法。

② 绿色设计要求在产品设计阶段设计小组成员与管理人员之间进行广泛地合作，管理人员应该为产品生命周期定义一种定量的方法，设计人员依据这种量化方法来设计产品性能参数、工艺路径和工艺参数，以便产品环境性能和经济效益之间达到最佳协调，并由此确定合适的产品制造技术。

③ 产品设计者应考虑产品对环境产生的附加影响。

④ 提供产品有关组成信息，如材料类型及其回收再生性能等，以便于产品废弃后的回收、重用等。

总之，绿色设计的实施是一项社会化的系统工程，其实施需要与产品生命周期有关的所有部门团结与协作；而绿色设计实施的结果也会产生明显的社会效益和环境效益，主要表现在可以节约资源和能源，实现资源的持续利用；减轻了环境污染，可以实现社会、经济和环境之间的健康协调发展。同时，也会给企业带来明显的经济效益，主要表现在可以降低产品成本；使产品竞争力得以提高，从而树立良好的企业形象。

8. 现代设计方法总体发展趋势和特征

由于现代设计方法正处于不断发展之中，人们对它内涵看法不一，但它的特征和发展动向主要体现在设计手段和设计理念的转变和发展上，从总体上概括为力求运用现代应用数学、应用力学、微电子学及信息科学等方面的最新成果与手段实现下述某些具体方面的转化。

① 以动态的取代静态的，如以机器动力学计算取代静力学计算；以实时在线测试数据作为评价依据等。

② 以定量的取代定性的，如以有限元法或边界元法计算箱体的尺寸和刚度，取代经验类比法的设计。

③ 以变量取代常量，如可靠性设计中用随机变量取代传统设计方法中当作常量的粗略处

理方法。

④ 以优化设计取代可行性设计,用相关的设计变量建立设计目标的数学模型,从众多的可行解方案中寻求其最优解。

⑤ 以并行设计取代串行设计,并行设计是一种面向整个"产品生命周期"的一体化设计过程,在设计阶段就从总体上并行地综合考虑其整个生命周期中功能结构、工艺规划、可制造性、可装配性、可测试性、可维修性以及可靠性等各方面的要求与相互关系,避免串行设计中可能发生的干涉与返工,从而迅速地开发出质优、价廉、低能耗的产品。

⑥ 以微观的取代宏观的,如以断裂力学理论处理零件材料本身微观裂纹扩展引起的低应力脆断现象,建立以损伤容限为设计判断的设计方法。

⑦ 以系统工程取代分部处理法,将产品的整个设计工作作为一个单级或多级的系统,用系统工程的观点分析划分其设计阶段及组成单元,通过仿真及自动控制手段,综合最优地处理它们的内在关系及系统与外界环境的关系。

⑧ 以自动化设计取代人工设计,按照智能化的要求,充分利用先进的硬件及软件,极力提高人机结合的设计系统的自动化水平,大大提高产品的设计质量,设计效率和经济效益,并利于设计人员集中创新开发出更多的高科技产品,这无疑是现代设计方法发展的核心目标。

总之,设计工作本质是一种创造性工作,是对知识与信息进行创造性的运作与处理。发展机械现代设计方法,实质上就是不断地追求最机智、最恰当、最迅速地解决用户要求、社会效益、经济效益等构成机械的全部约束条件。

§9-3 机械创新设计方法

在工程设计中,常规性设计是以成熟技术为基础,运用常规方法进行产品设计;现代设计方法以计算机为工具,运用现代设计理念,其特点是产品开发的高效性和高可靠性。创新设计是指设计人员在设计中采用新的技术手段和技术原理、发挥创造性,提出新方案,探索新的设计思路,提供具有社会价值的、新颖的而且成果独特的设计,其特点是运用创造性思维,强调产品的创造性和新颖性。

1. 机械创新设计的实质

机械创新设计(Mechanical Creative Design,MCD)是指充分发挥设计者的创造力,利用人类已有的相关科学技术成果,进行创新构思、设计出具有新颖性、创造性及实用性的机构或机械产品(装置)的一种实践活动。它包含两个部分:首先是改进完善生产或生活中现有的机械产品的技术性能、可靠性、经济性、适用性等;二是创造设计出新机器、新产品,以满足新的生产或生活的需要。由于机械创新设计凝结了人们的创造性智慧,因而机械创新设计的产品无疑是科学技术与艺术结晶的产物,具有美学性、反映出和谐统一的技术美。

机械创新设计是相对常规设计而言的,它特别强调人在设计过程中,特别是在总体方案、结构设计中的主导性及创造性作用。机械创新设计有高低层次之分,可以用创新度 C_d 来衡量($0 \leq C_d \leq 1$)。创新度数值的大小表征了一个设计项目创新含量的深度和广度。C_d 的数值越大,表明产品的创新层次越高。如工厂中的非标准件的设计虽属常规设计范畴,但却包含有较多的创造性设计成分。

工程设计人员要想取得创新设计成果,首先,必须具有良好的心理素质和强烈的事业心,善于捕捉和发现社会和市场的需求,分析矛盾,富于想像,有较强的洞察力;其次,要掌握创造性技法,科学地发挥创造力;最后,要善于运用自己的知识和经验,在创新实践中不断地提高创造力。

2. 机械创新设计的过程

机械创新设计的目标是由所要求的机械功能出发,改进、完善现有机械或创造发明新机械,实现预期的功能,并使其具有良好的工作品质及经济性。

机械创新设计是一门正处于发展期的新的设计技术和方法,由于所采用的工具和建立的结构学、运动学和动力学模型不同,逐渐形成了各具特色的理论体系与方法,因此提出的设计过程也不尽相同,但其实质是统一的。综合起来,机械创新设计主要由综合过程、选择过程和分析过程所组成。

① 确定机械的基本原理。可能会涉及到机械学对象的不同层次、不同类型的机构组合,或不同学科知识、技术的问题。

② 机构结构类型综合及优选。优选的结构类型对机械整体性能和经济性具有重大影响,它多伴随新机构的发明。机械发明专利的大部分属于结构类型的创新设计。因此,结构类型综合及优选是机械设计中最富有创造性、最具活力的阶段,但又是十分复杂和困难的问题。它涉及到设计者的知识(广度与深度)、经验、灵感和想像力。

③ 机构运动尺寸综合及其运动参数优选,其难点在于求得非线性方程组的完全解(较为困难),为优选方案提供较大的空间。随着优化法、代数消元法等数学方法引入机构学,使该问题有了突破性进展。

④ 机构动力学参数综合及其动力学参数优选,其难点在于动力学参数量大、参数值变化域广的多维非线性动力学方程组的求解,这是一个亟待深入研究的问题。

完成上述机械工作原理、结构学、运动学、动力学分析与综合的四个阶段,便形成了机械设计的优选方案。然后,即可进入机械结构创新设计阶段。主要解决基于可靠性、工艺性、安全性、摩擦学、结构设计等问题。

由上述内容可以看出机械创新设计具有下面的特点:涉及多种学科,如机械、液压、电力、气动、热力、电子、光电、电磁及控制等多种科技的交叉、渗透与融合;设计过程中相当部分工作是非数据性、非计算性的。必须依靠在知识和经验积累的基础上思考、推理、判断,以及创造性的发散思维,在基于知识、经验灵感与想像力的系统中搜索并优化设计方案;机械创新设计是多次反复、多级筛选的过程,每一设计阶段都有其特定内容与方法,但各阶段之间又密切相关,形成一个整体的系统设计。

3. 创新设计过程中的创新思维方法

由于设计人员的自身知识、经验、理论和方法等基本素质是不同的,因此,不同的设计人员其思维的创造性是有差异的。在创造性思维中,更重要的是设计人员在自身素质的基础上,将头脑中存储的信息重新组合和活化,形成新的联系。因此,创造性思维与传统的思维方式相比,创造性思维以其突破性、独创性和多向性显示出创新的活力。

根据创造性思维过程中是否严格遵循逻辑规则,可以分为直觉思维和逻辑思维两种类型。

1）直觉思维

直觉思维是一种在具有丰富经验和推理判断技巧的基础上,对要解决的问题进行快速推断,领悟事物本质或得出问题答案的思维方式。

直觉思维的基本特征是其产生的突然性,过程的突发性和成果的突破性。在直觉思维的过程中,不仅是意识起作用,而且潜意识也在发挥着重要的作用,潜意识是处于意识层次的控制下,不能靠意志努力来支配的一种意识,但它可以受到外在因素的激发。虽然直觉思维的结论并不是十分可靠的,但是,它在创造性活动中方向的选择、重点的确定、问题关键和实质的辨识、资料的获取、成果价值的判定等方面具有重要的作用,也是产生新构思、新美学的基本途径之一。

在技术创新设计活动中,可以借助计算机和数学工具对多种方案进行优选。但是,工程技术人员的直觉判断是十分重要的。

2）逻辑思维

逻辑思维是一种严格遵循人们在总结事物活动经验和规律的基础上概括出来的逻辑规律,进行系统的思考,由此及彼的联动推理。逻辑思维有纵向推理、横向推理和逆向推理等几种方式。

纵向推理是针对某一现象进行纵深思考,探求其原因和本质而得到新的启示。例如车工在车床上切削工件时由于突然停电,造成硬质合金刀具牢固地黏结在工件上面,通过分析这次偶然的事故所造成刀具与工件黏结的原因,从而发明了"摩擦焊接法"。

横向推理是根据某一现象联想与其相似或相关的事物,进行"特征转移"而进入新的领域。例如,根据面包多孔松软的特点,进行"特征转移"的横向推理,在其他领域开发出泡沫塑料,夹气混凝土和海绵肥皂等不同的产品。

逆向推理是根据某一现象、问题或解法,分析其相反的方面、寻找新的途径。例如,根据气体在压缩过程中会发热的现象,逆行推理到压缩气体变成常压时应该吸热制冷,从而发明了压缩式空调机。

创造性思维是直觉思维和逻辑思维的综合,这两种包括渐变和突变的复杂思维过程互相融合、补充和促进,使设计人员的创造性思维得到更加全面的开发。

4. 创新方法简介

在实际的创新设计过程中,由于创造性设计的思维过程复杂,有时发明者本人也说不清楚是具体采用什么方法最后获得成功的。通过对实践和理论的总结,大致可以有下面几种方法:

1）群智集中法

这是一种发挥集体智慧的方法,又称"头脑风暴法",是1938年由美国人提出的一种方法。这种方法是先把具体的功能目标告知每个人,经过一定的准备后,大家可以不受任何约束地提出自己的新概念、新方法、新思路、新设想、各抒己见,在较短的时间内可获得大量的设想与方案,经分析讨论,去伪存真、由粗到细、进而找出创新的方法与实施方案,最后由主持人负责完成。该方法要求主持人有较强的业务能力、工作能力和较大的凝聚力。

2）仿生创新法

通过对自然界生物机能的分析和类比,创新设计新机器,这也是一种常用的创造性设计方法。仿人机械手、仿爬行动物的海底机器人、仿动物的四足机器人、多足机器人,就是仿生设计的产物。由于仿生法的迅速发展,目前已经形成了仿生工程学这一新的学科。使用该方法时,要注意切莫刻意仿真,否则会走入误区。

3) 反求设计创新法

反求设计是指在引入别国先进产品的基础上,加以分析、改进、提高,最终创新设计出新产品的过程。日本、韩国经济的迅速发展都与大量使用反求设计创新法有关。

4) 类比求优创新设计法

类比求优是指把同类产品相对比较,研究同类产品的优点,然后集其优点,去其缺点,设计出同类产品中的最优良产品。日本丰田摩托车就是集世界上几十种摩托车的优点而设计成功的性能最好、成本最低的品牌。但这种方法的前期资金投入过大。

5) 功能设计创新法

功能设计创新法是传统的设计方法,是一种正向设计法。根据设计要求,确定功能目标后,再拟定实施技术方案,从中择优设计。

6) 移置技术创新设计法

移置技术创新设计是指把一个领域内的先进技术移置到另外一个领域,或把一种产品的先进技术应用到另一种产品中,从而获得新产品。

7) 计算机辅助创新法

利用计算机内存储的大量信息,进行机械创新设计,这是近期出现的新方法。目前,正处于发展和完善之中。

§9-4 反求设计创新法

在现代社会中,科技成果的应用已成为推动生产力发展的重要手段。把别的国家的科技成果加以引进,消化吸收,改进提高,再进行创新设计,进而发展自己的新技术,是发展民族经济的捷径,这一过程称为反求工程。反求工程是消化吸收先进技术的一系列工作方法和技术的综合工程,同时通过反求工程在掌握先进技术中创新,是机械创新设计的重要途径之一。

发展国民经济,特别是世界进入知识经济的时代,主要依赖高新科学技术。发展高新科学技术,一是依靠我们自己的科研力量,开发研制新产品,也就是过去常说的自力更生;二是引进别的国家先进的科学技术成果,消化吸收,加以改进提高,也就是现在常说的反求工程。

1. 反求设计

反求设计是对已有的产品或技术进行分析研究,掌握其功能原理、零部件的设计参数、材料、结构、尺寸、关键技术等指标,再根据现代设计理论与方法,对原产品进行仿造设计、改进设计或创新设计。反求设计已成为世界各国发展科学技术、开发新产品的重要设计方法之一。

反求设计中应注意如下问题:

1) 探索原产品的设计思想

探索原产品设计的指导思想是产品改进设计的前提。如某减速器有两个输入轴,一个用电动机驱动,而另一个则考虑到停电时用柴油机驱动,其设计的指导思想一定是应用在非常重要的场合。奔腾计算机 I 型的主机电源较大,其设计的指导思想是该机升级时仅更换 CPU 芯片即可。了解原产品的设计思想后,可按认知规律,提前设计出新一代同类产品。

2）探索原产品的原理方案设计

各种产品都是按一定的要求设计的,而满足一定要求的产品,可能有多种不同的形式,所以产品的功能目标是产品设计的核心问题,不同的功能目标可引出不同的原理方案,如设计一个夹紧装置时,把功能目标定在机械手段上,则可能设计出螺旋夹紧、凸轮夹紧、连杆机构夹紧、斜面夹紧等原理方案。如把功能目标扩大,则可能出现液压、气动、电磁夹紧等原理方案。探索原产品的原理方案设计,可以了解功能目标的确定原则,这对产品的改进设计有极大的帮助。

3）研究产品的结构设计

产品中零部件的具体结构是产品功能目标的保证,对产品的性能、成本、寿命、可靠性有着极大的影响。

4）对产品的零部件进行测绘

对产品的零部件进行测绘是反求设计中工作量很大的一部分工作。用现代设计方法对所测的零件进行分析,进而确定反求时的设计方法。

5）对产品的零件公差与配合公差进行分析

公差的分析是反求设计中的难点之一。通过测量,只能得到零件的加工尺寸,不能获得几何精度的分配。合理设计其几何精度,对提高产品的装配精度和机械性能至关重要。

6）对产品中零件的材料进行分析

通过零件的外观比较、重量测量、硬度测量、化学分析、光谱分析、金相分析等手段,对材料的物理、化学成分、热处理进行鉴定。参照同类产品的材料牌号,选择满足力学性能和化学性能要求的国产材料代用。

7）对产品的工作性能进行分析

通过分析产品的运动特性、动力特性及其工作特性,了解产品的设计方法,提出改进措施。

8）对产品的造型进行分析

对产品的造型及色彩进行分析,从美学原则、顾客需求心理、商品价值等角度进行构型设计和色彩设计。

9）对产品的维护与管理进行分析

分析产品的维护与管理方式,了解重要零部件及易损的零部件,有助于维修、改进设计和创新设计。

反求设计是创新的重要方法,一般情况下,有两种创新方式:第一种是从无到有,完全凭借基本知识、思维、灵感与丰富的经验;第二种是从有到新,借助已有的产品、图样、音像等已存在的可感观的实物,创新出更先进、更完美的产品。反求设计就属于第二种创新方式。

由于已存在真实的东西,人的设计方式是从形象思维开始的,用抽象思维去思考。这种思维方式符合大部分人所习惯的形象－抽象－形象的思维方式。由于对实物有了进一步的了解,并以此为参考,发扬其优点,克服其缺点,再凭借基本知识、思维、洞察力、灵感与丰富的经验,为创新设计提供了良好的环境。因此,反求设计是创新的重要方法之一。

世界各国利用反求工程进行创新设计的实例很多。日本的 SONY 公司从美国引入在军事领域中应用的晶体管专利技术后,进行反求工程设计,将其反求结果用于民用,开发出晶体管收音机,并迅速占领了国际市场,获得了显著的经济效益。

日本的本田公司从世界各国引进 500 多种型号的摩托车,对其进行反求设计,综合其优点,研制出耗油少、噪音低、成本低、性能好、造型美的新型本田摩托车,风靡全世界,垄断了国际市场,为日本的出口创汇做出巨大的贡献。

日本的钢铁公司从国外引进高炉、连铸、热轧、冷轧等钢铁技术,几大钢铁公司联合组成了反求工程研究机构,经过消化、吸收、改造和完善,建立了世界一流水平的钢铁工业。在反求工程的基础上,创新设计出国产转炉,并向英美等发达国家出口,使日本一跃成为世界钢铁大国。

2. 新产品的引进原则

对于新产品的引进,在实施反求工程时一般要经历以下过程:

1)引进技术的应用过程

学会引进产品或生产设备的技术操作和维修,令其在生产中发挥作用,并创造经济效益。在生产实践中,了解其结构、生产工艺、技术性能、特点以及不足之处,做到"知其然"。

2)引进技术的消化过程

对引进产品或生产设备的设计原理、结构、材料、制造工艺、管理方法等项内容进行深入的分析研究,用现代的设计理论、设计方法及测试手段对其性能进行计算测定,了解其材料配方、工艺流程、技术标准、质量控制、安全保护等技术条件,特别要找出它的关键技术,做到"知其所以然"。

3)引进技术的创新过程

在上述基础上,消化、综合引进的技术,采众家之长,进行创新设计,开发出具有本国特色的新产品,最后完成从技术引进到技术输出的过程,创造出更大的经济效益。这一过程是反求工程中最重要的环节,也是利用反求工程进行创新设计的最后结果阶段。

由于各国科学技术发展的不平衡,经济发展速度的差距很大。一些发达国家在计算机技术、微电子技术、人工智能技术、生命科学技术、信息工程技术、材料科学技术、空间科学技术、制造工程技术等领域处于领先地位。引进发达国家的先进技术为己用,是发展本国经济的最佳途径。

我国是一个发展中的国家,科学技术相对落后,投入大量资金去研究发达国家已推向市场的产品或技术是完全没有必要的,这不仅浪费资金,也拖延发展经济的时间,而且涉及到发展经济的科学技术领域非常广泛,我国也缺少巨额资金去进行大面积的科技研究。因此,引进发达国家先进的科学技术或先进的产品,然后进行反求设计,仿造或创新设计更新的产品,是发展中国家发展国民经济的必由之路,特别是在知识经济的时代,反求工程在科技发展中的地位更为重要。第二次世界大战后的日本经济复兴就得助于开展反求工程。日本在引入技术的同时,十分注意对反求工程的研究,对先进技术进行消化、吸收和国产化。在 1945—1970 年期间,引进国外技术的投资为 60 亿美元,而花费 150 亿美元用于反求工程的研究。通过对反求工程的研究,改进并提高引进技术,迅速实现产品的国产化,在应用过程中不断完善自己的产品开发,创新出许多新产品,并逐步形成了自己的工业体系。成功地运用反求工程,使日本政府节约了 65% 的研究时间和 90% 的研究经费。韩国的兴起也与开展反求工程研究有关。

在科学技术快速发展的今天,任何一个国家的科学技术都不能全部领先世界。因此,开展反求工程研究是掌握先进科学技术的重要途径。

3. 反求设计方法

1) 已知机械设备的反求与创新设计

已知机械设备的反求设计,因存在具体的机器实物,又称实物的反求设计,也有人称硬件的反求设计,是反求工程中最常用的设计方法。

根据反求的目的,机械设备反求设计可分为三种:

(1) 整机的反求。

整机的反求是指对整台机械设备进行反求设计,如一台发动机、一辆汽车、一台机车、一台机床、整套设备中的某一设备等。一些不发达的国家在经济起步阶段常用这种方法,以加快工业发展的速度。

(2) 部件反求。

反求对象是机械装置中的某一些部件,如机床中的主轴箱、汽车中的后桥、内燃机车中的液力变矩器、飞机中的起落架等组件。反求部件一般是机械中的重点或关键部件,也是各国进行技术控制的部件。如空调、电冰箱中的压缩机,就是产品的关键部件。

(3) 零件反求。

反求对象是机械中的某些零件,如发动机中的凸轮轴、汽车后桥中的圆锥齿轮、滚动轴承中的滚动体等零件。反求的零件一般是机械中的关键零件,如发动机中的凸轮轴,一直是发动机反求设计的重点。

采用哪种反求实物,完全取决于技术引入国的引入目的、需求、生产水平、科技水平以及经济能力。

机械设备反求设计主要包括以下方面的主要内容:

(1) 零部件的测绘与分析。

在进行测绘之前,应备齐、读懂有关资料,为反求设计作前期准备工作。如产品说明书、维修手册、同类产品样本及产品广告等。还要收集与测绘有关的资料,如机器的装配与分解方法、零件的公差及测量、典型零件(齿轮、轴承、螺纹、花键、弹簧等)的画法、标准件的有关资料,制图及国家标准等资料。同时,在进行零、部件的测绘之前,首先要明确待反求设备中各零部件的功能,这是测绘过程中进行分析的不可缺少的内容。

(2) 公差的反求设计。

机械零件的尺寸公差确定的优劣,直接影响部件的装配和整机的工作性能。反求设计中,因为零件的公差是不能测量的,尺寸公差只能通过反求设计来解决。

(3) 机械零件材料的反求设计。

机械零件材料的选择与热处理方法直接影响到零件的强度、刚度、寿命、可靠性等指标,材料的选择是机械设计中的重要问题。主要涉及到材料的成分分析、材料的组织结构分析、材料的硬度分析等内容。

(4) 关键零件的反求设计。

因为机械是可见的实物,容易仿造,所以任何机器中都会有一些关键零件,也就是生产商要控制的技术,这些零件是反求的重点,也是难点。在进行反求设计时,要找出这些关键零件,如发动机中的凸轮轴、纺织机械中的打纬凸轮、高速机械中的轴承、重型减速器中的齿轮等都是反求设计中的关键零件,特别是高速凸轮的反求,要把实测的凸轮廓线坐标值拟合为若干段光滑曲线,而且要和其运动规律相一致,难度很大,因此,发动机厂家都把凸轮作为发动机的垄断技术。对机械中关键零件的反求成功,技术上就有突破,就会有创新。不同的机械设备,其关键零件不同。关键零件的确定,要视具体情况,关键零件的反求都需要较深的专门知识和技术。

（5）机构系统的反求。

根据已有的设备,画出其机构系统的运动简图,对其进行运动分析、动力分析及性能分析,并根据分析结果改进机构系统的运动简图,称之为反设计。机构系统的反求设计就属此类,它是反求设计中的重要创新手段。进行机构系统的反求时,要注意产品的设计策略反求,一般情况下,产品的反求设计策略有:

① 功能不变,降低成本。

② 增加功能,降低成本。

③ 增加功能,成本不变。

④ 减少功能,降低更多的成本。

⑤ 增加功能,增加成本。

2）已知技术资料的反求与创新设计

在技术引进过程中,常把引进的机械设备等实物叫作硬件引进,而把与产品生产有关的技术图样、产品样本、专利文献、影视图片、设计说明书、操作说明、维修手册等技术文件的引进称为软件引进。硬件引进模式是以应用或扩大生产能力为主要目的,并在此基础上进行仿造、改造或创新设计新产品。软件引进模式则是以增强本国的设计、制造、研制能力为主要目的,是为了解决国家建设中急需的任务。软件引进模式要比硬件引进模式经济,但要求具备现代化的技术条件和高水平的科技人员。

进行技术资料反求设计时,其过程大致如下:

① 论证对引进技术资料进行反求设计的必要性。对引进技术资料进行反求设计要花费大量时间、人力、财力、物力,反求设计之前,要充分论证引进对象的技术先进性、可操作性、市场预测等项内容,否则会导致经济损失。

② 根据引进技术资料,论证进行反求设计成功的可能性。并非所有的引进技术资料都能反求成功,因此要进行论证,避免走弯路。

③ 分析原理方案的可行性、技术条件的合理性。

④ 分析零部件设计的正确性、可加工性。

⑤ 分析整机的操作、维修是否安全与方便。

⑥ 分析整机综合性能的优劣。

已知技术资料的反求与创新主要涉及以下几种软件反求设计方法:

（1）图片资料的反求设计。

图片反求资料容易获得,通过广告、照片、录像带可以获得有关产品的外形资料。通过照片等图像资料进行反求设计逐步被采用,并引起世界各国的高度重视。

（2）专利文献的反求设计。

专利技术越来越受到人们的重视,专利产品具有新颖性、实用性。使用专利技术发展生产的实例很多。不管是过期的专利技术还是受保护的专利技术都有一定的使用价值,但是没有专利持有人的参加,实施专利很困难,因此,对专利进行深入的分析研究,实行反求设计,已成为人们开发新产品的一条途径。

一般情况下,专利技术含说明书摘要(应用场合、技术特性、经济性、构成等)、说明书(主要是专利产品的组成原理)、权利要求书(说明要保护的内容)以及附图。对专利文献的反求设计主要依据这些内容:

① 根据说明书摘要判断该专利的实用性和新颖性,决定是否采用该项技术。

② 结合附图阅读说明书,并根据权利要求书判断该专利的关键技术。

③ 分析该专利技术能否产品化。专利只是一种设想、产品的实用新型设计、外观设计或发明,专利并不等于产品设计,并非所有的专利都能产品化。

④ 根据专利文献研究专利持有者的思维方法,以此为基础进行原理方案的反求设计。

⑤ 在原理方案反求设计的基础上,提出改进方案,完成创新设计。

⑥ 进行技术设计,提交技术可行性、市场可行性报告。

(3) 已知设备图样的反求设计。

引入国外先进产品的图样直接仿造生产,是我国 20 世纪 70 年代技术引进的主要方法。这是洋为中用,快速发展本国经济的一种途径。我国的汽车工业、钢铁工业、纺织工业等许多行业都是靠这种技术引进发展起来的。实行改革开放政策以后,增加了企业的自主权,技术引进快速增加,缩短了与发达国家的差距,但世界已进入了代表高科技的知识经济时代,仿造可加快发展速度,但不能领先世界水平,所以要在仿造的基础上有创新,研究出更为先进的产品返销国外,才能产生更大的经济效益。

4. 反求设计与知识产权

科学技术的发展与知识产权的保护密切相关。知识产权是无形资产,无形资产具有很大的潜在价值,是客观存在的经济要素,具有有形资产不可替代的价值,甚至具有超乎想像的价值,因此,世界各国都加强了对本国知识产权的保护。

在从事反求设计时,一定要懂知识产权,不要侵害别人的专利权、著作权、商标权等受保护的知识产权,同时也要注意保护自己所创新部分的知识产权。引入技术与知识产权密切相关,而对引入技术的反求设计与知识产权更是密切相关,所以,一定要处理好引入技术与反求设计的知识产权关系。

第三篇　机械制造篇

第十章　机械制造的基本概念

机械工程学是科学技术中的一个重要组成部分,而机械制造又是机械工程学的一个重要方面。机械制造通常是指用机械的方法制造产品或制造机械产品两个范畴,是指获得产品形状,尺寸,位置的技巧、方法和程序。它通常包括零件的制造与机器的装配两部分。零件的制造通常分为冷加工和热加工两大类。

机械制造的目的并不是简单的把设计的产品"制造"出来,它必须既满足设计的要求,又满足 T,Q,C,S,E(效率、质量、成本、服务和环保)的要求。

§10-1　机械零件制造方法的分类

根据零件制造工艺过程中原有物料与加工后物料在质量上有无变化及变化的情况可将零件制造方法分为三类。

1. 恒量法

又称材料成形法、塑性加工法、变形法,其特点是进入工艺过程的物料其初始质量等于或近似等于加工后的最终质量。常用的材料成形法有铸造、锻压、冲压、粉末冶金、注塑成形等,这些工艺方法使物料按需要改变其几何形状,多用于毛坯制造,但也可直接成形为零件。

2. 减量法

又称材料去除法、切削加工法,余量法,其特点是零件的最终几何形状局限在毛坯的初始几何形状范围内,零件形状的改变是通过去除一部分材料(余量)来实现的。在材料去除法中,根据工件形态的变化过程和能源作用的形式,又可分为常规机械加工方法和特种加工方法两种类型。

1) 常规机械加工方法

这类方法主要是利用机械力使工件材料产生剪切、断裂,从而去除材料,即通常所说的"以硬切软"的原理。常规机械加工方法最典型的是切削加工与磨削加工。机械加工方法是目前以及在可以预见的一段时期内机械零件的最主要加工方法,因而也是本书讨论的主要内容。除切削加工与磨削加工外,利用机械力去除材料的加工方法还有磨料喷射加工、喷水加工。

2)特种加工方法

这类方法一般是利用电能、光能、化学能或特殊形式的机械能作用在工件上,这些不同的能作用于材料,使材料融解、气化,或是腐蚀、溶解,或是机械冲击,或是它们的联合作用,以达到材料去除的目的。典型的加工方法有电火花加工、电子束加工、离子束加工、激光加工、热力去毛刺、电解加工、化学铣削、电铸、超声波、弹性发射、磨料流等均属于这类加工方法。

3. 增量法

又称生长法或材料累加法,传统的累加方法主要是焊接、黏接或铆接,通过这些不可拆卸的连接方法使物料结合成一个整体,形成零件。近几年才发展起来的快速原型制造技术(RPM),是材料累加法的新发展。它将计算机辅助设计(CAD)、计算机辅助制造(CAM)、计算机数控(CNC)、精密伺服驱动、新材料等先进技术集于一体,依据计算机上构成的产品三维设计模型,对其进行分层切片,得到各层截面轮廓。按照这些轮廓,激光束选择性地切割一层层材料(或固化一层层的液态树脂,或烧结一层层的粉末材料),或喷射源选择性地喷射一层层的黏接剂或热熔材料等,形成一个个薄层,并逐步迭加成三维实体。

§10 – 2 机械制造过程与系统

机械制造不仅是如何得到需要产品的方法,也是一个获得产品的过程。在一个制造企业中,包含有许许多多的过程,与制造产品有关的过程大致包括生产过程、制造过程、工艺过程等几个层次。

1. 生产过程

利用自然资源获得产品的整个过程,广义地说,包括了产品的设计、技术准备、制造、运输、包装、保管等子过程,在现代企业,生产过程还拓展到销售、服务和寿终处理。在生产过程中,根据所涉及的对象、工作性质和技术特点可分为不同的子过程,如设计过程(产品开发过程)、检验过程、热处理过程等。生产过程所涉及到的人和物的有机结合就组成了生产系统,生产系统是针对产品生产这一目标的。生产过程和生产系统如图10 – 1所示。

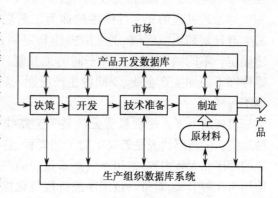

图10 – 1 生产过程和生产系统

2. 制造过程

把原材料直接转变为成品或半成品的过程,称为制造过程。制造过程可以看作是在信息的指导和作用下,利用能量对原材料的作用得到成品的过程,如图10 – 2所示。在制造过程中,存在物质(原材料)的流动,能量(用于改变制造对象状态)的流动和信息(用于控制制造过程)的流动这三个流程。制造过程包括了多个子过程,如原材料的运输/存储过程、各种加工制造工艺过程、检验过程、包装入库过程等。

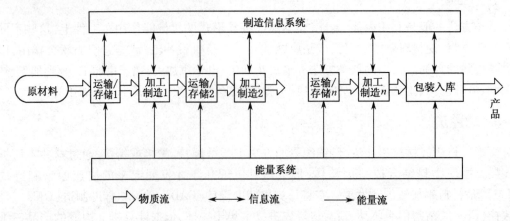

图 10-2 制造过程和"三"流

机械制造工艺过程指直接改变毛坯(产品)形状、大小、相对位置关系的制造子过程。机械制造工艺过程是制造过程的主要部分,也是本篇研究的重点。机械制造工艺过程包括了如铸造过程、锻造过程、焊接过程、机械加工过程、表面及热处理过程、装配过程等直接作用加工对象的加工制造过程,也包括如像运输、存储、检验等辅助过程。在一个产品的制造过程中,可以是上述加工制造过程的组合。

机械制造工艺过程的基本单位被称为工序。工序是只有一个(或一组相互协作)工人,在一个工作地对一个(或几个)工件连续完成的那部分工艺过程。在工序的划分中,对一个工件的加工是前提,"连续"是指在加工过程中没有插入其他工件的加工。在工艺过程中划分工序的目的是方便工艺过程的组织和管理、保证加工质量、便于工艺技术的发展。在工序中又可包含多个不同的子过程,如安装、工位、工步、走刀。

对工艺过程的文字性描述被称为工艺规程,它是制造企业生产的"法律性"文件,工厂的生产计划和组织管理、工人的操作和定额、质量的检验与保证都必须根据工艺规程的描述确定。不同的工艺过程有不同的工艺规程形式,同一产品零件在不同的生产企业、不同的生产时期,其工艺规程的内容也不一样。

机械加工工艺规程最常见的是工艺路线表和工序卡片两种形式。工艺路线表是最简单的工艺规程,它只规定了机械加工的顺序和大致内容,常用于生产量很少的产品。工序卡片是使用卡片的形式,对每一道工序进行规范化描述。机械加工工序卡片一般如图 10-3 所示分为四个区域,表 10-1 给出了具体工序卡片的一个例子。

图 10-3 机械加工工艺
工序卡片的分区

表 10-1 机械加工工序卡片

机械加工工序卡片			页数	1
工序号	6		牌号	
工序名称	粗车外圆 φ54$^{+0.5}$		材料	
零件名称与编号	转向器壳体			机械性能

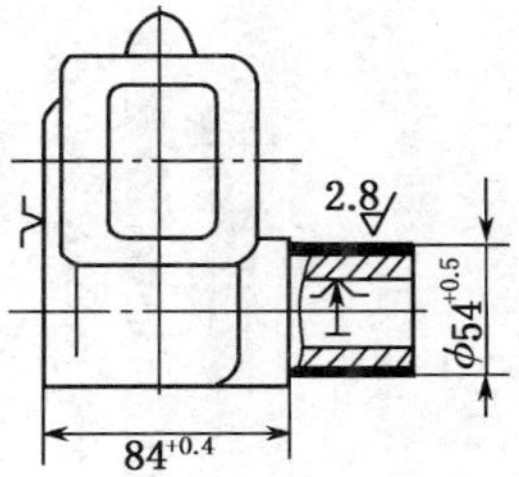

设备

名称	车床	出品厂名	
型号	CA7620	功率	

夹具名称	φ36 胀胎
冷却	
零件毛重	
零件净重	
工人等级	
一个工人看管的机床台数	
同时加工的零件数	
一批零件的件数	

时间 /min	
基 本 时 间	
辅 助 时 间	
附 加 时 间	
单 件 时 间	

效功率 N有效

加工时间 /min	
基本 机动	
辅助 手动	

工厂名称

工步	工步名称	加工表面号数	工具名称			加工面尺寸		切削用量				
			刀具	量具	辅助工具	D 或 B	L 加工计算长度	a_p/mm	f/mm	v /(m·min^{-1}) r/min	走刀次数	
1	粗车外圆 φ54$^{+0.5}$		90°偏刀				56	5	0.196	255		

（图示：φ54$^{+0.5}$，2.8，84$^{+0.4}$）

工序卡片上的四个区分别是：

标题区标注有被加工工件的工件名、号，工序名、号，所属产品/部件名、号，企业名、号，毛坯形式、材料和热处理状态等。

设备区规定了使用的机床、夹具、辅具料、冷却液、工时定额、操作工人等级等。

工序图区是用工序图的形式注明加工位置、加工表面、加工尺寸和精度要求、定位和夹紧位置等。

内容区的每一个工步用表格形式记录，包括每一个工步的加工内容，使用刀具、辅、量具，切削用量，机动时间等。

§10-3　生产纲领与生产类型

对于一个特定的产品，在进行工艺过程设计时，不仅考虑如何把该产品制造出来，更关键的是如何用经济的手段、用户满意的质量、更高的市场响应能力来安排生产，这就是机械制造所追求的 TQCSE 目标。因此，对于不同的生产数量，产品的"优化"制造方法是完全不一样的。例如制造一个如图 10-4 所示的螺栓，在维修车间作为修配用，只加工极少量的几个，一般用下面的三道工序：

工序 1　下料(在车床上)。

工序 2　平端面，车螺纹外径，挑螺纹(在车床上)。

工序 3　铣六方(在铣床上)。

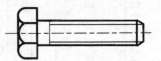

图 10-4　连接螺栓

在螺栓专业制造厂(标准件厂)，由于生产量很大，因此使用专门的螺栓自动加工机床，在一台机床上，连续完成切断、墩六方、搓螺纹的工作，效率很高。

从这个例子可以看出，生产量的大小对制造工艺的合理性影响很大。因此，在制造企业中，把产品的计划产量称为生产纲领。生产纲领的计划周期一般是一年，如果计划周期为季或月，则称为季生产纲领和月生产纲领。在产品生产纲领确定后，所包含的零件的生产纲领由下式确定：

$$N = n(1 + \alpha)(1 + \beta)Q$$

式中，Q 为产品的生产纲领；N 为零件的生产纲领；n 为一种产品中的同一种零件数；α 为备品率；β 为废品率。

不同的生产纲领决定了企业应该用什么样的工艺手段，根据生产纲领，可以按表 10-2 把生产划分成不同的类型，但这种划分要求不严格，只是进行工艺安排时参考。不同生产类型的工艺特点如表 10-3 表示。对于成批生产，在许多场合有划分成小批、中批和大批三种类型。小批生产的工艺特点与单件生产相似，称单件小批生产。大批生产的特点与大量生产相似，称大批大量生产。

表 10 – 2　生产类型划分表

生产类型	零件生产纲领(件/年)		
	重型	中型	轻型
单件	<3	<10	<100
成批	5～300	10～500	100～5 000
大量	>300	>500	>5 000

表 10 – 3　不同生产类型特点表

	单　件	成　批	大　量
设计特点	配对制造	部分互换	完全互换
毛坯制造方法	木模手工造型 自由锻造	部分金属模手工造型,部分模锻	金属模机器造型,模锻等高生产率制坯
加工余量	大	中	小
工艺规程	简单,只有工艺路线	有详细的工序卡	详细的工序、检验和调整卡
设备	通用设备,NC 机床,加工中心	通用＋专用设备,NC 机床,加工中心,FMS	专用流水线,自动线,单机自动设备
工装	通用刀、夹、量、辅具	专用夹具,组合夹具,通用＋专用刀、量、辅具	专通用刀、夹、量、辅具
工艺精度保证	试切法加工,划线加工	尺寸自动达到法加工,工装保证	尺寸自动达到法及高精度反馈调整加工
工人技术要求	技术条件要求高,熟练	技术和熟练程度一般,高的NC 工人	操作工人低技术、高熟练要求,高技术维护保障人员
制造柔性	大	中等	小
投资	小,可重用	中等,部分重用	大、专用
单件成本	大	中	小

　　产品质量是一个企业赖以生存的根本,也是机械制造所要考虑的最重要的目标。保证产品质量是非常广泛的综合性问题,它与设计、制造、检验、使用等阶段都有关系,但由于产品是由制造过程"制造"出来的,因此,产品的质量是通过"制造"获得的。在制造过程中,合理安排制造工艺、选用加工设备、提出人员要求、对过程的合理控制和质量指标的要求是最终保证产品质量的有效手段。

　　产品质量是产品性能、功能指标实际值与理想(目标)值的符合程度。产品的质量决定于组成产品的零件质量和产品的装配质量两大部分。而零件的质量又由零件的加工质量和零件材料质量所决定。机械加工过程所影响的就是零件的加工质量。

　　加工质量是指零件加工后,加工表面的形状实际值与理想值的符合程度,包括宏观的表面尺寸、形状和位置的复合程度和微观的表面起伏与机械物理性质的改变。

零件的表面形状是通过一些参数来表示的,包括几何参数(形状、尺寸、表面粗糙度),物理－机械参数(强度、硬度、磁性等),以及其他一些参数(耐腐性、平衡性、密封性等),这些参数是设计者在设计时根据产品性能要求、工作条件、使用寿命、制造的经济性而规定的。在零件制造时应通过工艺过程的各个阶段(毛坯制造、零件加工、热处理、表面处理等)来达到。

在机械加工过程中由于种种因素的影响不可能将零件尺寸加工的绝对准确,表面绝对的光滑,表面层性质完全一致。即使生产条件相同,也不可能加工出完全相同的零件来。因此从工艺方面来说,零件的几何和物理参数必须允许有一定的变动范围。从零件的设计方面来说,从产品的工作要求和使用性能出发,也无须使零件绝对准确。因此零件的设计与工艺两者就必须统一起来,即设计时规定的各个参数要求必须在工艺过程中得到保证,这就产生了"加工精度"的概念。

加工精度是指零件经加工后的尺寸、形状和表面相互位置的实际值与理想值之间的符合程度,而他们之间的偏离程度则称为加工误差。加工精度在数值上通过加工误差的大小来表示,两者的概念是相关连的,即精度愈高,误差愈小;反之精度愈低,误差就愈大。

零件的表面质量是指加工后零件表面微观精度,它包括加工表面的粗糙程度和表面层物理机械性能(指表面硬度、残余应力等)两个方面。在零件设计图纸上用粗糙度符号注明加工零件各表面所限制的粗糙程度。对零件表面层的物理机械性能有特殊要求时,以文字注明在零件图的技术要求栏内。

一般情况下,零件的加工精度越高,则加工成本也越高,生产率则相应地下降。设计人员根据使用要求合理地规定了零件的加工精度;工艺人员则应根据设计要求、生产条件等采取适当的工艺手段,以保证加工误差不超过允许范围,并在此前提下尽量提高生产率和降低成本。研究加工精度的目的,就是要弄清各种因素对加工精度影响的规律,掌握控制加工误差的方法,以获得预期的加工精度,需要时能找出进一步提高加工精度的途径。

影响加工精度的因素是很复杂的,对具体加工方法来说,不能得到绝对准确的尺寸,加工一批零件时尺寸误差总在一定范围内变化,这种尺寸的变化范围,就说明一种加工方法的精度。要具体决定一种加工方法的精度是复杂的,这受很多因素的影响,例如车削外圆的加工精度,不同车床就有很大差别,同一车床由于使用条件不同(如切削用量、操作工人的技术熟练程度不同),则精度变化也可能很大。实际生产中了解各种加工方法在正常条件下一般所能达到的精度是很必要的,这可为选择零件的加工方法,规定零件的设计精度提供依据。在决定一种加工方法所能达到的精度范围时必须考虑经济性,这样决定的加工方法的精度称为经济加工精度。

若用加工误差大小来表示加工精度的高低,用加工成本来表示经济性,则各种加工方法的加工误差与加工成本之间的关系大致上如图 10 – 5 所示,呈负指数函数,图示为某种加工方法的加工精度在一定范围内的变化规律。如果要达到较高的加工精度,则势必会提高成本,因为这就需要采用较精级的设备,降低加工时的切削用量,增加工序时间,由熟练工人操作等。所以一种加工方法要达到其可能的最高精度往往是不经济的;另一方面,每种加工方法在最不利的条件下也总能保证一定的最低精度(例如用磨床磨 IT11 级精度以下的工件)。因此相对说来,每一种加工方法都有一个比较经济的精度范围,这样的经济精度可根据长期的生产经验得到。

加工经济精度是指在正常加工条件下(采用符合质量标准的设备、工艺装备和标准技术

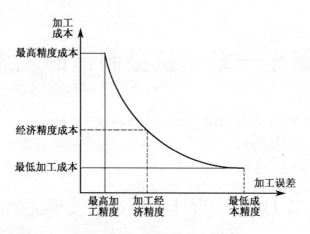

图 10 - 5　加工精度与成本的关系

等级的工人,不延长加工时间)所能保证的加工精度。各种加工方法经济精度的参考数据资料可查阅有关机械加工手册,这些数据供设计工艺规程、选择加工方法和安排工序时参考。加工方法的经济精度也不是固定不变的,随着机床、刀具、夹具和传感器技术的不断发展,特别是近年来电子计算机技术在机械制造领域中的广泛应用,各种加工方法的加工精度和生产效率不断提高,加工成本不断下降,这都促使加工经济精度的数据在不断变化。

第十一章　机械制造的发展

在工业化革命以前,主要解决物资流问题,工业化革命以解决能量流为标志,也带来了物质流技术的大发展,后工业化时代的来临,以计算机应用为基础,制造技术中的信息流得到了充分的研究与发展,全面推动了制造技术的发展。

§11-1　设计与制造的发展关系

制造从人类的诞生就开始了(人类是从制造工具诞生的——恩格斯)。石器时代,使用减量法,把石块的多余部分敲打掉,制造了石斧、石刀。发展到原始社会,利用等量法制造土陶制品。原始社会后期和封建社会初期,冶金技术的发展,使用增量法制造大量的金属产品。在这段漫长的时间里,虽然三类方法都已出现,并得到了发展,但发展的速度是缓慢的。

减量法的一个重要部分是机械加工(通常说的冷加工)。在工业革命以前,多是以手工方式进行,常见的是锉、钻、铲、刮、磨、削等,生产组织方式以手工作坊的形式出现。生产的产品多是单件、小批,工件之间用配做的形式保证精度,加工精度只能达到毫米级(平均)。制造与设计的关系是完全的并行关系,表现在过程的并行和执行者的并行。

在中世纪,制造业还停留在手工作坊阶段,那时的手工作坊一般是由一个或几个师傅带一群徒弟进行生产。师傅既是产品的设计者,同时又是制造过程的设计者,有时甚至是制造过程的实际操作者。

在这样的制造环境中,师傅在根据市场及功能需求设计产品的同时,也就利用自己的制作知识,进行产品开发过程的"并行设计",保证设计出来的产品是他自己能制造出来的产品。

同时,由于师傅参与制造,他便通过制造实践改进制造技术。当制造技术改进后,由于师傅同时又是产品的设计者,他可以随时改变产品的设计。在这种生产方式中,师傅处于设计、制造过程的中心地位,因此,那时的设计与制造的关系是高度统一和并行的。在这样的条件下,产品的设计一定是可以实现的设计,而且师傅所具有的制造技术被贯穿于设计的始终。但是,这样的并行是一种原始的并行,依赖于个人自身的经验,由于一个人的精力有限,存储的知识有限,这种并行并没有带来现代并行工程所希望的高质量和高效益;另一方面,由于师傅把各种技术聚一身,减少了与外界的信息交换,使得技术进步发展缓慢。这样的制造方式只能适用于中世纪封建社会商品经济还不发达、制造业还不是社会主流力量的时候。

工业化时期,以英国人瓦特为标志,解决了动力问题,制造从手工制造发展为机器制造。制造过程的绝大部分都不再依赖人的体力,因此,制造方法也得到了极大的发展。材料及毛坯的制造得到了发展,各种铸造技术及设备、锻造和压力加工技术及设备、切削加工技术及设备得到了迅速的发展。生产方式从并行发展到串行,从手工作坊到专业化分工的大型工厂。进行大批量生产,用完全互换法保证工件之间的精度,加工精度可达微米级。设计与制造表现为串行的关系,有详细和严格的分工。

随着社会的发展,人们对产品数量的需求增加很快,一个师傅带一群徒弟的作坊生产模式已远不能满足社会需求,因此出现了专门化的制造工厂,这些制造工厂中的人员不再是产品设计者,而是一批专业化的人员,他们既不要求具有师傅的知识和技巧,也没有对产品进行改进的责任和权力,这样的分工不仅使社会关系发生了变化,而且促使制造技术的相对独立。这种分离同时促使了技术的进步与发展。这表现为:

① 由于要求众多的生产者能制造出同样的产品,因此出现了指导这些生产者进行操作的文件——工艺规程。它规定了操作遵循什么样的顺序,利用什么样的资源,按什么样的方法把毛坯逐步转变为产品。

② 工艺规程的产生,要求制造过程标准与规范,形成了制造过程设计的理论和方法。它使得制造过程的知识从人们的手艺和经验上升为一种科学理论,从感性知识变为理性知识。

同时,由于科学技术的发展,如何把产品需求功能映射为产品的结构形状及精度要求(设计)所采取的技术与方法越来越多,也越来越复杂,需要专业化的人员来实现,因此,更进一步促使了产品设计与制造过程的分离。

设计与制造的分离,要求设计与制造之间进行产品信息交流的规范化,因而出现了象工程设计图纸等标准化的产品信息描述方法。这不仅满足了设计与制造的信息交换,同时还可以满足设计者之间的信息交流。从而巩固了设计与制造的分离,使分离成为一种普遍规律。

设计与制造的分离,也促使了设计理论与技术、制造理论与技术的高度发展。设计和制造相对独立,使人们能够探索它们各自的解决方法,如在产品设计中,出现了功能设计(概念设计)和具体设计(详细设计)的划分,发展了机械原理、传热学、工程力学、人机工程、摩擦学等基本理论。出现了一些帮助设计人员进行设计的工具,如有限元方法、优化方法等,这些都极大地改善了设计工作的科学性与合理性;同样,制造与设计分离后,使得制造技术成为一门科学而得到了高度的重视和研究,形成了包括生产组织管理,工艺方法研究,工艺装备研究等专门领域。通过这些方面的研究,制造技术在制造组织形式、各种加工方法应用、新的工艺装备的采用,都有了巨大的发展。

在制造组织形式中,如流水线生产的形成,把制造过程分解为很多功能单一的工序,不仅保证了加工质量,降低了对操作者技术的要求,而且极大地提高了生产率,降低了制造成本。各种加工方法的出现,使得过去认为是不能制造的零件能够被制造,过去需要多道复杂工序的加工得到简化。而加工设备的发展,极大地提高了加工效率,改善了加工条件,大大减轻了操作人员的劳动强度,有的自动化机床甚至取消了操作工人。

设计与制造分离后,产品的设计过程和产品的制造过程分成了两个截然不同的阶段。在产品设计过程中,只从设计本身的条件出发,较少考虑制造过程因素,而制造过程只是一个被动的、在产品设计完成后,对产品设计结果进行工艺规程设计的过程,成为"串行工程",它僵化了设计与制造之间的辩证关系,使设计与制造之间形成了绝对的因果关系。

后工业化时期(1950年至今),以计算机在制造过程中的应用为标志,从解决制造过程信息流入手,包括产品开发的计算机化,生产组织管理的计算机化,加工控制的计算机化。产品开发的计算机化改变了设计与制造的关系,通过计算机,把串行的开发模式再一次变为并行模式,集成、一体化、共享是当今制造开发技术的重点,并行工程是当前的制造理念。数控是当前制造工具的基本方式,利用数控方式,不仅实现了很多过去不易实现的加工方法,如虚轴加工,多轴联动,还包括各种特种加工方法,加工精度达到纳米级。精洁生产(learn production)使用大批量生产的模式实现个性化的生产要求,批量定制、按单生产成了现代生产模式,全球化制造设计与制造的分离(物理地点的分离)和设计与制造的结合(信息的结合)也因为互联网络的存在而变为现实。

人们早就认识到物质和能量在制造过程中的作用,但对信息的认识却仅始于20世纪50年代。随着微电子技术尤其是机电一体化技术及计算机技术在机械行业日益广泛和深入的应用,人们开始自觉和积极地研究、开发和利用机械制造过程中的信息。

在20世纪五六十年代之后,随着需求多样化的发展,人们已不再满足于得到大众化的产品,而是要求得到具有自己个性的产品。这就提出了多品种小批量生产和尽快的产品开发周期,而设计与制造的分离所带来的产品开发周期过长的矛盾成为了主要矛盾,为了解决这个主要矛盾,提出了并行工程的概念,但并行工程中的设计与制造过程的并行,并不是作坊时代的由"师傅"个人实现的并行,而是更高层次的并行。

在并行工程中,需要采用被称为DFX的新设计方法和技术用于支持多学科小组的工作。DFX即面向过程的设计,其含义是在设计时考虑产品其他过程的状况和知识,对设计施加作用,促使产品的后续过程在设计阶段就进行规划,及早发现问题和解决问题,保证一次设计成功。各种面向过程的设计,如面向制造(DFM)、面向装配(DFA)、面向测试(DFT)、面向服务(DFS)等设计技术和方法,是分别从各个不同方面对设计进行评价。在产品设计的自始至终加进制造性原则,这是并行工程实现的必备条件之一。

应用计算机技术、网络技术等,建立计算机辅助设计(CAD)、计算机辅助工艺编程(CAPP)、计算机辅助产品工程(CAE)、计算机辅助制造(CAM)、产品数据管理(PDM)、管理信息系统(M1S)、企业资源需求计划(ERP)等制造技术自动化系统,使制造过程信息的生成与处理高效快捷。

§11-2 先进技术与制造的发展

现代的机械制造技术是从传统的机械制造技术发展起来,不断吸收高新技术成果,或与高新技术实现了局部或系统集成而产生的,其具体产生方式主要有两种。

1)常规制造过程优化

常规制造过程优化是形成现代机械制造技术的重要方式,它是在保持原有制造原理不变的前提下,通过变更制造工艺条件,优化制造工艺参数或是通过以制造方法为中心,实现制造设备、辅助工艺和材料。检测控制系统技术成套而实现优质、高效、低耗、洁净、灵活等目标。

2)引入高新技术形成新型制造技术

高新技术的发展对新型制造技术的出现有重大影响。一方面,新能源、新材料、微电子、计算机等高新技术的不断引入、渗透和融合,为新型制造技术的出现提供了技术储备;另一方面,高新技术的产业化也需要一些新型制造技术作为技术支撑。最典型的新型制造技术如:引入激光、电子束、离子束等新能源而形成的多种高密度能量加工;引入计算机技术而形成的数控加工、工艺模拟技术、CAD/CAE/CAM技术等。

微电子技术、控制技术、传感技术与机电一体化技术的迅速发展,特别是计算机的广泛应用,在机械制造领域形成了许多新的观念,并且使一些老的观念逐渐失去效力。

由系统论、信息论和控制论所形成的系统科学与方法论开始在机械制造领域产生愈来愈大的影响,这种方法论着重从整体与部分、整体与外部环境之间的相互联系、相互作用、相互制约的关系中来考察对象,由此产生了制造系统的概念。将数控、机器人、自动化搬运仓储、自动化单元技术综合用于加工及物流过程,形成从单机到系统,从刚性到柔性,从简单到复杂的不同档次的柔性自动化系统:数控加工机床(NC/CNC)、加工中心(MC)、柔性制造单元(FMC)、柔性制造到(FMI)柔性制造系统(FMS)和柔性生产线(FTL),及至形成计算机集成制造系统(CIMS)和智能制造系统(IMS)。

现在,制造的观念已经是具有整体目的性并包含物质流、信息流和能量流的系统。有的学者认为,制造系统应该包括从原料到产品实现其社会价值的整个范围,而过去则只将在一个工厂范围内进行的工作考虑为制造系统。

在工业化时期,机械制造靠的是工人和技术人员的技艺和经验,制造技术主要是制造经验的总结。随着对机械零件制造精度与效率要求的不断提高,主要靠操作者的技艺来保证质量的旧模式已被动摇,机械设备的加工能力、制造精度以及监测、补偿控制系统在质量保证中正起着越来越大的作用。

可以预料,机械制造将越来越密切地依赖知识,依靠科学。事实上,今天机械制造比以前任何时候都更紧密地依赖诸如数学、物理、化学、电子技术、计算机技术、系统论、信息论、控制论等各门学科的基本理论和最新成果,正在形成一种新的制造模式。这种新的制造模式对工人和技术人员在技艺和经验上的要求将逐渐降低,知识上的要求将迅速增高,工人和技术人员的界限将逐渐消失,工人也必须具有较高层次的知识结构。

近代机械制造技术是以18世纪后期(1776年)发明并制造蒸汽机为标志而出现的。当时在镗缸机(John Wilkinson 1728—1808年)上花了27.5个工作日才能将650 mm直径的灰铸铁气缸加工到1 mm左右的精度。随着生产的发展,要求不断提高机器的运转精度,为此必须相应地提高零件的尺寸和几何形状精度。在19世纪中期相继出现了各种金属切削方法和机床(如stowell螺纹加工机床,Whitney铣床,Fitch六角车床等),形成了精度理论和公差制度。本世纪中期以后又出现了各种新型工具材料和特种加工方法,使200多年来机械加工的精度不断得到提高。1850年机器零件的尺寸精度已可达到0.01 mm。20世纪初由于发明了能测量0.001 mm的千分表和光学比较仪等,加工精度逐渐向微米级过渡,成为机械加工精度发展进程中的转折点。当时在机械工业中将达到微米级精度的加工称为精密加工。20世纪50年代末以来,迅速发展的宇航、计算机、激光技术,以及自动控制系统等尖端科学技术,就是综合利用了近代的先进技术和工艺方法的结果。另外由于生产集成电路的需要,出现了各种微细加工工艺(微小尺寸零件亚微米级加工精度的加工技术),它利用了切削和非切削的加工方法,在最近10~20年的时间里使机械加工精度提高了1~2个数量级,即由50年代末的微米(μm)级($1 \mu m = 10^{-6}$ m),提高到目前的纳米(nm)级(1 nm $= 10^{-9}$ m),从而进入了超精密加工的时代。现在测量超大规模集成电路所用的电子探针,其测量精度已可达0.25 nm。预计很快将实现原子级尺寸的加工和测量。

1983年日本的Taniguchi教授在考查了许多超精密加工实例的基础上对超精密加工的现状进行完整的综述,并对其发展趋势进行了预测,他把精密和超精密加工的过去、现状和未来系统地归纳为图11-1所示的几条曲线。回眸过去十几年精密和超精密加工的发展就不难发现这几条曲线确实大体上反映了这一领域的发展规律。今天仍可用它们来衡量加工工艺的精密程度,并来区分精密和超精密的范畴。从图中可见,传统的机械加工方法(一般的粗加工和精密加工)与超精密加工方法一样,是随着采用新技术、新工艺、新设备以及新的测试技术和仪器,其加工精度也在不断地提高。一般精密加工(如研磨)现在已可达到 $0.05~\mu m$ 精度。加工精度的不断提高,反映了加工工件时材料的分割水平不断由宏观世界进入微观世界的发展趋势。随着时间的进展,原来认为是难以达到的加工精度会变得相对容易,因此,普通加工、精密加工和超精密加工只是一个相对概念,其间的界限随着时间的推移不断变化。现在(2000年),一般认为普通加工所达到的精度是 $1~\mu m$(称为微米加工),精密加工所达到的精度是 $0.01~\mu m$(称为亚微米加工),而超精密加工所达到的精度是 $0.001~\mu m$(也称为纳米加工)。

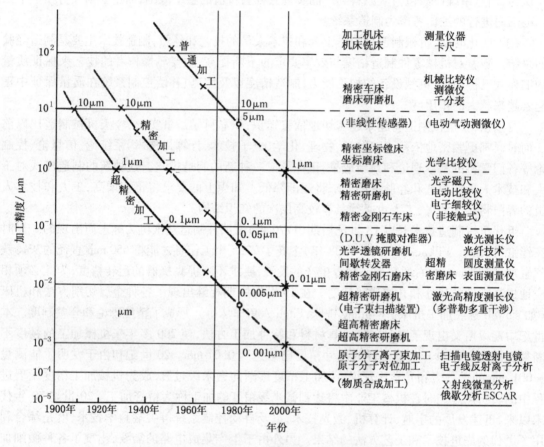

图 11 – 1　达到的加工精度和年代的关系示意

加工精度的提高得到了两个方面的技术进步的支持,一方面是机械加工精度的进一步提高;另一方面是各种非传统(非机械)加工方法的使用。非传统加工方法包括各种电加工方法(电火花、电化学等)、高能束加工方法(激光、等离子体等)、物理及化学堆积加工方法(材料累加法制造,包括电铸、沉积、快速成型等)。

机械加工精度的提高有赖于下面技术的发展:

新的机械加工工艺方法研究,如现在已创造出单刃金刚石刀具,精密、超精密车削及铣削的新工艺,沙带磨削工艺等。

新型刀具材料的研制和采用,如应用涂层硬质合金、聚晶立方氮化硼、人造金刚石材料和单晶金刚石刀具等。

采用新技术的超精密加工机床的使用,如采用空气轴承、具备低速进给机构和微量进刀机构,并具有优越的抗热、抗振特性。

同时,新的测量手段和测量方法的应用,是精密加工和超精密加工得以实现和应用的保证。应用光学或电磁的计量方法,在加工过程中对加工精度进行监控;而以亚微米级加工精度为计量对象的非接触测量系统的研制和使用,是近些年里实现高度自动化精密生产系统的重大课题。

第十二章　机械加工方法

机械加工分常规切削加工和特种加工两类。常规切削加工是指用切削刀具在被加工工件表面去除多余材料的方法。特种加工是指利用电能、光能、化学能或特殊形式的机械能作用，在被加工工件表面去除多余材料的方法。

§12-1　常规机械加工方法

对于常规加工来说，任何工件加工表面的形成可以看成是一条曲线沿着另外一条曲线运动所扫过的空间位置，如图 12-1 所示，第一条曲线被称为母线或素线；第二条曲线被称为导线，这两者也统称为生成线或成形线。如图 12-1(a)中，直线 1 为母线，沿直线 2(导线)运动，生成平面。图 12-1(d)中，直线 1 为母线，一端沿圆周 2(导线)运动，另一端固定，生成圆锥面。图 12-1(f)中，圆环线 1 为母线，其圆心沿圆环线 2(导线)运动，生成圆环面。

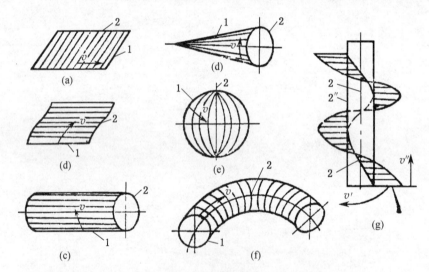

图 12-1　加工表面的生成方法

对于一个加工表面，生成方法不是惟一的，例如圆柱表面，可以看成是以直线为母线，沿环形导线运动形成，如图 12-1(c)所示，也可以看成是以环行线为母线，沿直线运动形成。不同的母线和导线对应不同的加工方法和加工设备。

使用刀具进行切削，刀具必须相对于工件有一个运动，该运动称为切削运动，工件运动速度称为切削速度 v，是机械加工中的一个重要参数。切削速度 v 不仅影响刀具寿命、加工质量，而且也是加工方法和设备的重要决定因素。在加工设备中提供切削速度的运动称为主运动，如图 12-2 所示。图 12-2(a)是车床车削外圆表面时的加工示意图，主运动是工件的转动，它提供了切削速度 v。图 12-2(b)是刨床刨削平面时的加工示意图，主运动是刨头带动刀具的往复运动,它提供了切削速度v。

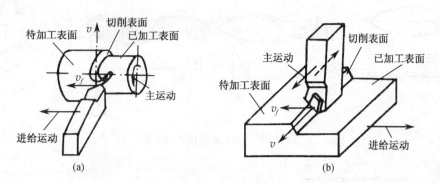

图 12 - 2　刀具加工时的运动关系

为形成加工表面,只有主运动往往是不够的,在大多数情况下还需要有与主运动垂直的表面生成运动,称为进给运动f。一般来说,加工表面是有限的,因此主运动相对于加工表面是一种周期性运动,如车削的转动,刀具在圆周上不断重复。因此,进给运动的单位就用主运动的重复量来衡量,在车削中是每转多少毫米,在刨削中是每往复一次多少毫米,在铣削中是每齿多少毫米。

在切削时,从待加工表面到已加工表面的距离称为吃刀量,也称切削深度a_p。对于机械加工,切削速度v、进给量f和切削深度a_p被称为切削用量三要素,三者统称切削用量。

1. 零件表面形成方法

在形成加工表面时,根据形成母线和导线的不同,把表面的形成归纳为四种方法:

1) 成型法

刀具的刀刃形状就是表面形成的母线,切削运动就是导线,如图12 - 3(a)所示加工手柄工件外圆,用成型车刀的刀刃形状1形成母线2,工件的旋转运动形成导线,加工出回转表面。

2) 轨迹法

由刀具的刀尖做切削运动形成母线,进给运动就是导线,如图12 - 3(b)所示,同样是加工手柄工件外圆,工件旋转做主切削运动时,刀尖1在工件表面上形成一个圆,这就是母线,同时,车刀沿导线3做进给运动,也形成回转表面。

3) 相切法

由刀具刀刃形状的回转做切削运动形成母线,回转母线的包容线形成导线,如图12 - 3(c)所示在铣床上加工曲线轮廓,铣刀高速旋转做主切削运动1,同时工件做进给运动3,刀刃与工件接触点的包容线2形成导线,刀具在轴线方向的回转母线形成生成母线。

4) 范成法

范成法又称展成法,由刀具和工件做相对滚动(范成运动),刀刃在工件表面直接形成的包容线为母线,进给运动形成导线,如图12 - 3(d)所示,加工齿轮齿面,刀具的梯形刀刃1运动A和齿轮转动B对滚形成渐开线包容零件齿形2,该包容线为生成母线,刀具在轴线方向的进给运动为导线形成全齿宽。

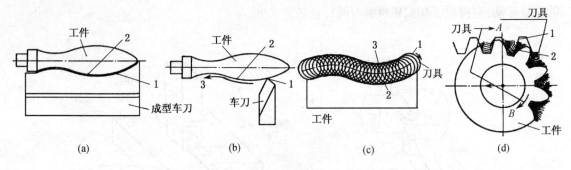

(a)　　　　　　　(b)　　　　　　　(c)　　　　　　　(d)

图 12-3　加工表面的形成方法

2. 典型表面的加工方法

1）外圆表面加工方法

（1）普通车削。

外圆表面加工中，车削应用最为广泛。通常，工件通过夹具安装在车床主轴上，并与车床主轴一起回转，形成主运动。刀具安装在刀架上，与纵溜板一起作平行于主轴回转轴线的直线运动，加工圆柱面如图 12-4 所示。在车削中，刀架作与主轴回转轴线成一定角度的直线进给运动，可以加工圆锥面；沿靠模曲线运动，可加工回转曲面，刀尖相对于主轴回转轴线的距离决定加工工件的半径。

（2）成形车削。

用成形车刀车削外圆通常采用径向进给方式，如图 12-5 所示，由刀刃直接形成工件形状。成形车削多用于自动车床上的小件加工，成型车刀刀刃上各点到回转轴线的距离形成了工件不同部位的半径尺寸。少数也有采用切向进给方式的，可加工成型端面。

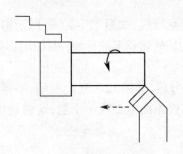

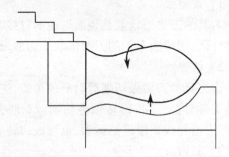

图 12-4　车削加工示意图　　　　　　图 12-5　成型车削加工示意图

（3）旋转拉削。

工件旋转，拉刀沿切向作直线进给运动，完成外圆加工如图 12-6 所示。旋转拉削是一种提高生产率的加工方式，适用于大批量生产，拉刀刀刃到工件回转轴线的距离保证了加工半径尺寸。

（4）研磨。

工件回转，研具沿工件轴向作往复直线进给运动如图 12-7 所示，研具可以用普通棉布、纱布或是皮革制造，加工时，在研磨具与工件之间加入磨料（金刚砂等）。研磨属零件表面光整加工,材料去除量很小,靠研磨时间保证加工尺寸。

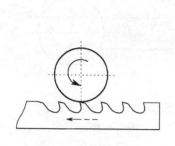

图 12 - 6　旋转拉削
加工示意图

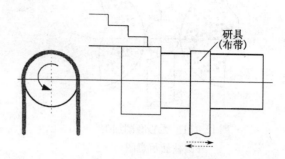

图 12 - 7　研磨加工示意图

(5)铣削。

外圆刀具与工件均作回转运动(刀具运动为主运动,工件运动为进给运动)如图 12 - 8 所示。可用于加工长度较短、具有加工不完整圆柱形表面的能力。

(6)成形外圆磨(横磨)。

运动形式与铣削外圆相同,如图 12 - 9 所示,也多用于长度较短或不完整圆柱形表面的精加工。

(7)普通外圆磨。

砂轮回转运动为主运动,工件进给运动包括转动和轴向移动,如图 12 - 10 所示。多用于黑色金属、特别是淬硬钢外圆表面的精加工。

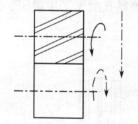

图 12 - 8　铣削外圆表面
加工示意图

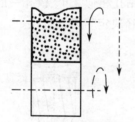

图 12 - 9　成形外圆磨削
加工示意图

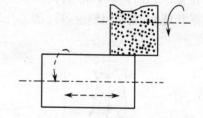

图 12 - 10　旋转拉削加工示意图

(8)无心磨。

工件放在砂轮和导轮之间,砂轮高速回转进行磨削,导轮低速回转,带动工件旋转并作轴向移动,实现进给运动,如图 12 - 11 所示。无心磨生产率高,适用于大批量生产。

(9)车铣加工。

这是一种新的加工方法,加工偏心零件外圆表面时,由于零件不能高速旋转,采用车削方法无法充分发挥刀具的潜力,此时若采用端铣刀铣外圆,不仅可以获得高的切削效率,且可保证可靠的断屑,如图 12 - 12 所示,车铣时,端铣刀与工件互相垂直布置。通过改变工件转速、轴向进给和切深,可在工件上车铣出不同的形状。由于其运动模型较复杂,需采用计算机进行数据处理和加工过程仿真。

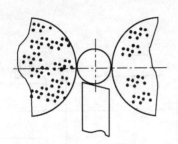

图 12 - 11　无心磨削加工
外圆柱面示意图

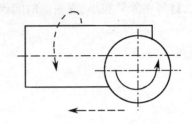

图 12 - 12　车铣加工外圆
表面示意图

（10）滚压加工。

通过自由旋转的碾子对工件表面均匀施加压力，使被滚压表面得到强化，并形成表面残余压应力，表面粗糙度也得到减小。滚压加工还常用来成形表面花纹。

2）内圆表面加工方法

（1）钻孔。

通常用于在实心材料上加工直径 $\phi0.5 \sim \phi50$ mm 的孔。钻孔加工有不同的运动形式。在钻床或镗床上加工，主运动和进给运动均由刀具完成，如图 12 - 13 所示，在车床上钻孔，主运动由工件完成，进给运动由刀具完成；在组合机床上加工时，刀具完成主运动，进给运动由工件完成，或由刀具完成。加工孔的直径由刀具直径决定。

（2）扩、铰孔。

扩、铰孔是孔加工的中间或终结工序，它是在原来有孔的基础上，扩大孔的直径，不改变孔的位置，如图 12 - 14 所示，其成形运动与钻孔相似。扩、铰孔一般能提高孔的加工质量（尺寸和形状精度，表面粗糙度等），加工孔的直径决定于刀具直径。

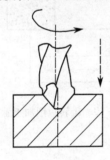

图 12 - 13　钻孔加工示意图

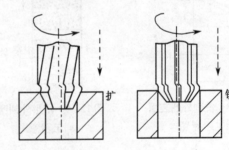

图 12 - 14　扩、铰孔加工示意图

（3）镗孔。

在镗床或铣床上镗孔，刀具的回转运动为主运动，刀具或工件做直线进给运动，如图 12 - 15 所示。镗孔加工前工件上必须已有孔存在，加工时，待加工孔的位置决定于镗刀回转轴线，直径决定于镗刀刀尖到回转中心的距离，因此镗孔加工可以修正原来底孔的位置误差，并且，由于可以通过调整镗刀头位置来控制孔的直径尺寸，可以很方便地实现各种直径孔和台阶孔的加工。镗孔加工可在镗床上进行，也可在车床、铣床、组合机床或加工中心机床上进行。

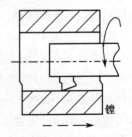

图 12 - 15　镗孔加工示意图

（4）拉孔。

利用多刃刀具，通过刀具相对于工件的直线运动完成加工工作，如图 12 - 16 所示。可以拉圆柱孔、花键孔、成形孔等通孔，其形状和尺寸决定于刀具，是一种高生产率的加工方法，多用于大批量生产，但加工前也必须有通孔。

（5）挤孔。

通过挤压工具从工件待加工孔中强行通过，使孔增大到需要加工直径，如图 12 - 17 所示，也可以用钢球挤孔。在获得尺寸精度的同时可使孔壁硬化，被加工孔表面粗糙度将降低。

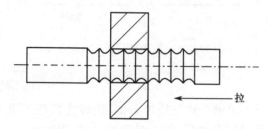

图 12 - 16　拉孔加工示意图

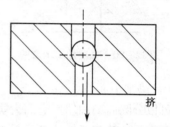

图 12 - 17　挤孔加工示意图

（6）磨孔。

磨孔是高精度、淬硬内孔的主要加工方法，其基本加工方式有内圆磨削、无心磨削和行星磨削。图 12 - 18 为磨孔加工示意图。

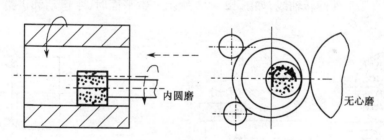

图 12 - 18　磨孔加工示意图

3）平面加工

（1）刨削。

常用刨床加工，对于牛头刨床，刨刀的直线运动为主运动，进给运动通常由工件完成；对于龙门刨床，工件的直线往复运动为主运动，进给运动通常由刀具完成，如图 12 - 19 所示。目前，牛头刨床已逐渐被各种铣床所代替，但龙门刨床仍广泛用于大型工件的平面加工。宽刃精刨工艺在一定条件下可代替磨削或刮研工作。

（2）插削。

插削是内孔键槽的常用加工方法，其主运动通常为插刀的直线运动和工件的进给运动，如图 12 - 20 所示。

（3）铣平面。

铣平面有周铣和端铣两种形式，如图 12 - 21 所示。周铣利用刀

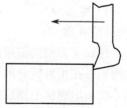

图 12 - 19　刨削加工
平面示意图

具刀刃回转、工件进给形成表面。端铣利用刀尖回转的圆弧生成母线,工件进给形成表面。端铣刀由于刀盘转速高,刀杆刚性好,可进行高速铣削和强力铣削。

图 12 – 20 插削加工示意图   图 12 – 21 铣削平面加工示意图

（4）磨削平面。

可以分圆周磨和端面磨两大类,如图 12 – 22 所示。它与铣削类似,用砂轮代替了铣刀。圆周磨由于砂轮与工件接触面积小,磨削区散热排屑条件好,加工精度较高;端面磨允许采用较大的磨削用量,可获得高的加工效率,但加工精度不如圆周磨。平面磨削一般作为精加工工序,安排在粗加工之后进行。由于缓进给磨削的发展,毛坯也可直接磨削成成品。

（5）车（镗）平面。

在车床上车平面时,工件的回转运动是主运动,刀具作垂直于主轴回转轴线的进给运动,加工的平面垂直于工件回转轴线,如图 12 – 23 所示。镗平面时,主运动和进给运动均由刀具来完成。

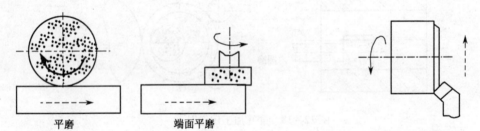

图 12 – 22 磨削平面加工示意图   图 12 – 23 车（镗）平面加工示意图

（6）拉平面。

平面拉刀相对于工件作直线运动,实现拉削加工,如图 12 – 24 所示。平面拉削是一种高精度和高效率的加工方法,适用于大批量生产。

4）螺纹加工

（1）车螺纹。

螺纹车刀结构简单,通用性好,可用于加工各种尺寸、形状和精度的内外螺纹,螺纹车削是利用车刀在工件转动的同时,按照螺纹的螺距要求刀具在轴向保持严格比例关系进行进给运动才能切出螺纹的螺旋线沟槽,如图 12 – 25 所示,但加工效率较低,多用于单件小批生产。

（2）攻螺纹和套螺纹。

用丝锥攻螺纹和用板牙套螺纹常用于加工精度要求不高的标准内外螺纹,丝锥和板牙本身具有与被加工工件相反的螺纹,并在轴线方向开有切削槽,加工时,丝锥或板牙一方面相对

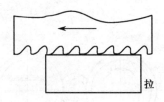

图 12-24 拉削平面加工示意图

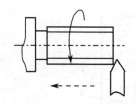

图 12-25 车螺纹加工示意图

于工件转动,一方面作轴向运动,刀具上的螺纹在切削槽处把工件材料切下来,形成螺纹,如图12-26所示,由于刀具上的螺纹有自引导作用,螺距的保证可由刀具决定,因此可用于手工加工。

(3)盘形铣刀铣螺纹。

主要用于加工大螺距的梯形螺纹及蜗杆,加工螺纹时,与螺纹沟槽形状一致的盘铣刀高速旋转,在工件圆周上切出局部螺纹槽,工件与车削一样,一面旋转一面作轴向进给运动,切出整个螺纹的螺旋线沟槽,如图12-27所示,盘形铣刀铣螺纹的切削运动是铣刀的转动,切削速度较高,因而加工效率也较高。

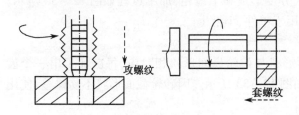

图 12-26 攻螺纹和套螺纹加工示意图

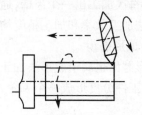

图 12-27 盘形铣刀铣螺纹加工示意图

(4)梳形铣刀铣螺纹。

梳形螺纹铣刀相当于若干把盘形铣刀的组合,如图12-28所示,一般在专用的螺纹铣床上加工短而螺距不大的内、外螺纹。

(5)旋风铣螺纹。

利用装在特殊旋转刀盘上的硬质合金刀头进行内、外螺纹的高速铣削,如图12-29所示,是一种高效率的加工方法。

(6)磨螺纹。

磨螺纹与铣螺纹一样,加工螺纹时,与螺纹沟槽形状一致的砂轮高速旋转,在工件圆周上切出局部螺纹槽,工件一面旋转一面作轴向进给运动,切出整个螺纹的螺旋线沟槽,如图12-30所示,磨螺纹是一种高精度的螺纹加工方法,主要用于加工外螺纹。

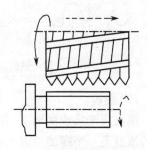

图 12-28 梳形铣刀铣螺纹
加工示意图

(7)滚压螺纹。

这是一种高效率的螺纹加工方法。它利用压力加工方法使工件在两个挤压工具间转动,产生塑性变形以形成螺纹,如图12-31所示,所用工具有滚丝轮和搓丝板。

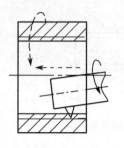

图 12 - 29　旋风铣螺纹
加工示意图

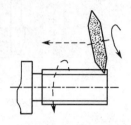

图 12 - 30　磨螺纹加
工示意图

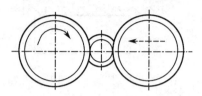

图 12 - 31　滚压螺纹加工示意图

5）齿形加工方法

齿轮齿形有多种形式，其中以渐开线齿形最为常见。渐开线齿形常用的加工方法有两大类，即成形法和展成法。

（1）铣齿。

采用盘形模数铣刀或指状铣刀铣齿属于成形法加工，铣刀刀齿截面形状与齿轮齿间形状相对应，每次加工出一个齿槽，通过工件依次分度形成整个齿轮，加工过程如图 12 - 32 所示。此种方法加工效率和加工精度均较低，仅适用于单件、小批生产。

（2）成形磨齿。

成形磨齿也属于成形法加工，砂轮截面形状与齿轮齿间形状相对应，每次加工出一个齿槽，通过工件分度形成整个齿轮，加工过程如图 12 - 33 所示。因砂轮截面形状不易修整，使用较少。

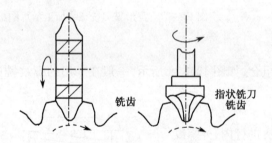

图 12 - 32　铣齿加工示意图

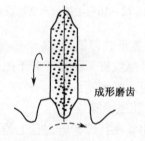

图 12 - 33　成形磨齿加工示意图

（3）滚齿。

滚齿属于展成法加工，其工作原理相当于一对螺旋齿轮啮合，如图 12 - 34 所示。齿轮滚刀的原型是一个螺旋角很大的螺旋齿轮，因齿数很少（通常齿数 $z = 1$），牙齿很长，绕在轴上形成一个螺旋升角很小的蜗杆，再经过开槽和铲齿，便成为了具有切削刃和后角的滚刀。

（4）剃齿。

在大批量生产中，剃齿是非淬硬齿面常用的精加工方法。其工作原理是利用剃齿刀与被加工齿轮作自由啮合运动，借助于两者之间的相对滑移，从齿面上剃下很细的切屑，以提高齿面的精度，如图 12 - 35 所示。剃齿还可形成鼓形齿，用以改善齿面接触区位置。

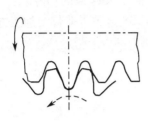

图 12 - 34　滚齿加工示意图

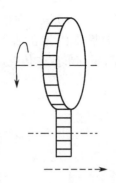

图 12 - 35　剃齿加工示意图

（5）插齿。

插齿是除滚齿以外常用的一种利用展成法的切齿工艺。插齿时,插齿刀与工件相当于一对圆柱齿轮的啮合。插齿刀的往复运动是插齿的主运动,而插齿刀与工件按一定比例关系所作的圆周运动是插齿的进给运动,如图 12 - 36 所示。插齿加工可加工外齿轮、多联齿轮、内齿轮和各种花键等,但不适应加工较大齿宽的齿轮。

（6）展成法磨齿。

展成法磨齿的切削运动与滚齿相似,是一种齿形精加工方法,特别是对于淬硬齿轮,往往是惟一的精加工方法。展成法磨齿可以采用蜗杆砂轮磨削,也可以采用锥形砂轮或碟形砂轮磨削,如图 12 - 37 所示。

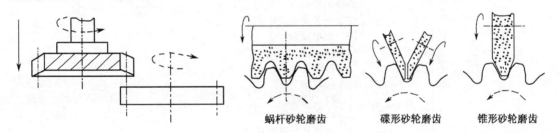

蜗杆砂轮磨齿　　　　碟形砂轮磨齿　　　　锥形砂轮磨齿

图 12 - 36　插齿加工示意图　　　　　图 12 - 37　展成法磨齿加工示意图

§12 - 2　特种加工方法

特种加工方法又称非传统加工方法,是指不用常规的机械切削加工和常规压力加工的方法,利用光、电、化学、生物等原理去除或添加材料以达到零件设计要求的加工方法的总称。由于这些加工方法的加工机理以溶解、熔化、气化、剥离为主,且多数为非接触加工,因此对于加工高硬度、高韧性材料和复杂形面、低刚度零件是无法替代的加工方法,也是对传统机械加工方法的有力补充和延伸,并已成为机械制造领域中不可缺少的技术内容。目前,这一技术在已有的工艺不断完善和定型的同时,新的非传统加工方法不断涌现,如快速原形制造技术、等离子体熔射成形工艺技术、在线电解修整砂轮镜面磨削技术、电化学机械加工技术、三维型腔简单电极数控电火花仿铣技术、电火花混粉大面积镜面加工技术、磁力研磨技术和电铸技术等。

新的非传统加工方法是在过去的非传统加工方法(包括电火花、电解加工、超声加工、高能束加工等)的基础上,紧密结合材料、控制和微电子技术而发展起来的,并随着产品应快速响应市场需求,正在形成非传统加工方法的新体系。图12-38显示了非传统加工方法的组成和分类。

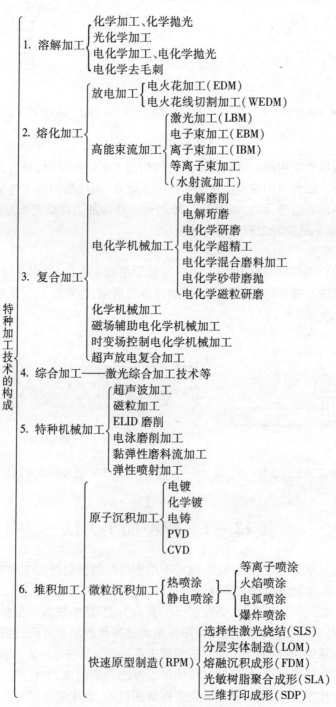

图12-38 非传统加工方法的组成和分类

1. 电火花加工

电火花加工又称电腐蚀加工,包括使用模具电极的型腔加工和使用电极丝的线切割加工。随着加工速度和电极损耗等加工特性的改善,电火花加工得到了很广泛的应用,大到数米的金属模具、小到数微米的孔和槽都可以加工,特别是电火花线切割机床的出现,使其应用范围更加广泛。

图 12 – 39 是电火花线切割加工构成原理图。作为细金属丝(通常直径为 $\phi0.05$ mm ~ $\phi0.25$ mm)的电极,一边卷绕一边与工件之间发生放电,由这种放电能量加工零件。根据零件和线电极的相对运动可以加工各种形状不同的二维曲线轮廓。相对运动由数控工作台在 X、Y 两方向的运动合成实现。驱动工作台的控制系统有简单的开环控制方式,也有精度较高的半闭环控制方式。半闭环控制方式是通过检测驱动系统的回转角等中间量,间接地检测出工作台的位置,并与指令值比较,从而使两者保持一致。

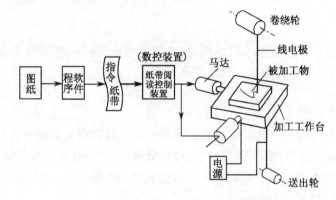

图 12 – 39　电火花线切割加工构成原理

2. 电解加工

电解加工又称电化学加工,是继电火花加工之后发展较快、应用较广的一种新工艺,在国内外已成功地应用于枪、炮、导弹、喷气发动机等国防工业部门。在模具制造中也得到了广泛的应用。

电解加工是利用金属产生阳极溶解的原理将工件加工成型的。图 12 – 40 所示为电解加工的示意图,在工件和工具电极之间接直流电源,工件接正极(阳极),工具接负极(阴极),两者之间保持较小的间隙(通常为 0.02 ~ 0.7 mm),在间隙中间通过高速流动的电解液。

在工件和工具之间施加一定的电压时,工件表面的金属就不断地产生阳极溶解,溶解的产物被高速流动的电解液不断地冲走,使阳极溶解能够不断地进行。电解加工开始时,工件的形状与工具阴极形状不

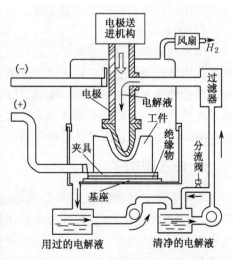

图 12 – 40　电解加工的示意图

同,工件上各点距工具表面的距离不相等,因而各点的电流密度不一样。距离近的地方电流密度大,阳极溶解的速度快;距离远的地方电流密度小,阳极溶解的速度慢。这样,当工具不断进给时,工件表面上各点就以不同的溶解速度进行溶解,工件的型面就逐渐地接近于工具阴极的型面,直到把工具的型面复印在工件上,得到所需要的型面。

3. 激光加工

激光加工是利用光能量进行加工的一种方法。由于激光具有准值性好、功率大等特点,在聚焦后,可以形成平行度很高的细微光束,有很大的功率密度。该激光光速照射到工件表面时,部分光能量被表面吸收转变为热能。对不透明的物质,因为光的吸收深度非常小(在 $100\ \mu m$ 以下),所以热能的转换发生在表面的极浅层,使照射斑点的局部区域温度迅速升高到熔化甚至汽化的温度,同时由于热扩散,使斑点周围的金属熔化,随着光能的继续被吸收,被加工区域中金属蒸汽迅速膨胀,相当于产生一个微型爆炸,把熔融物高速喷射出来。

激光加工包括:

1)激光打孔

激光打孔已广泛应用于金刚石拉丝模、钟表宝石轴承、陶瓷、玻璃等非金属材料和硬质合金、不锈钢等金属材料的小孔加工。激光打孔不需要工具,不存在工具损耗问题,适合于自动化连续加工。

2)激光切割

激光切割的原理与激光打孔基本相同。不同的是工件与激光束要相对移动。激光切割不仅具有切缝窄、速度快、热影响区小、省材料、成本低等优点,而且可以在任何方向上切割,包括内尖角。目前激光已成功地用于切割钢板、不锈钢、钛、钽、锯、镍等金属材料以及布匹、木材、纸张、塑料等非金属材料。

3)激光焊接

激光焊接与激光打孔的原理稍有不同,焊接时不需要那么高的能量密度使工件材料汽化蚀除,而只要将工件的加工区烧熔使其黏合在一起。因此,激光焊接所需要的能量密度较低,通常可用减小激光输出功率来实现。

4)激光热处理

用大功率激光进行金属表面热处理是近几年发展起来的一项崭新工艺。激光金属硬化处理的作用原理是照射到金属表面上的激光能使构成金属表面的原子迅速蒸发,由此产生的微冲击波会导致大量晶格缺陷的形成,从而实现表面的硬化,激光处理法比高温炉处理、化学处理以及感应加热处理法有很多独特的优点,如快速、不需淬火介质、硬化均匀、变形小、硬度高达 60HRC 以上、硬化深度可精确控制等。

4. 电子束加工

电子束加工是在真空条件下,利用电流加热阴极发射电子束,带负电荷的电子束高速飞向阳极,途中经加速极加速,并通过电磁透镜聚焦,使能量密度非常集中,可以把一千瓦或更高的功率集中到直径为 $5 \sim 10\ \mu m$ 的斑点上,获得高达 $10^9\ W/cm^2$ 左右的功率密度。如此高的功率密度,可使任何材料被冲击部分的温度在百万分之一秒时间内升高到摄氏几千度以上,热量还来不及向周围扩散,就已把局部材料瞬时熔化、气化直到蒸发去除。随着孔不断变深,电子束照射点亦越深入。由于孔的内侧壁对电子束产生"壁聚焦",所以加工点可能到达很深的深度,从而可打出很细很深的微孔。

5. 离子束加工

离子束加工原理与电子束加工类似,也是在真空条件下,把 Ar、Kr、Xe 等惰性气体,通过离子源产生离子束并经过加速、集束、聚焦后,投射到工件表面的加工部位,以实现去除加工。所不同的是离子的质量比电子的质量大千万倍,例如最小的氢离子,其质量是电子质量的 1 840 倍,氪离子的质量是电子质量的 7.2 万倍。由于离子的质量大,故在同样的速度下,离子束比电子束具有更大的能量。

6. 其他特种加工

20 世纪 80 年代末,产生了一批新型的高效特种加工技术。这些新兴的特种加工技术已对整个制造业的生产模式产生了深刻的影响,其广泛应用将显著地提高零件和模具快速制造的能力,尤其是下列技术:

1) 快速成形技术(RP&M)

采用了材料堆积成形的原理,突破了传统的去材法和变型法机械加工的许多限制,在不需要工具或模具的情况下,能迅速制造出任意复杂形状又具有一定功能的三维实体模型或零件。迄今,比较成熟并已商品化的 RP&M 成形技术有立体光造型(SLA)、激光选择性烧结(SLS)、分层实体制造(LOM)、熔融沉积制造(FDM)和三维印刷(3D－P)等。这些技术目前除用于将设计图纸或 CAD 模型快速制造成三维实体模型外,在注塑模、冲压模、铸模等模具快速制造,快速制造金属零件,微型机械零件制造等方面的研究也不断取得成功。

2) 等离子体熔射成形工艺技术

它是以等离子体射流为热源,在各种特定的工艺条件下使材料集结成形的零件制造方法。由于等离子体射流具有温度高,能熔化所有材料;喷射速度快,可赋予熔粒以高的动能;工艺参数调整方便,能获得较高的沉积速度;可加惰性保护气体以保证制件内部无杂质等一系列优点,尤其适于陶瓷、复合材料、高硬度高熔点合金等材料形状复杂薄壁件的快速制造,应用前景十分广阔。

3) 在线电解修整砂轮(ELID)镜面磨削技术

它是利用弱电解过程中的阳极溶解现象,对铸铁等金属结合剂金刚石砂轮进行在线电解修整。经修整的砂轮,不仅表面被整平,而且还形成一定厚度的氧化膜层。在砂轮高速旋转时,该膜层摩擦或刮削被加工表面,实现硬脆材料光滑表面的磨削,或定常加工压力的 ELID 研磨抛光(ELID－lap),其中电解修锐参数是影响加工质量的关键。该技术在硬脆材料及金属零件实现高效的精密及镜面一体化加工具有十分广阔的应用前景。

4) 时变场控制电化学机械加工技术

它是利用电化学机械加工中容易实现实时计算机控制的特点,实现加工过程中金属零件表面各处有选择地去除,以达到高几何精度、低表面粗糙度的复合加工方法。其最大特点是可以实现金属零件的尺寸形状精密加工和光整加工的一体化,显著地提高生产率。这一技术在硬齿面大齿轮、修形轧辊等零件的精密加工中,具有极为广阔的应用前景。目前该技术在复杂曲面精密加工方面的应用研究尚在进行。

5）三维型腔简单电极数控电火花仿铣

这是一直受到电加工界普遍关注的技术,曾开展了很多研究工作。但受电极损耗及其补偿的复杂性,特别是尖角部分损耗严重等问题的限制,十多年来始终没有取得有效进展。据调查统计,普通的电火花成形加工电极的制造周期和成本约占模具总的制造周期和成本的50%。因此,这一技术的广泛应用可以节省大量的复杂形状电极的制造费用和时间,前景广阔。

6）电火花混粉大面积镜面加工技术

它是采用在电火花工作液中加入一定的导电粉末以增大放电间隙,使放电点分散的策略来实现的。它能方便地加工出粗糙度不大于 $Ra\,0.8\,\mu m$ 的表面。我国哈尔滨工业大学和大连理工大学也在从事该项技术的研究,并取得了初步的成果。通常模具表面粗糙度改善一级,其使用寿命可以提高50%,但由于模具三维型腔本身形状复杂,抛光过程难以实现自动化,目前仍以手工作业为主。据资料介绍,模具抛光的工作量约占模具制造总工作量的1/3。因此,这一技术的成熟必将大大提高模具型腔加工的效率。

7）磁粒研磨技术

它是利用磁场超距作用高磁导率的散粒体磨料来实现复杂曲面研磨抛光的,其突出的优点是不必严格控制磨头与被抛光表面间的相对位置,易于实现抛光自动化,且抛光工具结构简单,设备成本低。尤其适合于薄壁、细小、内凹零件的抛光。

综上所述,特种加工技术的地位越来越重要,已成为现代制造技术不可分割的重要组成部分。因此,其发展和完善对整个快速制造体系的形成起着关键性的作用。但由于长期以来对这一领域的研究过于分散,缺乏系统性,使得现有的很多种特种加工方法远不能适应制造过程信息化的要求,很难纳入到快速制造系统中。因此,有必要深入研究那些新型的特种加工工艺方法,探索高精度、高效率复合及组合工艺技术。

附录 机械工程事故案例分析

案例分析一 简易升降机重大机械事故

案例简介：

2002年10月24日15时，沈阳盈泰起重机技术服务有限公司制造、安装、管理的简易升降机，在中国北方航空城C座高层住宅楼（28层）电梯井道内往19层运送玻璃（当时升降机上有4人，按规定升降机上不准载人）时，大约在14层升降机钢丝绳突然断裂，升降机底盘坠落在电梯井道底部，造成3人死亡，1人受伤。

事故处理：

经专业工程技术人员调查，此次升降机事故，完全是由于工人不按规章操作，无视操作安全，擅自用升降机载人，严重超载导致重大伤亡事故发生，同时使升降机底盘毁损。在此之后，沈阳盈泰起重机技术服务有限公司，对此特别制定预防事故的预案。同时，在其制造、安装、管理工程人员中，广泛地进行培训教育，以增强员工遵守操作规程，按规章制度办事的意识，安全施工，确保质量，并对有关事故责任人进行了处理。

案例分析：

我们不难看出，这一重大机械事故是一起严重违规操作的事故，极大地危害了公共安全，它不但触犯了《刑法》，同时也违背了安全履行经济合同的规定，因此要附带一定的民事赔偿。

危害公共安全，是指故意或者过失地实施危及不特定或多数人的生命、健康或者公司财产安全的行为：

（1）这类行为的客体，是社会的公共安全，即不特定或多数人的生命，健康或者重大公私财产安全。所谓"不特定"是相对其他行为的"特定"而言，但它并不是说危害公共安全的行为人没有特定侵犯对象或者目标。

（2）这类行为的客观方面，表现为实施危及公共安全，已经造成严重后果，或者足以造成严重后果的行为。

（3）这类行为的主体，一般主体与特殊主体并存。

（4）这类行为的主观方面，一般是由故意造成，也有过失。

由以上的犯罪概念和犯罪构成已经说明，这一起简易升降机事故已构成犯罪，其重大责任事故罪罪名成立，责任人应受到刑事处罚。

重大责任事故罪，是指工厂、矿山、林场、建筑企业或者其他企业、事业单位的职工，由于不服管理、违反规章制度或者强令工人违章冒险作业，因而发生重大伤亡事故或者造成其他严重后果的行为。

本罪的构成要件是：

（1）本罪的客体是工厂、矿山、林场、建筑企业或者其他企业、事业单位的生产、作业的安全。

（2）本罪的客观方面，表现为不服管理、违反规章制度或者强令工人违章冒险作业。

① 行为人的行为必须违反了规章制度，如劳动纪律、保安规程、技术操作规程、作业规程以及劳动保护法等。

② 违反规章制度的行为必须发生在生产、作业过程中，与生产作业有直接联系。如果事故的发生与生产、作业没有关系，不够成本罪。

③ 必须因违章作业行为或者违章指挥行为导致重大伤亡事故或其他严重后果。

（3）本罪的主体，即企业、事业单位的职工，劳动企业中直接从事生产的在押犯，无照施工经营者在施工过程中强令从业人员违章作业，造成重大伤亡事故的，也可以成为本罪的主体。

（4）本罪的主观方面是过失，可以是疏忽大意，也可以是过于自信。

重大责任事故罪的刑事责任：

《刑法》第134条：工厂、矿山、林场、建筑企业或者其他企业、事业单位的职工，由于不服管理、违反规章制度或者强令工人违章冒险作业，因而发生重大伤亡事故或者造成其他严重后果的，处三年以下有期徒刑或者拘役；情节特别恶劣的，处三年以上七年以下有期徒刑。

《刑法》第135条：工厂、矿山、林场、建筑企业或者其他企业、事业单位的劳动安全设施不符和国家规定，经有关部门或者单位职工提出后，对事故隐患仍不采取措施，因而发生重大伤亡事故或者造成其他严重后果的，对直接责任人员，处三年以下有期徒刑或者拘役；情节特别恶劣的，处三年以上七年以下有期徒刑。

《刑法》第137条：建设单位、设计单位、施工单位、工程监理单位违反国家规定，降低工程质量标准，造成重大安全事故的，对直接责任人员，处五年以下有期徒刑或者拘役，并处罚金；后果特别严重的，处五年以上十年以下有期徒刑，并处罚金。

这起重大事故中，责任人不仅触犯了《刑法》，而且违背了经济合同安全履行的要求，在追究其形式责任的同时，还应当负担民事赔偿责任。

《民法通则》第154条：从事高度危险作业，没有按相关规定采取必要的安全防护措施，严重威胁他人人身、财产安全的，人民法院应当根据他人的要求，责令作业人消除危险。

这起重大的升降机事故，完全是由于升降机的操作人员，无视升降机操作规程，疏忽大意，对其过失行为可能造成的重大伤亡事故存在侥幸心理，他们过于自信，同时轻视潜在的运行危险，结果不仅使自身的生命安全遭受严重的威胁，而且还给社会公共安全造成极大的危害。因此，全部法律责任，（包括形式责任附带民事赔偿）应当由4名操作人员和其所在的沈阳盈泰起重机技术服务有限公司承担。

因此，在今后的建筑施工活动中，工程人员必须提高安全意识，严格遵守工程操作规章制度，防患于未然，决不可掉以轻心，本着安全与质量并重的原则，切实做到安全施工、安全生产，为国家和社会做贡献，为企业和员工谋福利！

本案例选自：中国机械事故网

——朱　岚

案例分析二 起重机机械事故案例

案例简介:

2001年12月24日甘肃省天水市天府大厦工地塔机在14点开始进行吊装作业。空吊斗升起过程中,基础节南侧两根弦杆断裂,塔机瞬间向北倒塌,平衡配重砸在塔机北侧天水市秦成区建设路第三小学南教学楼屋顶上,砸穿屋顶及二三层楼板,落到一楼(即四.1班、三.1班、二.1班,三个教室被砸穿),塔身倒塌于教学楼南墙屋面圈梁,起重臂翻转至平衡配重同一侧,其端部落至教学楼北侧的操场,造成3名学生当场死亡,另1名学生和吊车司机送医院后死亡,19人住院治伤,数十人留院观察。

事故处理: 未进入诉讼阶段。

案例分析:

(1)非标准加工制作塔机基座(基础节)是造成这起事故的根本原因。据了解,该事故中所使用的起重机基础节是一次性使用的标准组合件。天水市第一建筑公司从秦成区解放路工地将该设备拆装到天府大厦施工工地,已是整体第三次安装,且没有重新购置符合安装标准的基础节,而是将上次浇入混凝土的基础节上半部分约200 mm切割下来,在施工现场自行制作。自行制作过程中不仅私自换用不合格的材料,且将原基础节四根腹杆取消。从现场观察,基础节上部南侧的两个弦杆拉断,其中西南面弦杆是在倒塌时被撕断的。

(2)该塔机施工单位曾于2001年10月底,用该塔机吊埋在地下的降水井套筒,第一次起吊时拉断麻绳,第二次起吊时又拉断预埋铁管两侧的焊环,仍未将埋铁管拉出,属严重违章。此事发生后,塔身产生晃动,已给基座造成一定程度的损伤,也是这次事故发生的原因之一。

法律分析:

(1)建筑工程承包方应一次性使用标准组合件,但为了节省费用私自偷工减料,结果导致这次事故,根据《中华人民共和国刑法》第15条"应当预见自己的行为可能发生危害社会的结果,因为疏忽大意而没有预见,或已经预见而轻信能够避免,导致发生这种结果的是过失犯罪"。又根据第137条"建设单位、设计单位、施工单位、工程监理单位违反国家规定,降低工程质量标准,造成重大安全事故的,对直接责任人员,处五年以下有期徒刑或者拘役,并处罚金;后果特别严重的,处五年以上十年以下有期徒刑,并处罚金"规定。5人死亡,3人重伤,16人轻伤为特别严重后果,应对主要负责人处五年以上十年以下有期徒刑,并处罚金。

(2)据了解,甘肃省工程运输机械质量监督检验单位受建筑行业主管部门委托,对塔机检验后,结论为:"经对该塔式起重机进行全面检验后,以达准用要求,可以颁发起重机准用证。"而未指出"基础节"部分检验情况,为事故发生埋下隐患。根据《中华人民共和国刑法》第399条"国家机关工作人员滥用职权或玩忽职守,致使公共财产、国家和人民利益遭受重大损失的,处三年以下有期徒刑或者拘役;情节特别严重的处三年以上七年以下有期徒刑"的规定,处塔机检验人员三年以上七年以下有期徒刑。

本案例选自:上海法律网案例精选

——冯文君

案例分析三　机械伤人事故鉴定
及其法律适用

案例简介：

1996年9月30日晨4时许，山东某个体塑料制品加工厂，临时工李某在操作160克塑料注射机时，被挤断右手，导致右上肢肘下部分截肢。在其治疗期间，该个体老板只支付了李某15天的病假工资，并以李某致伤是自己操作不当为理由而拒绝支付任何费用。李某要求个体老板按照人身伤害赔偿给付伤残补助金72 000元，安装假肢费164 000元，赡养父母费用57 600元，精神损害赔偿15 000元，共计308 600元，并向当地法院起诉，请求该老板支付所有费用。

事故处理： 一审法院判决原告胜诉，被告应当支付原告所请求之费用。

案例分析：

法院受案后经查，李某是该工厂临时工人。1996年9月30日晨4时许，在厂内被临时调去操作160克塑料注射机进行工作时，因电路出现故障造成合模开关失灵。李某在用右手取加工件时，两块模板迅速关闭，右手未能及时抽出，发生了右手骨被挤成粉碎性骨折的事故，当日被送到医院抢救，致其右手肘下部分切除（后经鉴定评残为四级伤残）。

由于机器设备缺少必要的安全防护装置，该个体老板也未对李某进行上岗前必要的安全教育，因此，这是一起因工伤待遇引起的劳动争议案件。首先，这起工伤事故的发生是由于被告，即该个体老板违反国家劳动安全卫生法规造成的。根据《劳动法》第52条、第54条规定，用人单位必须建立、健全劳动安全卫生制度，严格执行国家劳动安全卫生规定和标准，对劳动者进行安全卫生教育，防止劳动中的事故，用人单位必须为劳动者提供符合国家规定的劳动安全卫生条件和必要的劳动防护用品。本案中，被告没有对原告进行过上岗前的安全教育，李某在不熟悉安全操作规程、且缺乏安全知识的情况下操作机器，同时塑料注射机没有任何安全防护装置，而且李某是在电路出现故障致使合模开关失灵的情况下受伤的。所以被告对原告在劳动过程中受伤负有不可推卸的责任。其次，劳动保险条例规定，工人与职员因工受伤，由该企业行政方面或资方负担其全部诊疗费、药费、住院费、住院时的膳食费与就医路费；工人受伤后经认定为残废时，应发给因工残废抚恤金或因工残废补助费；因工治疗期间，工资照发。

本案中，原告在工作期间因工负伤，应认定为工伤，并且由劳动鉴定委员会对其伤残情况进行鉴定为四级伤残。原告在负伤治疗期间应按照法律的有关规定，享受工伤保险待遇。根据《劳动法》第70条，第73条及相应法规、规章之规定判处，被告应支付原告所请求之费用。

本案例选自《劳动工伤事故保险与损害赔偿》。

——杨晓洁

案例分析四 林启梁诉漳州市供销合作社电梯事故赔偿纠纷案

案例简介：

漳州市供销合作社大楼共有七层，配有电梯七站七门，该楼财产系市供销社所有，八层天台设有对外营业的露天舞厅，由市供销总公司的下属经理部经营。1995年4月25日晚，原告林启梁夫妇及其朋友一同到被告漳州市供销合作社八楼露天舞厅学跳舞。跳舞后，原告夫妇及其朋友离开舞厅，步行至七楼欲乘电梯下楼，与其同行的阮下龙随即按了七层电梯的电钮，但电梯仍停在三层还未上升，七层电梯的前厅门仍关闭着；与此同时，原告林启梁用手扳开电梯前厅门，随即一脚向前迈进踩空，跌入井道，坠落至停在三楼的电梯轿厢顶部，随同的朋友赶至四楼，撬开四楼电梯前厅门，下到轿厢顶部，将原告救出送到芗城区医院抢救治疗。经法医鉴定，原告受伤情况：脑震荡；多处皮肤挫裂伤；左手背第四、五掌骨骨折。经住院20天手术治疗，基本愈合。现原告左手第四掌骨骨折手术后轻度畸形愈合，头部外伤后遗症综合症。经漳州市劳动安全卫生检查站鉴定：被告漳州市供销合作社七楼电梯层门机械锁锁钩磨损，锁钩固定螺钉未紧固，使锁钩有小角度的转动，所以机械锁不能起到可靠的保护作用，当电梯停靠于三楼层门时，以至乘客能从七楼厅门施加外力扳开层门，致使踏空坠落。被告的电梯管理员也证实其电梯七层前厅门较松动，未作电梯日检查、月检查、年检查的记录，也未在电梯轿厢内外张贴乘客乘梯注意事项的说明。

原告与被告就责任分担、医药费赔偿额数协商未果，原告便诉至漳州市芗城区人民法院，请求法院依照《民法通则》及《消费者权益保护法》的规定，判令被告赔偿其医疗费、护理费、误工费、营养费、继续治疗费、财产（一个BP机及现金）损失费，合计20 347元。

被告漳州市供销合作社辩称：原告应自负该电梯事故引起的损害后果的全部责任。被告电梯存在故障与本案无因果关系，要求判决驳回原告的诉讼请求。

事故处理：

漳州市芗城区人民法院审理认为：原告林启梁与被告漳州市供销合作社均有过错。被告未完全严格执行劳动部《起重机械安全监督规定》中有关电梯安全使用、安全管理、检查等制度的规定，未在电梯轿厢内外张贴"乘客乘梯注意事项"的说明，未能及时发现、排除故障，使机械锁不能起到可靠的保护作用，导致原告能从七楼厅门施加外力扳开层门，踏空坠落致伤，被告有过错。原告林启梁已成年，系有行为能力的人，应当预见到电梯轿厢不在同层时从前厅门扳开电梯层门会跌入井道的危险，而未预见，却用手从前厅门扳开层门，跌入井道，导致损害后果发生，本人也有过错。因此，原、被告对该电梯事故造成的人身损害后果均应承担责任。被告应承担原告受伤住院的住院费、医疗费、手术费等4 337.76元。原告住院期间的护理费、误工费应自负。原告要求被告赔偿其营养费7 000元，缺乏法律依据，不予采纳；要求被告赔偿其继续治疗费4 000元及财产损失2 780元的请求缺乏证据证实，不予采纳。依照《中华人民共和国民法通则》第119条、第131条之规定，该院于1995年11月17日判决如下：

（1）被告漳州市供销合作社应于本判决生效后七天内赔偿原告医疗费等人民币4 337.76元。

（2）驳回原告林启梁要求被告赔偿继续治疗费、财产损失费6 780元的请求。

判决后，原、被告双方均未提起上诉。

案例分析：

在这起因电梯事故引起的人身损害赔偿案件中，双方争议的焦点是原、被告是否存在过错，被告的过错与本案人身损害后果是否存在联系，是否须承担民事责任等。

通过对本案的分析可以看出：首先，被告电梯存在故障是该电梯事故发生原因之一。电梯机械锁的作用是当电梯轿厢不在某一层楼停靠时，这一楼的层门被机械锁锁闭而不能开启。由于被告电梯七层层门机械锁锁钩磨损，锁钩固定螺钉未紧固，使锁钩有小角度的转动，所以机械锁不能起到可靠的保护作用，当电梯停靠于三楼层门时，以至原告能从七楼厅门施加外力扳开层门致使踏空坠落。

其次，被告存在过错，且过错与本案发生后果有联系。电梯的运行是靠其精密设备、安全装置及安全技术操作、严格安全管理制度、保养制度来保证安全的。被告是该电梯的所有人、使用单位，负有保障该电梯安全运行的法定义务，被告却违法不作为，即未能执行劳动部《起重机械安全监督规定》中有关电梯安全使用、安全管理、检查、检验的规定，且疏忽大意未及时排除故障，未在电梯前厅门内外张贴"乘客须知"说明，致使乘客从电梯前厅门扳开电梯层门，跌入井道致伤。显然，被告过错行为与本案人身损害后果发生存在因果关系。

再次，原告林启梁主观也有过失，其应预见而未预见电梯不在同层时，扳开层门有跌入井道坠伤直至死亡的危险性；客观上，原告在电梯轿厢仍停在三层、七层层门仍关着时，便用手扳开层门，才跌入井道坠伤。因此原告应承担本案次要责任。

本案例选自《人民法院案例选》东方律师网

——康 雪

案例分析五　挂钩缺陷引起的产品责任索赔案

案例简介：

兰伯特先生是个农场主，拥有一个陆地靶场。当他的雇员正拉着一拖车石头沿路行走时，拖车脱离了陆地靶场猛冲到公路上，击中了一辆家庭汽车，造成了一场惨剧。事故发生时，拖车的轴和把手都失灵了，兰伯特先生据此认为拖车有缺陷，到法院起诉拖车的提供者——刘易斯，要求其赔偿损失。

事故处理：

初审法院在审理此案时，发现拖车挂钩有设计缺陷，在高速公路上行驶有危险。该事故发生时，轴和把手都已失灵，但法官判定，挂钩在事故发生前三至六个月已处于这种状况。而"在挂钩明显损坏时，农场主没有采取任何措施进行修理，甚至根本没有确定继续使用该挂钩是否安全，而继续使用这种损坏的挂钩达几个月之久"。农场主对挂钩的损坏，以及可能产生的危险应该是知道的。据此，法院判定农场主承担25%的责任，制造商承担75%的责任，销售商因无过失不承担责任，因为销售商购买了信誉很高的厂商制造的挂钩，而该挂钩的设计缺陷不是通常的检验所能发现的。

案例分析：

承担产品责任侵权赔偿责任必须具备三个前提条件，即产品有缺陷，缺陷包括设计上的缺陷、制造商的缺陷和指示上的缺陷。有缺陷的产品确实造成了他人的人身伤害或财产损失，也可以说损害已实际产生，产品缺陷与损害事实之间有因果关系。本案中，产品——本案中的拖车有缺陷是法院已认定的，损害事实也是实际存在的，关键要看产品缺陷与损害事实之间是否存在因果关系。任何一个事件的发生往往都是由多种原因造成的，一个原因直接导致一个结果发生的情况很少见。在产品责任案件中，损害事实的出现常常也不是单一原因造成的。本案中，拖车在刹车装置设计上的缺陷是该事故发生的一个重要原因，当带有环形附加装置的拖车被拉起时，防止挂钩分离的措施是通过操纵附在轴上的把手来刹住机械装置，因单轴或把手出现问题便可能产生危险。但是，事实上，在缺陷显露出来与损害事实发生之间还有一段时间，作为农场主的兰伯特应当也能够采取措施阻止损害事实的发生，换句话说，兰伯特有充分的时间和能力使产品缺陷与损害事实间的因果关系中断，但是他没有这么做，惨剧发生了。对此事故的发生，农场主也有责任。因此，有位议员对此案发表看法时说：这次事故"并不因为挂钩设计缺陷而产生，而是产生于他自己的过失——当他知道挂钩损坏了，没对其进行修理，也没确认该挂钩是否还能安全使用。"

对于本案的处理，直接关系到产品责任法的一个免责的问题，即如果除了因产品缺陷造成了他人人身伤害、财产损失外，还同时因为其他原因，即受害人自己的部分原因，此时，涉及到产品的制造者能否免除产品责任的问题。本案在处理中，没有完全免除制造商的产品责任，但却减轻了制造商的产品责任，使得制造商只承担75%的责任。

关于产品缺陷在内的多个原因造成他人人身伤害、财产损失，缺陷产品的制造商如何承担责任的问题上，各国法律规定不一。根据德国产品责任法，如果损害是由产品的缺陷和第三人的作为和不作为共同造成的，不减轻生产者的责任。而英国1987年《消费者保护法》则规定：

原告和被告对造成损害有共同过错,被告可部分免责。欧洲理事会《涉及人身伤害与死亡的产品责任公约》规定,如果受害人或者有权索赔人因自己的过失而造成的损害,生产者可以根据有关情况减少或拒绝赔偿。

从理论上讲,由于产品缺陷与受害人的过失共同造成的他人人身伤害和财产损失,可以称作由于混合过错造成他人人身伤害或财产损失。这里,所谓混合过错,是实质损害的发生或者扩大,不仅生产者有过错,而且受损害的消费者自己也有故意或重大过失。由于损害结果是由产品缺陷和消费者的行为共同造成的,因此就要根据过错的大小和过错的程度,确定它们各自的责任。混合过错有很多种,但无论是哪一种形式,由于损害是由加害人与受害人共同造成的,因此这时的赔偿责任也应当是混合的,即加害人与受害人必须同时担负与自己过错程度相适应的责任。受害人有过错时,之所以减轻缺陷产品的制造者的侵权赔偿责任,是因为在某些时候,受害人自身的过错是损害事实发生的一个重要原因,比如受害人的过错构成了事故本身的原因。消费者接受了有缺陷的产品,但可能由于他没遵守使用说明而引起损害。再如受害人的过错可能不是事故的起因,但却对损害事实的出现起了一定的作用。受害人坐在朋友汽车的减速器上,由于方向盘的缺陷,使其造成伤害,他自身对伤害的形成也负有一定的责任。还如受害人的过错可能是他对伤害没有采取合理注意的态度。

当然,也有一种观点认为,只要产品有缺陷,损害事实已发生,产品缺陷与损害事实之间有因果关系,就足以认定产品生产者的产品责任,而不必去管其他人是否有责任、是否有过错。严格责任的产品责任制度发展到今天,对生产者的要求已越来越高,严格程度也越来越强,不能轻易减轻或免除生产者的产品责任。

我国颁布的《产品质量法》中,对于由于缺陷产品与受害人共同造成损害的问题未作规定,因此,在出现上述情况时不能免除生产者、销售者的产品责任。但是,能否减轻生产者、销售者的责任,可以在司法实践中不断摸索,根据实际情况而定。我国《产品质量法》在这几个问题上之所以未作详细规定,归纳起来有以下几个原因:

(1)我国《产品质量法》包括两大部分内容,即产品质量监督管理和产品质量法律责任。这两方面的内容都很重要,但一部法律的篇幅却不能无限制地拉长,因此,对每部分内容的规定,只能是概括的、重点突出即可,而不能面面俱到。产品责任理论在西方国家已经发展成一套较完整的法学理论,内容之多,情况之复杂,是其他很多法律没法比的,因此,我国《产品质量法》的产品责任部分,有些内容并未规定进去。

(2)我国在《产品质量法》颁布实施的同时,还制定了《产品质量实施细则》。《产品质量实施细则》对《产品质量法》的很多内容进行了细化、具体化。因为在社会实践中,存在各种产品责任方面的纠纷,社会实践要求这部分内容必须具体化,而且具有很强的操作性,关于产品责任的分担等各种具体问题在《实施细则》中得到规范。

(3)我国在产品责任法方面的立法刚刚开始,缺乏经验,在法律规定中所规定的内容不全面、有疏忽都是有可能的。在以后的修改中希望能有所改进,使法律的规定更具体、更全面。

本案例选自《产品质量责任案例评析》

——刘 芳

案例分析六 四川宜宾南门大桥垮塌案

案例简介：

2002 年 11 月 7 日凌晨 4:30,四川宜宾市南门大桥南北两端相继发生吊索断裂事故,导致南北两端桥面分别垮塌 40 米和 20 米。导致两辆汽车坠入江中,一艘小船被毁,有 2 人死亡,2 人受伤。并导致了南北交通中断,造成了巨大的经济损失。

根据参加宜宾南门大桥坍塌事故调查的一位专家透露,这种桥梁结构,中间的吊杆受力相对小,两端的吊杆受力相对大。而对断裂的 4 对 8 根吊杆所作检查发现,承重钢缆的吊杆的确有一部分生了锈,影响了承重能力。这表明大桥吊杆的防护措施失效。众所周知,吊杆起着悬挂桥面的关键性作用,由承重钢缆和套于其外的钢管组成。为了起到防护作用,在修建大桥时往钢管里灌注了砂浆。

事故处理：

事故正在调查和处理过程中。

案例分析：

根据机械工程相关知识,该桥是一座提篮式跨江大桥,主要由主拱、桥面和 17 对钢绳组成。由于造型特殊,因此钢绳起到提拉和传力作用;钢绳则由主拱和桥面下的锚固锁固定,如果锚固施工不当,发生钢绳松动,就可能产生桥面断裂。而且因宜宾大桥设计有缺陷造成了检修不易,即钢绳外通常裹有防锈的黄油,并套上钢管,此外,锚固锁外还筑有混凝土,检修很不易,并且这种动态式的悬吊式设计很可能有问题,从南门大桥断裂的状况看,两边的断裂处都是在主桥与引桥的结合点,恰恰也是吊桥动态与静态的结合点,因受力不均,一边垮塌后,使桥面的支撑力发生波浪形摆动,造成另一边也垮塌;而该桥北断面呈倒梯形,南面裂处较规则也证实了这一点。值得提出的是桥的伸缩缝过大,部分施工材料不合格也是造成桥面断裂的原因之一。我们知道工程设计要符合功能要求和工作性能要求,满足安全性要求,而在本案中却没有体现出来。

四川省宜宾市南门大桥是属于公路桥梁,关于建设设计方面的问题适用《中华人民共和国公路法》,根据该法第 26 条规定公路建设必须符合公路工程技术标准。承担公路建设项目的设计单位、施工单位和工程监理单位,应当按照国家有关规定建立健全质量保证体系,落实岗位责任制,并依照有关法律、法规、规章以及公路工程技术标准的要求和合同约定进行设计、施工和监理,保证公路工程质量。在南门大桥垮塌案中由于设计单位的设计不合理导致检修不易,进而导致承重钢缆一部分生了锈,影响了承重能力,并最终致使大桥垮塌,如果要追究法律责任的话,应该依法追究大桥设计单位和设计者的责任。既然要承担责任,那么应该承担什么责任呢? 如何承担呢? 本事故造成了 2 人死亡,2 人受伤,两辆汽车坠入江中,一艘小船被毁以及其他间接经济损失的严重后果,首先应该追究设计者的刑事责任,在可能的情况下可以追究其经济责任;同时我们应该依法追究设计单位和其负责人的责任,对他们主要是经济责任和行政责任。

在本案中还涉及到由于部分施工材料不合格导致大桥垮塌。由于它属于建设工程使用的建筑材料、建筑构配件和设备,属于《中华人民共和国产品质量法》规定的产品范围,适用《中华人民共和国产品质量法》。因此我们应该依第 64 条之规定:违反本法规定,应当承担民事赔偿责任和缴纳罚款、罚金，其财产不足以同时支付时，先承担民事赔偿责任。追究相关生产者和销售者的责任，并可以依法要求赔偿，在本案中可以要求他们承担由此造成的经济损失。当然在本案中由于大桥的结构设计不合理是导致大桥垮塌的主要原因，对此，设计单位和设计者应该承担主要责任，而材料的生产者和销售者的责任属于次要责任。

本案例选自：新浪网

——卢国涛

案例分析七 民用灶热水器爆炸事故案

案例简介：

2000年9月25日,湖北省利川市东城办事处318国道1689公里处的交通餐馆发生一起民用灶热水器爆炸事故,致使3人当场死亡,1人重伤。使用热水器的厨房完全坍塌。

事故处理：

● 热水器爆炸前的状况

该热水器由个体焊接门市部制造,属小型热水锅炉。该热水器为环状圆柱体,外壳内径350 mm,高360 mm。外壳和内胆用钢板卷制对接焊接,两快环状钢板嵌入外壳和内胆角接焊接,钢板厚度15 mm,进、出水管分别焊接在外壳的下部和上部,热水器无其他接管。在厨房内,该热水管上装有一只D15的止回阀。餐馆外的进水管装一只D20球阀(无手柄)作总阀和一只D15水表,进水流程为:自来水→D20球阀→大小头→D15水表→D15止回阀→热水器。热水器的出水管至各用热水点,出水处均装有阀门,出水管径D15 mm。

● 爆炸后对热水器及管路的勘察情况

爆炸后,热水器位置基本不变,热水器上部环状钢板角接焊缝大部分脱开,与外壳有长760 mm的角接焊缝完好,与内胆角接焊缝全部脱开,上部环状钢板翻开角度约135°,断口显示,钢板角焊处约4 mm厚度未焊透。下部环状钢板与上壳和内胆连接完好,钢板表面有明显外凸。热水器接管沿接头丝扣部分断开,在厨房灶边勘察到一只DN15、PN1的圆形止回阀,其丝扣内的直接头断口与厨房进水管的直接头断口完全吻合,止回阀安装方向正确。用自来水对止回阀作通水试验,结果证明,止回阀动作灵敏,止回严密。进水总管的D20球阀和D15水表完好。

● 事故原因技术分析

根据现场勘察的热水器制作和安装情况,该热水器在未使用热水时,热水器出水管阀门均处于关闭状态,热水进水管止回阀止回严密,热水不能倒流,热水器内热水处于密封状态。在长时间强烈受热后,热水器内水的温度逐渐升高,压力增长,直到远大于自来水压力而发生超压爆炸。技术分析认为,该热水器在大于或等于自来水压力下、密封承压使用和无安全泄压保护装置是造成爆炸事故的主要原因。

这是一起由热水器爆炸引起的事故,引起爆炸的热水器由个体焊接门市部制造,属小型热水锅炉。根据事后对热水器及管路的勘察情况,技术分析认为,该热水器在大于或等于自来水压力下密封承压使用和无安全泄压保护装置是造成事故的主要原因。可见,产品质量不合格是造成事故的原因。

案例分析：

根据《消费者权益保护法》第41条之规定,经营者提供商品服务造成消费者或者其他受害人人身伤害的应当支付医疗费;治疗期间的护理费,因误工减少的收入等费用,造成残疾的还应当支付残疾者生活自助具费,生活补助费,残疾补偿费以及由其扶养的人所必须的生活费等费用,构成犯罪的依法追究刑事责任。该热水器的制造经营者应依法对他人造成的人身损害承担民事赔偿责任,依法赔偿受害者的损失。同时根据《中华人民共和国刑法》第146条之规定,生产不符合保障人身、财产安全的国家标准、行业标准的电器、压力容器、易燃易爆产品或者其他不符合保障人身、财产安全的国家标准、行业标准的产品，或者销售明知是以上不符合保障人身、财产安全的国家标准、行业标准的产品，造成严重后果的，处五年以下有期徒刑，并处以销售金额50%以上两倍以下罚金；后果特别严重的处五年以上有期徒刑，并处销售金额50%以上两倍以下罚金。因此该生产经营者的行为已构成了生产销售伪劣商品罪，造成严重后果，应依法承担刑事责任。

本案例选自：国家质量监督检验检疫总局锅炉压力容器检侧研究中心网站

——张　爽　谢梅香

案例分析八 实验室电机坠落砸伤试验人员事故案

案例简介:

1994年9月某地某研究所实验室利用MD型双速钢丝绳电动葫芦在调运实验物品中,电动葫芦上的慢速驱动电动机从空中突然坠落,造成地面试验人员受伤事故。

事故处理:

事故现场起重设备MD型电动葫芦已失去运转的机能,坠落到地面上的慢速驱动电动机已被摔坏,水磨石地面局部遭到破坏,地面上一试验员甲的腿部被弹起的电动机撞伤。

从事起重的设备是一台MD型双速钢丝绳电动葫芦,起重质量$G = 200\ kg$,起重高度$H = 6\ m$,起升速度$v_1 = 8/0.8\ m/min$,人车运行速度$v_2 = 20\ m/min$。MD型电动葫芦为双速电动葫芦,结构形式为双电动机组驱动装置:快速起升(8 m/min)时,主电动机动作;慢速起升(0.8 m/min)时,子电动机动作;子、母电机之间通过1:10速比的齿轮传动,慢速电机动作时,主电机轴为传动轴。

近几年来常发生MD型电动葫芦慢速电动机脱离葫芦本体从空中坠落的伤人事故。本案中,因为慢速驱动电动机与葫芦本体连接的固定螺栓松动,造成慢速驱动电动机从母体脱落而从空中坠落伤人。MD型电动葫芦为非跟随地面操纵型。起重设备操作者乙根本意识不到葫芦上的电动机会从空中坠落,只顾集中精力操作,电动葫芦的子电机因连接固定的螺栓松动而脱离本体从空中坠落,砸到水磨石地面上弹起并击中甲腿部,使其腿部重伤。

案中的试验员甲可以向有关责任人提出赔偿请求。我国《民法通则》第119条规定:侵害公民身体造成伤害的,应当赔偿医疗费、因误工减少的收入、残废者生活补助费等费用。试验员甲有权通过正当手段维护自己的合法权益。

案例分析:

关于本案的责任人问题。

第一,关于操作者乙。《民法通则》第106条规定:公民、法人由于过错侵害国家、集体的财产,侵害他人财产、人身伤害的,应当承担民事责任。没有过错,但法律规定应当承担责任的,应当承担民事责任。本案中的试验员乙,在当时的情况下不可能预测到电动葫芦上的电机会坠落,因为正集中精力操作葫芦的运行;且电机的脱落也并非他的工作失误。根据《民法通则》第126条:建筑物或其他设施以及建筑物上的搁置物、悬挂物发生倒塌、脱落、坠落造成他人伤害的,他的所有人和管理人应当承担民事责任,但能够证明自己没有过错的除外。乙作为机器的操作者即管理人并无过错,所以,乙不应当承担责任。

第二,关于实验机械的生产厂家。经调查,已发生多起MD型电动葫芦慢速电机脱离葫芦本体从空中坠落伤人事件,且都与本案一样,是由于固定螺栓松动造成。那么,像这种因设计不合理而引起事故的责任应当由生产商负责。《民法通则》第122条规定:因产品质量不合格造成他人财产、人身伤害的,产品制造者、销售者应当依法承担民事责任。

关于受害人的赔偿问题。

第一,关于解决纠纷的方式。《产品质量法》第35条规定:因产品质量发生纠纷时,当事人可以通过协商或者调解解决。当事人不愿通过协商、调解方式解决或者协商、调解不成的,可以根据当事人双方的协议向仲裁机构申请仲裁;当事人各方没有达成仲裁协议的,可以向人民法院起诉。所以,试验员甲可以与机器的生产厂家协商、调解或申请仲裁;没有达成协议的,他还可依法向法院起诉。

第二,关于侵权赔偿的范围。《产品质量法》第 32 条规定:因产品存在缺陷造成受害人人身伤害的,侵害人应当赔偿医疗费、因误工减少的收入、残疾者生活补助费等费用。因此,本案受害人试验员甲可向生产厂家索取必要的医疗费、误工费等费用。

关于本案的诉讼时效问题。

如果本案进入诉讼程序,当事人应在一年内向人民法院提起诉讼请求。《民法通则》第136 条规定,身体受到伤害要求赔偿的,诉讼时效为一年。否则,其所享有的赔偿请求权不再受法律保护。

本案例选自:《起重机械事故案例分析》

——马鸿雁

案例分析九　铸铁烘缸爆炸事故案

案例简介：

2000 年 5 月 24 日 16 时 25 分，河北省大西良村新发造纸厂一台铸铁烘缸发生爆炸；造成 2 人死亡，1 人受伤，直接经济损失 30 万元。工厂被迫停工停产。

当时，新发纸厂烘缸轴承修复后开始运行。16 时 25 分，缸体突然发生爆炸，在缸体南侧的一操作工被爆炸物打中头部，在缸体东侧另一操作工，连同缸盖穿墙被打到东边的成品库内，造成头部和内脏出血，当场死亡；还有一操作工被爆炸气浪推出，划破头部。事故现场，该烘缸直径为 2 500 mm，宽度 1 350 mm。断裂面基本为一平面，垂直于轴线，距东侧边缘 1 400 mm，西侧 1 210 mm 长的缸体连同齿轮，进气管穿透 240 mm 厚的砖墙。齿轮及两侧的铁支柱断裂，东侧的钢架平台被缸盖打断，车间顶的石棉瓦大部分被气浪震落，两块压力表被炸坏。

事故处理：

事故主要原因有：第一，超温超压运行。据反映，该烘缸运行压力曾达到 0.7 MPa，而我国标准 ZBY 91003—88《造纸机械用铸铁烘缸技术条件》第 32 条规定，烘缸的设计压力分 0.3 MPa 和 0.5 MPa 两种，运行压力大大超过了标准规定值；第二，不按法规规定的时间检验。断口处存在原有断裂痕迹。升压（司炉工反映此时锅炉气压为 0.45 MPa）过快，而烘缸的疏水阀门未打开，只有一条输水管通锅炉房蓄水池，排水不畅。烘缸内存过多冷凝水，造成较大的温度应力，最终导致悲剧；第三，该厂的锅炉压力容器、压力管道方面的管理非常混乱。厂内 3 台烘缸无任何资料，从 1994 年至今未办理注册登记手续，无使用登记证，安全附件未及时校正，烘缸未安装安全阀，其中，超压运行是这次爆炸事故的直接原因。

案例分析：

综上所述，这次事故的主要原因是厂主的盲目指挥，应该以渎职罪起诉该厂主。厂主身为主要负责人，对厂内的安全工作不重视，严重缺乏专业知识，导致悲剧的发生。受伤工人有权向厂主索赔，要求医疗费、护理费、精神损失费。该厂主应负主要责任。

部分以机械操作为主的单位，其领导对机械操作知识相对缺乏，造成严重的机械事故，应引起高度重视，掌握基本的机械工程知识非常必要。

本案例选自：国家质量监督检验总局锅炉压力容器检测研究中心

——吴 韬　李 勤

案例分析十 产品设计缺陷致人伤害纠纷案

案例简介：

某单位技术员张某使用气筒给自行车充气时，气筒拉杆及活塞弹出，手柄与拉杆脱落，拉杆顶部打在张某左眼下部的三角区，即刻倒地，后经医院诊断为"急性开放性颅脑损伤，脑内出血，颅底骨折"，经手术治疗后，张某一直神志不清。造成此事故的气筒为外埠某气筒厂生产，本市某商厦经销。张某家属向人民法院提起民事诉讼，要求产品的生产者、销售者对缺陷产品造成的侵权损害进行赔偿。

事故处理：

人民法院受理此案后，在查清案情的基础上先行进行调解。被告商厦认为，产品为商厦经销属实，商厦在产品进货时已履行进货验收，产品标识符合法律要求，因内在质量问题造成人身伤害，在生产企业明确的情况下，赔偿责任应由其承担。被告气筒厂认为，气筒确属本企业生产，该气筒系商业部的部优产品，完全符合 ZBY 89 001—88《打气筒》行业标准的要求，产品不存在质量问题，气筒拉杆及活塞弹出系使用不当造成，故不同意赔偿原告经济损失，但考虑原告遭受的不幸，同意给其 1 万元作为人道主义的补偿。在争议双方调解不成情况下，人民法院依法开庭审理。

被告气筒厂在庭审时称：我厂生产的打气筒完全符合国家有关标准规定，不存在缺陷；同时每支打气筒出厂时都附有说明书，其中注明："产品自售出之日 3 月内，由于制造质量问题，可持本说明书和发票免费修理或更换，本厂实行"三包"。原告使用了一年的打气筒，远远超出"三包"期限，本企业不负赔偿责任。另外称原告使用不当致伤，不应追究生产企业的产品质量责任。原告在使用该气筒前未检查手柄与拉杆连接是否牢固，致使拉杆及活塞弹出，由于原告疏忽酿成严重的后果，其责任显然应当自负。事实证明，该气筒不存在质量不合格的问题，生产企业理所当然地不承担赔偿责任。

人民法院经过审理认定，因产品质量不合格造成的他人财产、人身损害的，产品制造者、销售者应当依法承担民事责任。根据查明的事实，原告张某在使用该气筒前未检查手柄与拉杆连接是否牢固，当拉杆及活塞弹出后，手柄与拉杆脱落将原告致伤，但是，引发此次事故的是原告使用被告生产的气筒，在遇有气路不畅、压力增大的情况下，活塞及拉杆被反弹出气筒外，伤害了原告并造成较大经济损失，该气筒在设计上未能增加保护装置，产品设计存在缺陷，故生产厂家即被告应当承担相应的责任。为此，作出判决：

（1）被告某气筒厂一次性赔偿原告张某医疗费、护理费、营养费、伤残补助费 8 万元人民币。

（2）诉讼费 3 480 元，由原告张某负担 500 元，被告气筒厂负担 2 980 元。

案例分析：

这是一起因产品存在缺陷而给消费者和用户带来严重人身和财产损害的典型案例。这类事件在近几年的社会经济生活中时有发生。

所谓产品缺陷是指产品存在危机人身、财产安全的不合理的危险；产品有保障人体健康、人身、财产安全的国家标准、行业标准。产品缺陷不仅可以包括产品内在的质量存在可能危及消费者和用户的人身财产安全的不合理危险，而且可以包括产品的设计、产品的使用操作说明、包装装潢等方面存在不合理的危险。而统称的产品不合格，是指产品不具有应当具备的使用性能，或者某些技术指标不符合要求，但这种不合要求并不会危及人身、财产安全。

本案中，引起原告伤害系属被告生产的气筒，在遇有气路不畅、压力增大的情况下，活塞及拉杆被弹出气筒外。此属气筒在设计上未能增加保护装置，产品设计存在缺陷。根据《产品质量法》第29条规定承担产品责任的"三要件"：一是产品存在缺陷，包括设计、制造、指示上的缺陷；二是有缺陷产品造成了他人人身伤害或财产损失的损害事实；三是缺陷产品与损害事实之间有因果关系。本案中，被告确因气筒发生事故造成损失，符合"因缺陷产品造成了他人人身伤害的损害事实"要件。而且该损害与产品缺陷有因果关系。《民法通则》122条，因产品质量不合格造成他人财产人身损害的，产品制造者、销售者应当依法承担民事责任。此案中，法院判被告气筒厂和商厦负担产品侵权损害责任是正确的。至于被告声称产品符合行业标准，经检验产品也达到标准要求，故不应承担责任的理由对照法律的规定即可看出难于成立。所谓行业标准一般是指由国务院有关行政主管部门，对尚缺乏国家标准而又有必要在全国某个行业范围内统一技术要求的，制定并报国务院标准化行政部门备案的标准。制定每一标准，要求有科学依据，包括制定标准的依据、有关的技术参数，指标性能要求和试验方式或方法，乃至预期的经济效益、技术经济状况和与同期国外同类标准水平的比较等等。按照标准组织生产，不能排除个别缺陷产品的产生，也正是由于缺陷产品造成事故为偶然，故气筒厂除承担民事侵权损害赔偿外，可不承担行政、刑事的责任。

本案中，法院判定被告承担赔偿责任的根据在于该事件侵犯了公民的人身权。人身权包括身体权、生命权和健康权。此案中显然是侵犯人的身体权。所谓身体权就是自然人维护其身体组成部分的完整，安全并支配肢体器官和其他组织的人格权。侵害身体权就是侵害身体组成部分的完整性，包括实质完整和形式上完整。本案经医院诊断张某"急性开放性颅脑损伤，脑内出血，颅底骨折"这显然严重侵犯了张某的身体权，根据《民法通则》119条，"侵害公民身体造成伤害的，应当赔偿医疗费用、因误工减少的收入、残疾者生活补助费用；造成死亡的，并应当支付丧葬费、死者生前抚养的人必要的生活费等费用。"被告理应承担损害赔偿责任。

此案还涉及到了举止责任的问题。在我国根据产品责任这一特殊的民事责任，实行无过错的归责原则。其构成要件有二：一是产品质量确属不合格；二是损害的发生与该产品具有因果关系。具备这两个要件，即构成产品责任。在实行无过错责任的情况下，被告不可能以自己没有过错而免除责任。即只要有实际的人身损害或财产损失事实，判定被告承担责任。这一原则和理论，充分体现了保护消费者、弱者的原则。美国在处理此类案件时也采取类似的原则，但与我国不同的是，其实行巨额赔偿，而我国只赔偿医疗费、误工费、残疾人生活补助费，实际中这种赔偿数额很少，而且很少有精神损害赔偿。所谓精神损害赔偿各国规定不同。《瑞士民法典》28条"任何人在其人格受到不法侵害时，可诉请排除侵害。"诉请损害赔偿或给付一定数额的抚慰金，只有在本法明确规定的情况下，使得允许。至于"法律明确规定的情况"立法上均予以明示，一般包括盗用姓名、违反婚约、致人死亡或身体损害、侵害自由权、生命权、名誉权、肖像权以及人身关系等情形。我国只规定姓名权、肖像权、名誉权、荣誉权可以要求精神损害赔偿。可见，我们的立法有待完善。

综上所述,有关技术、产品设计方面发生的人身伤害,其中,产品责任事故的损害赔偿、产品缺陷的分析、侵权归责责任、人格权以及损害赔偿是理解本案的关键。

本案例选自:"以案说法——侵权民事责任篇"

张佳丽

参 考 文 献

1　张春林,张美麟,曲继方主编. 机械创新设计. 北京:机械工业出版社,1999

2　邹彗君,傅祥志,张春林,李杞仪主编. 机械原理. 北京:高等教育出版社,1999

3　范钦珊等主编. 工程力学教程. 北京:高等教育出版社,1999

4　李桌球主编. 理论力学. 武汉:武汉理工大学出版社,2001

5　罗应社主编. 材料力学. 武汉:武汉理工大学出版社,2001

6　吕广庶,张远明. 工程材料及成形技术基础. 北京:高等教育出版社,2001

7　杨慧智. 工程材料及成形工艺基础. 北京:机械工业出版社,1999

8　郑明新. 工程材料. 北京:清华大学出版社,1997

9　沈莲. 机械工程材料. 北京:机械工业出版社,1999

10　陶岚琴,王道胤. 机械工程材料简明教程. 北京:北京理工大学出版社,1991

11　胡赓祥,蔡珣. 材料科学基础. 上海:上海交通大学出版社,2000

12　任福东. 热加工工艺基础. 北京:机械工业出版社,1997

13　陈金德,邢建东. 材料成形技术基础. 北京:机械工业出版社,2000

14　陈金德. 材料成形工程. 西安:西安交通大学出版社,2000

15　陈平昌,朱六妹,李赞. 材料成形原理. 北京:机械工业出版社,2001

16　陈玉喜. 材料成型原理. 北京:中国铁道出版社,2002

17　吴德海,任家烈,陈森灿. 近代材料加工原理. 北京:清华大学出版社,1997

18　安阁英. 铸件形成理论. 北京:机械工业出版社,1990

19　王寿彭. 铸件形成理论及工艺基础,西安:西北工业大学出版社,1994

20　汪大年. 金属塑性成形原理(修订本). 北京:机械工业出版社,1986

21　吕炎. 锻造工艺学. 北京:机械工业出版社,1995

22　肖景容,姜奎华. 冲压工艺学. 北京:机械工业出版社,1990

23　陈伯蠡. 焊接冶金原理. 北京:清华大学出版社,1994

24　曾乐. 现代焊接技术手册. 上海:上海科学技术出版社,1993

25　李德群. 塑料成型工艺及模具设计. 北京:机械工业出版社,1994

26　刘康时. 陶瓷工艺原理. 广州:华南理工大学出版社,1990

27　焦永和,林宏主编. 画法几何及工程制图. 北京:北京理工大学出版社.2001

28　濮良贵,纪名刚主编. 机械设计. 北京:高等教育出版社.1996

29　黄华梁,彭文生主编. 机械设计基础. 北京:高等教育出版社.1995

30　范思冲主编. 机械基础. 北京:机械工业出版社.1999

31　周立新主编. 机械设计基础. 重庆:重庆大学出版社.1996

32　章宏甲,黄谊,王积伟. 液压与气压传动. 北京:机械工业出版社,2000

33　许福玲,陈尧明. 液压与气压传动. 北京:机械工业出版社,1997

34　刘青荣,宋锦春,张志伟. 液压传动. 北京:冶金工业出版社,1999

35 徐克林.气压技术基础.重庆:重庆大学出版社,1997

36 成大先.机械设计手册(第四卷).第三版.北京:化学工业出版社,1993

37 陈兆能,余经洪.液压设备状态监测与诊断.上海:上海科学技术文献出版社,1997

38 嵇光国,吕淑华.液压系统故障监测与排除.北京:海洋出版社,1992

39 赵松年等.现代设计方法.北京:机械工业出版社,2001

40 刘增宏,黄靖远.虚拟设计.北京:机械工业出版社,1999

41 孟明辰,韩向利.并行设计.北京:机械工业出版社,1999

42 刘志峰,刘光复.绿色设计.北京:机械工业出版社,1999

43 机械工程手册编辑委员.机械工程手册:机械制造工艺及设备卷(一)、卷(二),北京:机械工业出版社,1997

44 胡永生.机械制造工艺原理.北京:北京理工大学出版社,1992

45 王信义等.机械制造工艺学.北京:北京理工大学出版社,1990

46 张世昌等.机械制造技术基础.北京:高等教育出版社,2001

47 自然科学学科发展战略调研报告编辑委员会.机械制造科学(冷加工).北京:科学出版社,1994

48 宗培言,丛东华.机械工程概论.北京:机械工业出版社,2002

49 R. C. HIBBELER. Engneering Mechanics Statics & Dynamics. Prentice – Hall. Englewood Cliffs. New Jersey,1995